Möglichkeiten und Grenzen der ökologischen Innovationspolitik im Pkw-Verkehr

Schriften zur Politischen Ökonomik Evolutorische und ökologische Aspekte

Herausgegeben von
Udo Müller, Oliver Budzinski, Yücel Calbay, Jörg Jasper
und Torsten Sundmacher

Band 12

PL ACADEMIC RESEARCH

Ninja Mariette Lehnert

Möglichkeiten und Grenzen der ökologischen Innovationspolitik im Pkw-Verkehr

PL ACADEMIC RESEARCH

Bibliografische Information der Deutschen Nationalbibliothek
Die Deutsche Nationalbibliothek verzeichnet diese Publikation in der Deutschen Nationalbibliografie; detaillierte bibliografische Daten sind im Internet über http://dnb.d-nb.de abrufbar.

Zugl.: Ilmenau, Techn. Univ., Diss., 2013

Gedruckt auf alterungsbeständigem,
säurefreiem Papier.

Ilm 1
ISSN 1439-7528
ISBN 978-3-631-64496-6 (Print)
E-ISBN 978-3-653-03374-8 (E-Book)
DOI 10.3726/978-3-653-03374-8

PL Academic Research ist ein Imprint der Peter Lang GmbH.

Peter Lang – Frankfurt am Main · Bern · Bruxelles · New York · Oxford · Warszawa · Wien

www.peterlang.de

Für Moni und Achim

Danksagung

Die vorliegende Dissertationsschrift entstand während meiner Tätigkeit als Wissenschaftliche Mitarbeiterin am Fachgebiet Wirtschaftspolitik der Technischen Universität Ilmenau und wurde im Dezember 2012 an der Fakultät für Wirtschaftswissenschaften angenommen.

Ich möchte mich bei all denen bedanken, die mich bei meinem Promotionsvorhaben unterstützt und begleitet haben.

Für die Ermöglichung und die Betreuung dieser Arbeit danke ich an erster Stelle meinem Doktorvater Herrn Prof. Dr. Hermann H. Kallfaß. Mein Dank gilt auch den weiteren Mitwirkenden der Promotionskommission, insbesondere Herrn Prof. Rainer Souren für die Erstellung des Zweitgutachtens und Herrn Prof. Frank Fechner für die Übernahme des Prüfungsvorsitzes.

Für die Möglichkeit zur Veröffentlichung in dieser Schriftenreihe danke ich Herrn Prof. Oliver Budzinski, der mich darüber hinaus während meiner Promotionszeit mit wertvollen fachlichen Anregungen unterstützt hat. Viele weitere konstruktive Hinweise, insbesondere von Teilnehmern der ‚Hohenheimer Oberseminare' und von meinen Kollegen und Kolleginnen am Institut für Volkswirtschaftslehre der Technischen Universität Ilmenau, haben mir weitergeholfen. Mein besonderer Dank gilt Frau Ilka Helbig (M. A.) für ihr umfassendes Korrekturlesen.

Jederzeit zur Seite standen mir meine Familie und meine Freunde.

Ninja Mariette Lehnert

Mai 2013

Inhaltsverzeichnis

Abbildungsverzeichnis

Tabellenverzeichnis

Verzeichnis der Abkürzungen und Symbole

A	Ausgaben für Umweltschutz
ACEA	Association des Constructeurs Européens d'Automobiles
B	Umweltbelastung
BAFA	Bundesamt für Wirtschaft und Ausfuhrkontrolle
BEV	Battery Electric Vehicle
BMBF	Bundesministerium für Bildung und Forschung
BMELV	Bundesministerium für Ernährung Landwirtschaft und Verbraucherschutz
BMF	Bundesministerium der Finanzen
BMU	Bundesministerium für Umwelt, Naturschutz und Reaktorsicherheit
BMVBS	Bundesministerium für Verkehr, Bau und Stadtentwicklung
BMWi	Bundesministerium für Wirtschaft und Technologie
C	Güterkonsum
CEP	Clean Energy Partnership
CIP	The Competitiveness and Innovation Framework Programme
CO	Kohlenmonoxid
CO_2	Kohlendioxid
E	Emissionen bzw. Schadensniveau
E10	Ottokraftstoff mit einem Ethanolanteil von 10 %
E5	Ottokraftstoff mit einem Ethanolanteil von 5 %
E85	Ottokraftstoff mit einem Ethanolanteil von 85 %
Eadd	Emissionen durch die Nutzung von additiven Technologien
EcoAP	Eco-innovation Action Plan
EGCI	European Green Cars Initiative
EIB	Europäische Investitionsbank
Eint	Emissionen durch die Nutzung von integrierten Technologien
EKF	Energie- und Klimafonds
EMAS	The European Eco-Management and Audit-Scheme

ETAP	Environmental Technologies Action Plan
FCH JU	Fuel Cells and Hydrogen Joint Undertaking
FCHEV	Fuel Cell Hybrid Electric Vehicle
Fkm	Fahrzeugkilometer
G	Gesamtemissionen
GVK	Grenzkosten der Schadensvermeidung
H	Humankapital in Form von umwelttechnischem Wissen
HC	Hydrocarbons
HEV	Hybrid Electric Vehicle
HFP	European Technology Platform on Hydrogen and Fuel Cells
IKEP	Integriertes Energie- und Klimaprogramm
JAMA	Japan Automobile Manufacturers Association
K	‚Physisches' Kapital
KAMA	Korea Automobile Manufacturers Association
KfW	Kreditanstalt für Wiederaufbau
Lohas	Lifestyle of Health and Sustainability
MIV	Motorisierter Individualverkehr
MWV	Mineralölwirtschaftsverband e. V.
NEFZ	Neuer Europäischer Fahrzyklus
NEP	Nationaler Entwicklungsplan Elektromobilität
NIP	Nationales Innovationsprogramm Wasserstoff und Brennstoffzellentechnologie
NMHC	Non Methane Volatile Organic Compounds
NOW	Nationale Organisation Wasserstoff und Brennstoffzellentechnologien
NOx	Stickstoffoxide
NPE	Nationale Plattform Elektromobilität
OECD	Organisation for Economic Co-operation and Development
ÖPNV	Öffentlicher Personennahverkehr
ÖPV	Öffentlicher Personenverkehr

PHEV	Plug-In Hybrid Electric Vehicle
Pkm	Personenkilometer
PM	Partikelmasse
PN	Partikelzahl
q	Spillovereffekt
Q	Umweltqualität
QA	Ausgangszustand der Umweltqualität
R	Regeneration
REEV	Range Extanded Electric Vehicle
SCP/SIP	Sustainable Consumption and Production / Sustainable Industrial Policy
THC	Total Hydrocarbons
UBA	Umweltbundesamt
V	Verbrauch von Umweltressourcen
WCED	World Commission of Environment and Development
Y	Produktionsergebnis
ZEV	Zero Emission Vehicles
α	Niveau des technischen Fortschrittes
$\Delta\pi$	Gewinndifferenz
ε	Emissionskoeffizient: Emissionseinheiten pro produzierter Outputeinheit

1 Problemstellung und Überblick

Der Verkehrssektor ist weltweit einer der Hauptverursacher umweltschädigender Emissionen. Die größte Problematik liegt bei dem Straßenverkehr, speziell bei dem Pkw-Verkehr.[1] Die mangelnde Umweltverträglichkeit des Verkehrs stellt eine aktuelle Problematik dar und begründet die Notwendigkeit für alternative Verkehrskonzepte.

Das für die Benzin- und Dieselproduktion verwendete Erdöl ist als fossile Ressource nur begrenzt verfügbar. Dem steht eine weltweit steigende Nachfrage nach Erdöl gegenüber, die insbesondere durch zunehmende Verkehrsleistungen in Entwicklungs- und Schwellenländern mit der Folge einer zukünftig erwarteten weiteren Verteuerung von erdölbasierten Produkten hervorgerufen wird.[2]

Vor dem Hintergrund der Herausforderungen an eine umweltgerechte und zukunftsfähige Mobilität wird insbesondere von politischer Seite die ökologische Innovationspolitik als Lösungsansatz gesehen.[3] Mit der ökologischen Innovationspolitik ist beabsichtigt, den Belastungen der Umwelt durch technologischen Wandel entgegenzuwirken. Die ökologische Innovationspolitik verfolgt dabei verschiedene wirtschaftspolitische Ansätze und steht für den Einsatz von Instrumenten aus den Bereichen der Innovations- und der Umweltpolitik. Es lassen sich auch Elemente der Industriepolitik erkennen. Ein einheitliches Gesamtkonzept der ökologischen Innovationspolitik existiert jedoch in der Theorie bisher nicht und es fehlen anwendungsorientierte Analysen zur Umsetzung.[4]

Als Anwendungsfall für eine Analyse zur ökologischen Innovationspolitik ist der motorisierte Individualverkehr aufgrund seiner umweltökonomischen Problematik und der technologischen Entwicklungen im Bereich alternativer Kraftstoffe und Antriebe gut geeignet. Verschiedene wirtschaftspolitische Maßnahmen auf nationaler und europäischer Ebene betreffen die Entwicklung des Pkw-Verkehrs in Deutschland. Ziel dieser Schrift ist es, Ansatzpunkte und Instrumente für eine ökologische Innovationspolitik im Bereich des Pkw-Verkehrs hinsichtlich ihrer Möglichkeiten und Grenzen zu analysieren und bestehende wirtschaftspolitische Maßnahmen aus Sicht der ökologischen Innovationspolitik zu beurteilen.

In der folgenden Analyse wird in Kapitel 2 zunächst dargestellt, welche Relevanz der Pkw-Verkehr gegenwärtig für die individuelle Mobilität besitzt und

---

1 Siehe IEA/OECD (2011a), S. 8–10 sowie IPCC (2007), S. 325.

2 Siehe IEA/OECD (2011b), S. 103–119.

3 Siehe SRU (2008), S. 49–76.

4 Siehe Nill (2009), S. 513–522 und zu einzelnen Anwendungsbeispielen siehe ebenda S. 452–597 sowie Carillo-Hermosilla/Río Gonzáles/Könnölä (2009), S. 125–196.

wie die umweltökonomische Problematik des Pkw-Verkehrs zu bewerten ist. Darauf folgend wird in einem Überblick aufgezeigt, welche technologischen Entwicklungen zur Minderung der Umweltprobleme beitragen könnten.

Bisher liegt in der Literatur keine einheitliche theoriefundierte grundsätzliche Konzeptionierung der ökologischen Innovationspolitik vor. Eine eindeutig formulierte Konzeption ist aber erforderlich, wenn der Pkw-Verkehr als Politikfeld unter Aspekten der ökologischen Innovationspolitik betrachtet werden soll. Da bisher keine grundsätzliche Konzeption existiert, die es möglich macht, eine systematische anwendungsbezoge Analyse auf den Verkehrsbereich vorzunehmen, werden Kapitel 3 die theoretischen Grundlagen der ökologischen Innovationspolitik systematisch dargestellt. Die ökologische Innovationspolitik greift auf verschiedene ökonomische Theorien zurück. Sie ist gegenüber der Industriepolitik klar abzugrenzen sowie in die Innovationspolitik und in die Umweltpolitik einzuordnen. Unter Berücksichtigung der Literatur sind die Bedingungen und Voraussetzungen für die Anwendung der ökologischen Innovationspolitik herauszuarbeiten sowie mögliche Instrumente zu identifizieren. Auf dieser Grundlage lassen sich dann wirtschaftspolitische Maßnahmen zur Forcierung von Umweltinnovationen im Bereich des Pkw-Verkehrs beurteilen.

Im Status quo gibt es sowohl auf europäischer als auch auf nationaler Ebene eine Vielzahl von politisch erklärten Zielen, Strategien und Handlungskonzepten, von denen der Pkw-Verkehr in Deutschland betroffen ist und mit denen umweltorientierte Innovationen im Pkw-Bereich gefördert werden sollen. Um analysieren zu können, ob und in welchem Maß Handlungsnotwendigkeit und Anwendungspotenzial für die ökologische Innovationspolitik vorhanden sind, ist es erforderlich, eine Bestandsaufnahme der für den Pkw-Verkehr in Deutschland relevanten wirtschaftspolitischen Maßnahmen durchzuführen. Da auf eine solche Bestandsaufnahme nicht zurückgegriffen werden kann, wird in Kapitel 4 eine Zusammenstellung über die wirtschaftspolitischen Maßnahmen in der Praxis vorgenommen.

In Kapitel 5 lassen sich daraufhin die bestehenden Maßnahmen zur Reduzierung von Umweltbelastungen im Pkw-Verkehr hinsichtlich ihrer Innovationsorientierung untersuchen, um daraus mögliche Ansatzpunkte für eine ökologische Innovationspolitik zu entwickeln. Diese Ansatzpunkte lassen sich mit Hilfe von Kennzeichen zur Identifikation von Innovationshemmnissen wie z. B. irreversiblen Investitionen in etablierte Technologien und Wechselkosten bestimmen. Die eingesetzten Maßnahmen im Status quo werden nach Kriterien der ökologischen Innovationspolitik bewertet, so dass es abschließend möglich ist, die Möglichkeiten und Grenzen der ökologischen Innovationspolitik im Bereich des Pkw-Verkehrs aufzuzeigen. Eine Zusammenfassung der Ergebnisse und ein Ausblick für eine zukünftige Ausgestaltung der ökologischen Innovationspolitik erfolgt in Kapitel 6.

2 Privater Mobilitätsnutzen und externe Kosten des Pkw-Verkehrs

2.1 Die Rolle des Pkw-Verkehrs für die individuelle Mobilität

Die Relevanz des motorisierten Individualverkehrs (MIV) für die Mobilität zeigt sich anhand seiner bedeutenden Rolle im Modal Split. Der Modal Split ist die Aufteilung des Verkehrs auf die verschiedenen Verkehrsträger bzw. Modi.[5] Der MIV umfasst hauptsächlich den Pkw-Verkehr und zudem den Verkehr mit Krafträdern. Letzterer macht nur einen kleinen Teil des MIV aus. Zu Anfang des Jahres 2012 gab es in Deutschland 42.927.647 Pkw (92 %) und 3.908.072 Krafträder (8 %).[6]

Wie Abbildung 1 zeigt, beträgt der Anteil des MIV, also hauptsächlich des Pkw-Verkehrs, am gesamten Verkehrsaufkommen etwa 58 %. Dies ergibt eine Studie zur Mobilität in Deutschland im Auftrag des Bundesministeriums für Verkehr, Bau und Stadtentwicklung (BMVBS), die zuletzt für das Jahr 2008 durchgeführt wurde.[7]

Das Verkehrsaufkommen ist der Anteil des MIV an der Anzahl insgesamt zurückgelegter Wege ohne Berücksichtigung der Streckenlänge. Wenn die Anzahl der beförderten Personen mit der Länge der zurückgelegten Wegstrecke multipliziert wird, ergibt sich die Verkehrsleistung, gemessen in Personenkilometern (Pkm).[8] Wird, wie bei der Verkehrsleistung, zusätzlich die Länge der zurückgelegten Wege berücksichtigt, ist der Anteil des MIV mit etwa 79 % noch höher, während die Verkehrsmodi, die üblicherweise nur für kurze Strecken geeignet sind, Fahrradfahren und Zufußgehen, mit jeweils 3 % nur noch sehr geringe Anteile besitzen. Der Anteil des öffentlichen Personenverkehrs (ÖPV) am gesamten Personenverkehr ist zwar höher, wenn die Wegstreckenlänge berücksichtigt wird, liegt mit 15 % aber immer noch weit unter dem Anteil des MIV. Auch im Vergleich zur vorhergehenden Mobilitätsstudie aus dem Jahr 2002 ist die Bedeutung des Pkws für die Alltagsmobilität gleichbleibend hoch.[9]

---

5 Siehe Eckey/Stock (2000), S. 193.

6 Angaben des Kraftfahrzeugbundesamtes; siehe KBA (2012), o. S.

7 Siehe Infas/DLR (2010), S. 3 und S. 87. Der Anteil des Pkw-Verkehrs am MIV ist in der dargestellten Studie nicht angegeben. Der Pkw-Bestand besaß zu Anfang des Betrachtungsjahres 2008 ebenso wie 2012 einen Anteil von 92 % im Vergleich zum Bestand an Krafträdern mit einem Anteil von 8 % an der Gesamtzahl zugelassener Pkw und Krafträder; siehe KBA (2008), o. S. und KBA (2012), o. S.

8 Siehe Eckey/Stock (2000), S. 4.

9 Siehe Infas/DLR (2010), S. 87 f.

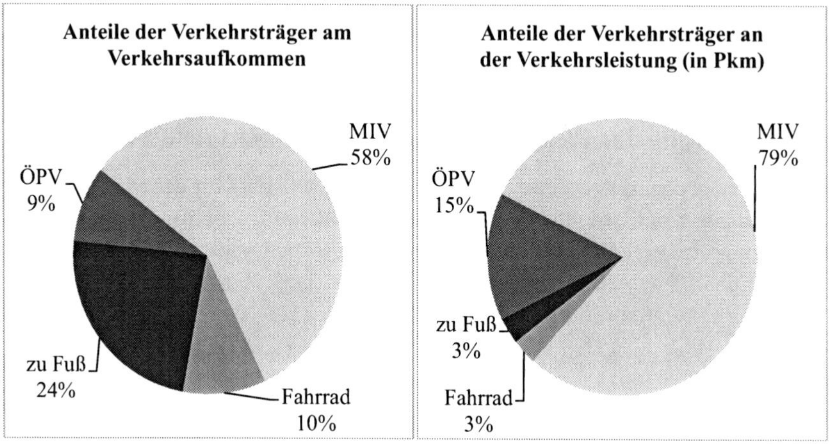

Abbildung 1: Modal Split 2008

Quelle: Eigene Darstellung der Angaben von Infas/DLR (2010), S. 88

Die Gründe für diese bedeutende Rolle liegen darin, dass der Pkw im Gegensatz zu anderen Verkehrsträgern einen vergleichsweise hohen privaten Nutzen stiftet. Der private Nutzen ergibt sich aus Aspekten wie Flexibilität, Verfügbarkeit und Privatheit im privaten Pkw.[10] Im Gegensatz zu öffentlichen Verkehrsträgern ermöglicht der Besitz eines Pkws – und in eingeschränktem Maß auch die Teilnahme an Carsharing-Systemen – unabhängig von Zeitvorgaben und weitestgehend unbegrenzt räumlich mobil zu sein. Planungsaktivitäten sind gering und ein schnelles Umdisponieren jederzeit möglich. Darüber hinaus finden Transportvorgänge im privaten Pkw ungebrochen statt, d. h. es sind im Gegensatz zum öffentlichen Verkehr keine Umsteigevorgänge notwendig. Der Pkw als Individualgut ist weitestgehend jederzeit verfügbar und bietet ungestörte Privatheit, die beim öffentlichen Personenverkehr nicht gegeben ist.

Im Rahmen einer Befragung in den Jahren 2003 und 2004 mit 2000 Probanden aus vier deutschen Großstädten der Studie ‚MOBILANZ' ist eine Teilgruppe speziell zu den Vor- und Nachteilen der privaten Pkw-Nutzung interviewt worden. Über 50 % der befragten Personen schätzen beim privaten Pkw die hohe Flexibilität und die Faktoren Einfachheit, Bequemlichkeit und Sicherheit.

10 Zu verschiedenen Bestimmungsgründen für die Verkehrsmittelwahl aus Nutzersicht siehe Button (2010), S. 94–96; zu einer Nutzerbefragung siehe Gardner/Abraham (2007), 189–198.

Die Hälfte der Befragten empfinden Selbstständigkeit und Unabhängigkeit als weitere Vorteile. Trotz der Tatsache, dass es sich bei den Teilnehmern um Großstädter handelt, denen ein vergleichsweise gutes ÖPV-Angebot zur Verfügung steht, sehen nur 24 % gute Alternativen zum Pkw als Gegenargument und lediglich 17 % empfinden schädliche Umweltwirkungen als Nachteil des Autofahrens.[11]

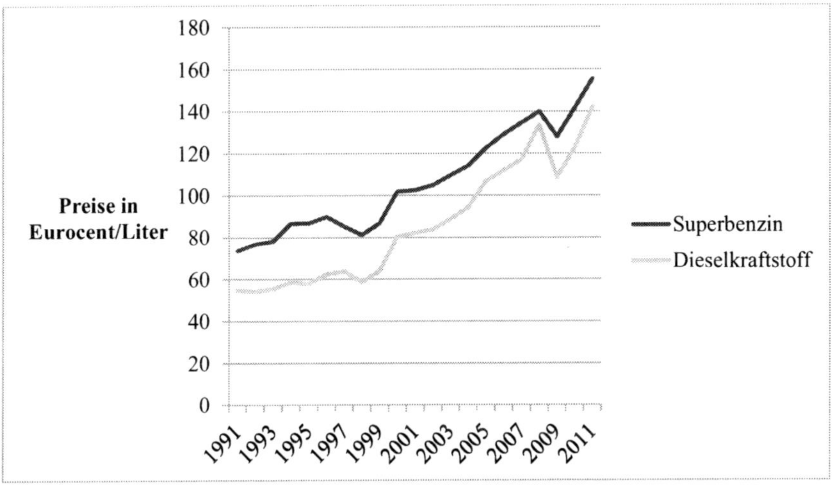

Abbildung 2: Verbraucherpreisentwicklung für Superbenzin und Dieselkraftstoff in Deutschland

Quelle: Eigene Darstellung nach Angaben bei MWV (2012a), Statistiken-Preise, o. S.

Auch steigende Kraftstoffpreise haben die dominierende Rolle des Pkws für die private Mobilität bisher nicht einschränken können. Abbildung 2 zeigt die Entwicklung der nominalen Kraftstoffpreise in Deutschland von 1991 bis 2011.[12] Nach einem Preisrückgang im Jahr 2009 sind die Kraftstoffpreise in den letzten beiden Jahren des Betrachtungszeitraums mit jeweils über 10 % überdurchschnittlich gestiegen. In den letzten zehn Jahren – von 2001 bis 2011 – lag die Steigerung der Verbraucherpreise in Deutschland bei insgesamt etwa 17 %, während sich die Preise für Kraftstoffe und Heizöl in diesem Zeitraum um ins-

11 Siehe Böhler (2010), 23–27 und S. 124 f.

12 Der Mineralölwirtschaftsverband e. V. (MWV) veröffentlicht regelmäßig eine Zusammenstellung der Verbraucherpreise für Mineralölprodukte (Verbraucherpreise inkl. Steuern) auf Basis der Angaben des statistischen Bundesamts. Die Preise für Superbenzin beziehen sich seit 1997 auf unverbleites Eurosuper.

gesamt ca. 85 % erhöht haben.[13] Die Kraftstoffpreise sind im Vergleich zur allgemeinen Verbraucherpreisentwicklung nicht nur objektiv überdurchschnittlich stark angestiegen, sondern dominieren auch die von privaten Konsumenten subjektiv wahrgenommene allgemeine Preissteigerung.[14]

Die hohen Preissteigerungsraten spiegeln sich bisher jedoch nicht in der Fahrleistung des Pkw-Verkehrs wider. Die Fahrleistung im Pkw-Verkehr nimmt zwar seit dem Jahr 2000 in Deutschland kaum mehr zu, stagniert aber auf einem Niveau zwischen 580 und 590 Mrd. zurückgelegten Fahrzeugkilometern (Fkm).[15]

Effizienzsteigerungen beim Kraftstoffverbrauch wirken sich bisher kaum auf den gesamten Kraftstoffverbrauch aus. Nach einer Analyse des DIW Berlin für die Jahre 1994 bis 2007 ist die jährliche Fahrleistung aller Pkw mit Ottomotor zwar zurückgegangen, aber die Fahrleistung der Diesel-Pkw gestiegen. Gleiches gilt für den Kraftstoffverbrauch, was sich mit einem höheren Anteil von Dieselfahrzeugen erklären lässt. Der sich aus Fahrleistung und Kraftstoffverbrauch ergebende durchschnittliche Kraftstoffverbrauch pro 100 zurückgelegten km ist im gesamten Betrachtungszeitraum bei Pkw mit Ottomotor um etwa einen Liter gesunken. Bei Pkw mit Dieselmotor ist der Rückgang des Kraftstoffverbrauchs mit 0,6 l noch geringer.[16]

Abbildung 3 zeigt die Fahrleistung und den gesamten Kraftstoffverbrauch des Pkw-Verkehrs sowie den sich daraus ergebenden durchschnittlichen Kraftstoffverbrauch von Diesel-Pkw und Pkw mit Ottomotor im Zeitraum zwischen 2002 und 2007 in Deutschland.

---

13 Zwischen 1991 und 2001 war die Differenz zwischen den Preissteigerungsraten geringer: Die Steigerung der Verbraucherpreise über diesen Zeitraum lag bei etwa 21 % und die Preissteigerung für Heizöl und Kraftststoffe bei etwa 33 %; siehe hierzu destatis (2011), S. 6. Vor der Einführung der Ökosteuer auf Kraftststoffe im Jahr 1999 war die Preissteigerung bei Kraftstoffen weniger stark ausgeprägt. Es gibt jedoch viele weitere Faktoren, welche die Kraftstoffpreise beeinflussen können.

14 Die subjektiv wahrgenommene Inflation wird hauptsächlich durch Preise für Güter bestimmt, die häufig konsumiert werden, und übersteigt die tatsächlich messbare Inflation; siehe destatis (2011), S. 6–8.

15 Siehe ifeu (2011), S. 16.

16 Siehe Kalinowska/Kunert (2008), S. 800–803.

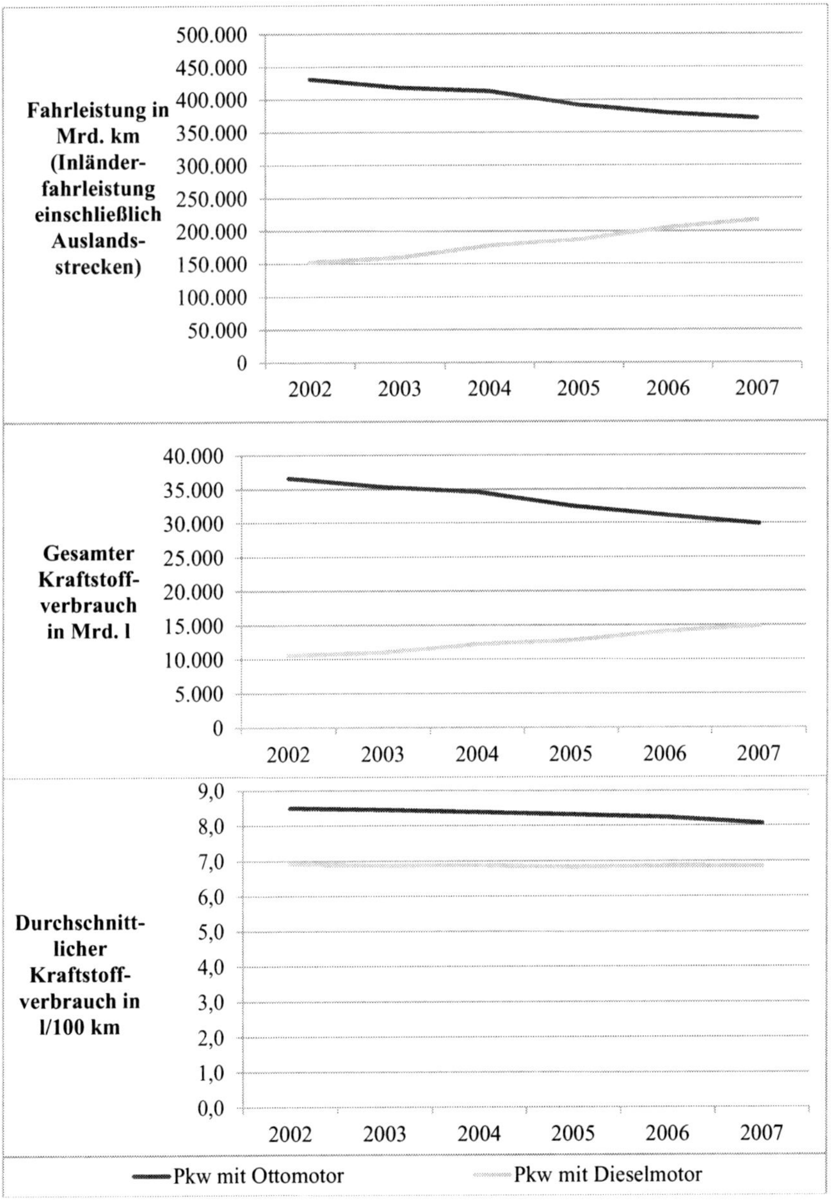

Abbildung 3: Fahrleistung und Kraftstoffverbrauch von in Deutschland zugelassenen Pkw

Quelle: Eigene Darstellung nach Angaben bei Kalinowska/Kunert (2008), S. 800-803

Der deutsche Mineralölwirtschaftsverband (MWV) prognostiziert zwar bis zum Jahr 2025 langfristig einen rückläufigen Trend beim Absatz von Mineralölprodukten, aber dies ist bisher zumindest im Bereich von Dieselkraftstoffen noch nicht zu erkennen. Die Prognose des MWV geht davon aus, dass zukünftig Effizienzsteigerungen beim Kraftstoffverbrauch und die stärkere Nutzung alternativer Technologien durch wirtschaftspolitische Maßnahmen des Staates forciert werden.[17]

Nach einer Verkehrsprognose für das Jahr 2025, auf die das BMVBS für seine Planung zurückgreift, kann davon ausgegangen werden, dass der MIV auch langfristig bei einer zukünftig steigenden Verkehrsleistung die dominierende Position im Modal Split behält. Für das Jahr 2025 soll demnach der Anteil des MIV weiterhin bei etwa 80 % der gesamten Verkehrsleistung liegen.[18]

Umweltbelastungen durch den Verkehr haben dazu geführt, dass Ziele wie Verkehrsvermeidung und Verkehrsverlagerung zugunsten weniger umweltschädlicher Verkehrsträger in der verkehrspolitischen Diskussion stehen, aber das individuelle Verhalten bei der Wahl der Verkehrsträger ist nur in einem beschränkten Maß beeinflussbar.[19] Eine Tendenz des Individualverkehrs zu Verkehrsverlagerung und Verkehrsvermeidung, die zu einer Minderung verkehrsbedingter umweltschädlicher Emissionen und damit auch zu einer Reduktion externer Kosten führen könnte, ist derzeit nicht zu erkennen. Bei der weiterhin bestehenden dominierenden Rolle des MIV bzw. des Pkws für die Mobilität können technologische Entwicklungen dazu beitragen, umweltschädliche Emissionen und damit auch soziale Kosten zu reduzieren.

2.2 Arten und Höhe externer Kosten des Pkw-Verkehrs

Umweltschädliche Emissionen als Resultat des Pkw-Verkehrs führen zu Kosten, die der Gesellschaft als soziale Kosten zur Last fallen. Da die Beanspruchung der Umwelt durch die Verkehrsteilnehmer aus individueller Sicht uneingeschränkt möglich und weitestgehend kostenfrei ist, werden durch Pkw-Nutzer verursachte Umweltschäden in der privaten Kostenkalkulation nicht berücksichtigt, es sei denn, staatliche Maßnahmen wie zum Beispiel die Ökosteuer auf Kraftstoffe können das Verhalten der Verkehrsteilnehmer beeinflussen. Diese schädlichen Folgewirkungen der Umweltnutzung werden als negative technologische externe Effekte bezeichnet. Sie führen zu einem Nutzenentgang bzw. zu einer Kostenbelastung bei denjenigen, die von den Umweltbelastungen negativ

17 Siehe MWV (2011), S. 3–7.

18 Siehe ITP/BVU (2007), S. 4.

19 Siehe Aberle, G. (2003), S. 10 f.

betroffen sind. Bei den entstehenden sozialen Kosten handelt es sich im Gegensatz zu den von den Verursachern berücksichtigten privaten Kosten um externe Kosten.[20]

Bei den umweltbezogenen externen Kosten (auch: Umweltkosten) des Straßenverkehrs sind vier verschiedene Kostenkategorien zu beachten: Es handelt es sich um die Kosten der Luftverschmutzung (a), um Klimakosten (b), um Kosten der Lärmbelastung (c) und um Kosten des Natur- und Landschaftsverbrauchs (d):[21]

Die Kosten der Luftverschmutzung resultieren aus der Emission von Luftschadstoffen. Sie ergeben sich aus Beeinträchtigungen der menschlichen Gesundheit, aus der Schädigung von Ökosystemen und der Biodiversität sowie aus Ernteverlusten und Materialkosten für schadensbedingte Reparaturen an Gebäuden und Infrastruktur.

Bei Klimakosten handelt es sich um die durch die Emission von Treibhausgasen verursachten Kosten des Klimawandels. Treibhausgase besitzen im Gegensatz zu Luftschadstoffen auf lokaler Ebene eine globale Schadenswirkung.

Ebenso wie Luftschadstoffe können Lärmemissionen die menschliche Gesundheit beeinträchtigen. Lärmkosten entstehen darüber hinaus aber auch durch Lärmbelästigungen, die zwar ohne gesundheitliche Folgewirkungen bleiben, aber zu Nutzeneinbußen führen.

Die Kosten des Natur- und Landschaftsverbrauchs resultieren aus der Flächeninanspruchnahme für die Straßeninfrastruktur und sind mit Trennwirkungen für Siedlungen und Kulturflächen verbunden. Bodenversiegelungen können für Flora und Fauna sowie für die Qualität des Grundwassers schädlich sein.[22]

Im Vergleich zu den Kostenkategorien (a), (b) und (c) sind die Kosten des Natur- und Landschaftsverbrauchs (d) aufgrund ihres geringen Anteils an den gesamten externen Kosten des Straßenverkehrs vernachlässigbar[23] und werden daher nicht weiter betrachtet. Auf die Höhe der anderen Kosten wird im Folgenden näher eingegangen.

Im Gegensatz zu Lärmemissionen, die insbesondere in direkter Weise vom Pkw-Verkehr ausgehen, entstehen luft- und klimaschädigende Emissionen nicht nur im Betrieb, sondern auch indirekt bei vor- und nachgelagerten Prozessen wie

---

20 Zur Theorie der externen Kosten des Verkehrs siehe z. B. Button (2010), S. 161–205 und Eckey/Stock (2000), S. 237–254.

21 Zu diesen Kostenkategorien siehe CE Delft/INFRAS/Frauenhofer ISI (2011), S. 33–51.

22 Siehe Aberle (2003), S. 582.

23 Siehe Puls (2009), S. 75.

z. B. bei der Herstellung von Fahrzeugen und Kraftstoffen. Abbildung 4 zeigt die geschätzten durchschnittlichen externen Umweltkosten im Pkw-Verkehr je 1000 Pkm nach einer aktuellen Studie von CE Delft/INFRAS/Frauenhofer ISI (2011) für die EU und die geschätzten durschnittlichen externen Umweltkosten einer vorhergehenden Untersuchung für Deutschland nach INFRAS (2007). Hierbei ist zu berücksichtigen, dass bei der Bemessung der Schadenswirkung und damit auch bei der monetären Bewertung der externen Kosten hohe Unsicherheitsfaktoren bestehen.[24] Bei der neueren Studie werden deshalb für die mit besonders hohen Unsicherheitsfaktoren behafteten Klimakosten zwei Szenarien unterschieden. In der vorhergehenden Studie für Deutschland wird dagegen ein mittlerer Basiswert verwendet.[25] Nach diesen Studien beliefen sich die durchschnittlichen Umweltkosten im Jahr 2007 in der EU auf 13,70 €/1000 Pkm (Szenario ‚gering‘) bzw. bei 30,20 €/1000 Pkm (Szenario ‚hoch‘) und in Deutschland im Jahr 2005 auf 21,20 €/1000 Pkm.[26]

Der Straßenverkehr verursachte im Jahr 2005 allein 150 Mio. t klimaschädliche CO_2-Emissionen in Deutschland, die gemeinsam mit den weiteren emittierten Treibhausgasen Klimakosten (a) in Höhe von schätzungsweise ca. 10,7 Mrd. € ergeben. Die Kosten der Luftverschmutzung (b) resultieren insbesondere aus der Emission von Stickoxiden (NO_x) und von Schwefeldioxid (SO_2), welche zur Entstehung von saurem Regen beitragen. Zusätzlich sind Partikelemissionen für Gesundheitsschäden wie Atemwegs- und Herzerkrankungen verantwortlich. Die monetäre Bewertung lässt auf Kosten der Luftverschmutzung (b) für das Jahr 2005 in Höhe von rund 7 Mrd. € schließen. Die Lärmkosten (c) beliefen sich schätzungsweise auf 8,7 Mrd. €. Insgesamt ließen sich der Studie nach INFRAS (2007) zur Folge 96 % der gesamten verkehrsbedingten externen Kosten in Deutschland dem Straßenverkehr und 66 % dem Pkw-Verkehr zuordnen. Die gesamten externen Kosten des Verkehrs enthalten jedoch auch weitere Kostenkategorien wie z. B. Unfallkosten. Berücksichtigt man nur die hier bisher betrachteten Kostenkategorien Klimakosten, Kosten der Luftverschmutzung, Kos-

---

24 Siehe Lehnert (2008), S. 28–30.

25 Für das Szenario ‚hoch‘ wird in der neueren Studie für die EU ein Kostensatz von 146 € pro emittierter Tonne CO2-Äquivalent angesetzt; für das Szenario ‚gering‘ wird ein Kostensatz von 25 € verwendet. Mit CO2-Äquivalenzfaktoren werden hierbei unterschiedliche Treibhausgase bezüglich ihrer Auswirkungen auf das Klima miteinander vergleichbar gemacht. In der vorhergehenden Studie für Deutschland ohne Szenariounterscheidung gilt ein Kostensatz von 70 €/t CO2-Äquivalent.

26 Beide Studien berücksichtigen noch andere als die hier betrachteten Arten von externen Kosten wie z. B. Unfallkosten. Diese wurden hier nicht mit einberechnet. Siehe CE Delft/INFRAS/Frauenhofer ISI (2011), S. 49 und S. 74 und INFRAS (2007), S. 19 und S. 69.

ten vor- und nachgelagerter Prozesse und Lärmkosten ergibt sich für den Pkw-Verkehr ein Anteil von 54 %.[27]

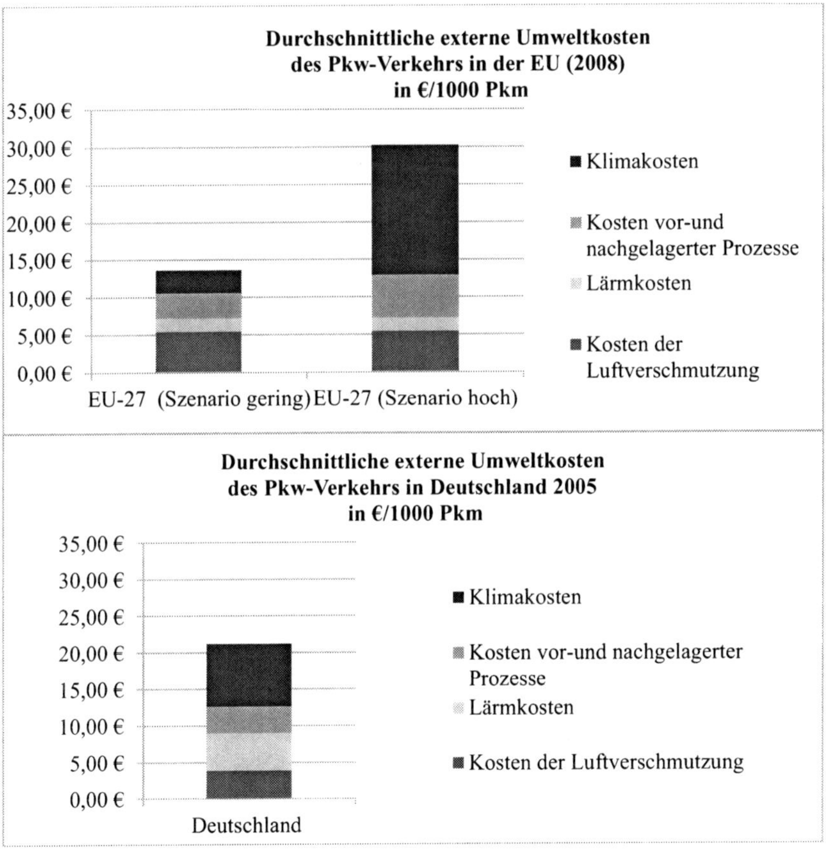

Abbildung 4: Durchschnittliche externe Umweltkosten des Pkw-Verkehrs

Quelle: Eigene Darstellung nach CE Delft/INFRAS/Frauenhofer ISI (2011), S. 74 und INFRAS (2007), S. 19[28]

27 Berücksichtigt wurden direkte Emissionen aus der Treibstoffverbrennung, die sich auf die Verkehrsleistung in Deutschland im Jahr 2005 beziehen und nach dem Territorialprinzip, welches alle Verkehrsleistungen innerhalb Deutschlands erfasst, bemessen wurden; siehe INFRAS (2007), S. 17, 53 und 66; Datengrundlage der Berechnungen ist die TREMOD-Datenbank des Ifeu-Instituts.

Auch in der EU besitzt der Straßenverkehr den höchsten Anteil an den gesamten verkehrsbedingten externen Kosten. Für das Jahr 2007 wird ein Anteil von 93 % geschätzt. Der Pkw-Verkehr besaß einen Anteil von 61,1 % an den gesamten verkehrsbedingten externen Kosten. Diese Angaben nach CE Delft/INFRAS/Frauenhofer ISI (2011) beziehen sich auf das Szenario ‚hoch'. Bei einer Beschränkung auf die Kostenkategorien Klimakosten, Kosten der Luftverschmutzung, Kosten vor- und nachgelagerter Prozesse sowie Lärmkosten ergibt sich ein Anteil des Pkw-Verkehrs in Höhe von 55 % im Szenario ‚hoch' und im Szenario ‚gering' ein Anteil in Höhe von 40 %.[29]

Von Fahrzeugen mit alternativen Antrieben und Kraftstoffen wird erwartet, dass sie die Möglichkeit bieten, verkehrsbedingte umweltschädlichen Emissionen und damit auch die externen Umweltkosten zu reduzieren. Jedoch lag im Jahr 2011 der Anteil der Fahrzeuge mit konventionellen Verbrennungsmotoren am gesamten Fahrzeugbestand in Deutschland noch bei 99 %.[30] Durch eine entsprechende Ausrichtung der wirtschaftspolitischen Rahmenbedingungen ließe sich die Entwicklung, Einführung und Nutzung neuer technologischer Lösungen im Pkw-Verkehr gegebenenfalls forcieren.[31]

Die Nutzung alternativer Technologien soll zudem die Abhängigkeit der Mobilität von begrenzten fossilen Ressourcen mindern, weshalb in Anbetracht von langen Zeiträumen für die Entwicklung und Einführung solcher alternativer Technologien die Notwendigkeit einer gezielten staatlichen Förderung in Betracht gezogen wird. Dabei ist zu berücksichtigen, dass alternative Technologien mit neuen Anforderungen an die Infrastruktur verbunden sein können und darüber hinaus auch die Anwendungsbedingungen die jeweilige Akzeptanz durch die Nutzer beeinflussen.[32]

---

28 Die Angaben zur EU umfassen auch Daten zu Norwegen und der Schweiz und enthalten keine Daten zu Malta und Zypern.

29 Siehe CE Delft/INFRAS/Frauenhofer ISI (2011), S. 78–94.

30 Siehe KBA (2011), S. 3.

31 Siehe Motzkus/Klinge-Habermann (2010), S. 13.

32 Siehe Kalinowska/Kunert (2008), S. 804.

2.3 Alternative technologische Entwicklungen zur Reduktion externer Kosten

2.3.1 Elektromobilität im Fokus der Politik

Alternative Technologien, welche die konventionellen Antriebe mit Otto- und Dieselkraftstoffen vollständig ablösen können, stehen derzeit im Fokus der Öffentlichkeit und in der politischen Diskussion. Insbesondere das Thema Elektromobilität nimmt dabei eine bedeutende Rolle ein. Die Bundesregierung plant langfristig bis zum Jahr 2050 zumindest im Stadtverkehr vollständig ohne fossile Brennstoffe auszukommen. Wesentliche Maßnahme, mit der dieses Ziel angegangen werden soll, ist der nationale Entwicklungsplan Elektromobilität, der Deutschland zu einer Vorreiterrolle auf dem Markt für Elektrofahrzeuge verhelfen soll.[33]

Im Folgenden wird deshalb zunächst geklärt, inwiefern Elektrofahrzeuge nach aktuellem Stand der Technik zur Anwendung kommen können. Die Elektromobilität ist jedoch nur eine der möglicherweise zukunftsweisenden alternativen Technologien, weshalb anschließend auch ein Überblick über andere technologische Entwicklungen zu Antriebssystemen und Brennstoffen gegeben wird, mit denen sich die externen Kosten im Bereich des Pkw-Verkehrs möglicherweise reduzieren lassen.

Die verfügbare Batterietechnologie[34] ist maßgebend für die Reichweite und Nutzungsdauer von Elektrofahrzeugen. Aktuelle Technologien mit Lithium-Ionen-Batterien bieten ein um das Fünffache reduziertes Gewicht der in Elektroautos in der Vergangenheit ausschließlich verwendeten Bleibatterien.[35] Der Ladevorgang kann an einer haushaltsüblichen 230 V-Steckdose mit 16-Ampere-Sicherung stattfinden.[36] Elektrofahrzeuge bieten bisher Reichweiten von ca. 100 km.[37]

Bei einem Fahrzeug mit 1 t Fahrzeuggewicht entspricht dies einer Batteriekapazität von 10 kWh. In der Praxis sollte die Batteriekapazität jedoch nicht vollständig beansprucht werden. Eine Batterie, die eine eher akzeptable Reichweite von etwa 160 km generiert, benötigt deswegen etwa 20 kWh bei 1 t Fahr-

---

33 Es handelt sich hierbei um einen sogenannten Leitmarkt für Elektromobilität; siehe Bundesregierung (2009b), S. 3–5 und S. 47.

34 Neben Bleibatterien sind Nickel-Kadmium-Batterien die bisher meistens verwendeten Batterietypen. Zu verschiedenen Batterietechnologien siehe Kalhammer et al. (2007).

35 Siehe Mathoy (2008a), S. 11.

36 Zur technischen Optimierung der Ladevorgänge und Problematik eines international standardisierten Ladesystems siehe Mathoy (2008b).

37 Siehe Bundesregierung (2009b), S. 10.

zeuggewicht und wiegt etwa 180 kg (Lithium-Ionen-Batterie). Fortschritte in der Batterietechnologie lassen jedoch die Schlussfolgerung zu, dass die Probleme bezüglich Leistung und Reichweite vermindert werden können.[38] Die Batteriekosten weisen eine sinkende Tendenz auf: Während die Batteriekosten im Jahr 2009 noch bei 1000 € – 1200 € je kWh lagen,[39] wird davon ausgegangen, dass diese bis 2020 auf etwa 280 € je kWh sinken werden.[40]

Die vollständige Ladung der Batterien von Elektrofahrzeugen dauert mehrere Stunden und erfolgt deshalb meist über Nacht.[41] Die Ladegeschwindigkeit ist nicht nur von der Batterietechnologie abhängig, sondern auch von Größe und Gewicht des Fahrzeugs.[42] Für eine vollständige Aufladung werden derzeit je nach Art des Fahrzeuges und der Batterietechnologie noch bis zu 8 Stunden benötigt. Teilladungen für eine Reichweite von ca. 30 km bei moderner Batterietechnologie an einem Drehstromanschluss[43] mit 32-Ampere-Sicherung können Ladezeiten von etwa 20 Minuten ermöglichen.[44] Möglicherweise lässt die weitere Entwicklung zukünftig Ladezeiten für eine vollständige Aufladung von etwa fünf Minuten zu. Obwohl entsprechende Batterien in wenigen Jahren verwendbar sein könnten,[45] wäre für die Ladung solcher Batterien für Elektrofahrzeuge ein spezielles Mittelspannungsnetz und bei starker Beanspruchung wie bei Großtankstellen eine Anbindung an das Hochspannungsnetz erforderlich. Darüber hinaus bestehen Sicherheitsprobleme bei solchen Ladekonzepten. Das existierende Niederspannungsnetz ermöglicht Ladevorgänge für leichte Kleinfahrzeuge im Nahverkehr.[46] Konzepte zu Batterieaustauschsystemen sind nur bei Fahrzeugflotten mit standardisierten Batterien umsetzbar.

Um eine Betankungsinfrastruktur für Elektrofahrzeuge nutzergerecht aufzubauen, ist das Mobilitätsverhalten der Nachfrager mit einzubeziehen.[47] Elektroautos können aufgrund der Einschränkungen im technischen Bereich im Vergleich zu klassischen Fahrzeugen hauptsächlich im Nahverkehr eingesetzt werden.[48] Jedoch sind sie bei einer entsprechenden Infrastrukturausstattung nicht

---

38 Siehe Kang/Ceder (2009), S. 192, auch Mathoy (2008a), S. 8 f.

39 Siehe Bundesregierung (2009b), S. 10.

40 Siehe NPE (2011), Anhang, S. 25–29.

41 Siehe Pehnt/Höpfner/Merten (2007), S. 8.

42 Siehe Mathoy (2008a), S. 11 f.

43 Gemeint ist ein Starkstromanschluss mit 400 V-Spannung, wie er beispielsweise bei Elektroherden verwendet wird.

44 Siehe Mathoy (2008b), S. 10–12.

45 Zum technologischen Stand solcher Batterien siehe Kang/Ceder (2009), S. 192.

46 Siehe Brauner, G. (2008), S. 383.

47 Siehe Sammer/Meth/Gruber (2008), S. 399.

48 Siehe Knie et al. (1999), S. 69.

nur für den Einsatz im städtischen Bereich, sondern auch in ländlichen Gebieten geeignet. In ländlichen Gebieten bieten sie eine Alternative zu wenig ausgebauten Angeboten des öffentlichen Personennahverkehrs. Die Nutzungsprofile im Individualverkehr zeigen, dass Elektroautos für Alltagsfahrten trotz geringer Reichweite und langer Ladezeit geeignet sind. Dies bedeutet aber auch, dass die Ladeinfrastruktur dem Mobilitätsverhalten angepasst werden müsste, indem Ladestationen dort vorhanden sind, wo Fahrzeuge im Alltag abgestellt werden. Das Nachladen auf öffentlichen und privaten Parkplätzen ist möglich, weil Fahrzeuge im alltäglichen Nahverkehr durchschnittlich nur zwei bis drei Stunden Fahrzeit bei langen Standzeiten aufweisen.[49]

Wenn die Pläne der Politik zur Etablierung von Elektrofahrzeugen umgesetzt werden, ist es auch in technischer Hinsicht notwendig, Nachlademöglichkeiten auf öffentlichen Parkflächen zu schaffen, die für eine Verstetigung der Nachfrage sorgen können und dadurch Gefahren der Überlastung des Stromnetzes entgegenwirken. Nachfragespitzen und somit Spitzlastzeiten könnten auftreten, wenn die Fahrzeugbatterien grundsätzlich zu Hause in der Nacht aufgeladen werden würden.[50]

Elektrofahrzeuge sind bei dem aktuellen Technologiestand zwar nutzbar, aber aufgrund begrenzter Reichweite und Leistung der Batterien herkömmlichen Verbrennungsmotoren unterlegen. Deshalb stellen sie aus Nutzersicht bisher kein vollständiges Substitut zu Fahrzeugen mit klassischem Verbrennungsmotor für alle Reichweiten dar. Da technische Komponenten wie Batterien und Elektromotoren auch bei hybriden Konzepten des Elektroantriebs und bei Brennstoffzellenfahrzeugen verwendet werden, kann es dabei einen gemeinsamen technologischen Entwicklungspfad geben.[51] Elektrofahrzeuge bieten unter bestimmten Anwendungsbedingungen wie räumlich begrenzten Fahrten, beispielsweise im Arbeitsalltag, und ausreichenden Batterielademöglichkeiten auch bei dem aktuellen Technologiestand zumindest eine partielle Substituierbarkeit zu herkömmlichen Fahrzeugen mit Verbrennungsmotor.

Zur Lösung der Reichweitenproblematik bietet sich die Möglichkeit der Kombination von Verbrennungsmotoren mit Elektromotoren an. Es existieren verschiedene Hybridformen. HEVs (HEV – Hybrid Electric Vehicle) sind Fahrzeuge mit einem klassischen Verbrennungsmotor, die zusätzlich über einen Elektromotor verfügen, der temporär oder für kurze Strecken eingesetzt werden kann. Die Batterie wird durch Rückgewinnung der Bremsenergie geladen. Ein größeres Kraftstoffeinsparpotenzial bieten Fahrzeuge, die hauptsächlich

49 Siehe Brauner (2008), S. 384 f.

50 Zu Gefahren der Netzüberlastung siehe Brauner (2008), S. 382 und 384 f.

51 Siehe Pehnt/Höpfner/Merten (2007), S. 5.

elektrisch angetrieben werden. Sie benötigen jedoch eine Batterie, welche über das Stromnetz aufgeladen werden muss. Gegenüber reinen Elektrofahrzeugen bieten sich solche Plug-In-Hybridfahrzeuge (PHEV – Plug-In Hybrid Electric Vehicle) auch für Langstreckenfahrten an. Ein selbstständiger Elektromotor wird hierbei lediglich um einen Verbrennungsmotor ergänzt, damit auch Fahrten durchgeführt werden können, die über durchschnittliche Alltagsfahrten von 30 – 60 km[52] hinausgehen. Ein REEV (Range Extended Electric Vehicle) besitzt zusätzlich zum Elektromotor einen modifizierten Verbrennungsmotor mit nur kleiner Leistung oder stattdessen einen Brennstoffzellenantrieb.[53]

Elektromotoren benötigen Strom, der sowohl aus fossilen als auch aus regenerativen Energieträgern erzeugt werden kann und somit indirekt die Emissionsbilanz der Elektromobilität beeinflusst. Elektrofahrzeuge zeichnen sich dadurch aus, dass sie im Betrieb annähernd frei von direkten Schadstoff- und Lärmemissionen sind.[54] Die Höhe der indirekten Emissionen ist von der Art der Stromherstellung abhängig und beeinflusst die Ökobilanz von Elektrofahrzeugen maßgeblich.

Eindeutige Ergebnisse bezüglich der gesamten Ökobilanz von Elektrofahrzeugen sind jedoch nicht verfügbar, weil im Gegensatz zu konventionellen Fahrzeugen bisher nur wenige Informationen über die Anwendungsbedingungen und das Nutzungsverhalten sowie die Technologieentwicklung bekannt sind. Hohe Unsicherheiten bestehen auch bezüglich der für Elektrofahrzeuge benötigten Batterien, für deren Herstellung fossile Ressourcen wie Nickel und Lithium benötigt werden.[55]

Helmers (2009) berechnet mit einer Beispielrechnung bei dem bestehenden Energiemix aus fossilen und regenerativen Energieträgern zur Stromproduktion für Elektro-Pkw im Vergleich zu Diesel- und Benzin-Pkw eine 40-prozentige Ersparnis an CO_2-Emissionen je gefahrenem km.[56] Das Öko-Institut und das ISOE – Institut für sozial-ökologische Forschung (2011) bemessen je nach angenommener Zusammensetzung der Stromerzeugung eine Spannbreite zwischen 3 g und 147 g CO_2/km im Rahmen einer Prognose für das Jahr 2030 und erwar-

---

52 Die durchschnittlich pro Tag und Person zurückgelegte Streckenlänge liegt in Deutschland bei 36,9 km (Referenzperiode 1999–2001); siehe hierzu Eurostat (2007), S. 2; Zu unterschiedlichen Angaben über im Alltag überwundenen Kurzstrecken siehe Sammer/Meth/Gruber (2008), S. 398, Pehnt/Höpfner/Merten (2007), S. 4 und Knie et al. (1999), S. 69.

53 Siehe Bundesregierung (2009b), S. 7 f.

54 Siehe Pehnt/Höpfner/Merten (2007), S. 5 f.

55 Siehe Ritthoff/Schallaböck (2012), S. 14 f.

56 Siehe Helmers (2009), S. 163–167.

ten im Vergleich dazu einen durchschnittlichen CO_2-Ausstoß in Höhe von 126 g CO_2/km für Fahrzeuge mit konventionellem Ottomotor.[57]

2.3.2 Weitere technologische Entwicklungen

Zukünftig verwendete Technologien können neben Elektrofahrzeugen wasserstoffbetriebene Fahrzeuge bzw. Fahrzeuge mit Brennstoffzellen sein. Den derzeitigen Antriebssystemen für Fahrzeuge mit konventionellen Verbrennungsmotoren stehen darüber hinaus einerseits Verbrennungsmotoren auf der Basis von alternativen fossilen und andererseits auf der Basis von regenerativen Kraftstoffen gegenüber.

Wasserstoff zeichnet sich dadurch aus, dass er prinzipiell sowohl aus fossilen als auch aus regenerativen Primärenergieträgern hergestellt werden kann. Das bisher gebräuchliche Verfahren ist jedoch die Gewinnung aus Erdgas. Wasserstoff lässt sich nicht nur für die Brennstoffzellentechnologie, sondern auch als Treibstoff für Verbrennungsmotoren nutzen. Bei der Brennstoffzellentechnologie wird Wasserstoff in elektrische Antriebsenergie umgewandelt. Sowohl bei der Verwendung in Verbrennungsmotoren als auch bei der Brennstoffzellentechnologie treten zwar kaum direkte Emissionen im Fahrzeugbetrieb auf, aber eine Emissionsminderung im Vergleich zu konventionellen Kraftstoffen wäre nur möglich, wenn die Herstellung vollständig an regenerative Energieträger gebunden werden könnte.[58]

Als Kraftstoffe für Verbrennungsmotoren kommen als alternative fossile Energieträger das auch als Autogas bezeichnete LPG (Liquified Petroleum Gas) sowie CNG (Compressed Natural Gas) und GTL (Gas to Liquids) in Frage. Allerdings ist LPG ein Nebenprodukt der Erdölraffinierung und seine Verwendung somit keine Alternative zu den erdölbasierten Kraftstoffen. Aus Erdgas kann je nach Speichermethode CNG oder GTL hergestellt werden. Die Betankung von Erdgasfahrzeugen erfolgt derzeit standardmäßig mit dem komprimierten Erdgas CNG. GTL ist direkt nach der Förderung verflüssigtes Erdgas, das in dieser Form kostengünstiger transportiert werden kann als in Gasform. Insbesondere in Förderregionen ohne Pipelineanbindung bietet sich die Verflüssigung von Erdgas an, das bei der Erdölförderung entsteht und sonst abgefackelt werden würde. GTL kann ohne Umstellung für Dieselmotoren verwendet werden. Im Vergleich zu den konventionellen fossilen Treibstoffen weist Erdgas die geringsten direkten Emissionen auf. Aufgrund hoher indirekter Emissionen, die insbesondere im

57 Siehe Öko-Institut/ISOE (2011), S. 24.

58 Siehe Puls (2006), S. 82–90.

technisch aufwendigen Transport begründet sind, weist die Ökobilanz von Erdgas nach Puls (2006) vergleichsweise geringes Treibhausgasminderungspotenzial auf, zeichnet sich aber durch vergleichsweise geringe Luftschadstoffemissionen im lokalen Betrieb von Erdgasfahrzeugen aus.[59]

Doch auch hier bestehen starke Bewertungsunsicherheiten. Das Treibhausgasminderungspotenzial bei Erdgasfahrzeugen beziffert die Deutsche Energie-Agentur (2011) mit 24 %. Durch eine Beimischung von Biomethan, das aus Biomasse gewonnen wird, lässt sich nach ihren Angaben ein Minderungspotenzial von bis zu 97 % erreichen.[60]

Alternative Kraftstoffe auf fossiler Basis wie Erdgas besitzen im Gegensatz zu regenerativen Kraftstoffen in Bezug auf die Ressourcenverfügbarkeit die gleiche Problematik wie Erdöl. Biomasse als Basis für regenerative Kraftstoffe eignet sich für die Herstellung von verschiedenen Biokraftstoffarten für Verbrennungsmotoren. Biodiesel kann aus pflanzlichen und tierischen Fetten hergestellt werden und wird in Europa hauptsächlich aus Raps gewonnen. Zur Verwendung in Ottomotoren eignet sich Bioethanol, das aus stärke- und zuckerhaltigen Pflanzen gewonnen wird. Hierfür eignen sich besonders gut Zuckerrohrpflanzen. In Europa wird wegen der Verfügbarkeit auf Roggen, Weizen und Zuckerrüben zurückgegriffen. Bei einer hohen Beimischung zum Benzin oder reiner Betankung mit Bioethanol muss der Motor technisch angepasst werden. Durch ein aufwendiges Verflüssigungsverfahren gibt es die Möglichkeit, Biomasse zu BTL (Biomass to Liquids) umzuwandeln, welches sowohl zur Produktion von Diesel- als auch von Benzinkraftstoff geeignet ist.[61]

Bei Biomasse als regenerativer Energiequelle fällt die Ökobilanz nicht zwingend grundsätzlich besser aus als bei fossilen Energieträgern. Es gibt extreme Abweichungen und damit kaum aussagekräftige quantitative Untersuchungsergebnisse.[62] Durch die für den Anbau von Biomasse benötigten Agrarflächen entsteht eine Flächenkonkurrenz mit der Nahrungsmittelproduktion. Angesichts einer steigenden mit Nahrungsmitteln zu versorgenden Weltbevölkerung wird bei der energetischen Nutzung von Biomasse eine positive Umweltwirkung sogar vollständig bestritten, wenn die Biomasse nicht ausschließlich aus biogenem Abfall gewonnen wird.[63] Für die Biomasse werden je nach Ausgestaltung der Annahmen positive oder sogar negative Umweltwirkungen konstatiert. Die Ökobilanz von Biokraftstoffen hängt stark von den für die Herstel-

59 Siehe Puls (2006), S. 22 und S. 32–42.

60 Siehe dena (2011a), S. 10.

61 Siehe Puls (2006), S. 63–68.

62 Für umfassende Analysen über die Ökobilanzen verschiedener Biokraftstoffe siehe z. B. UNEP (2009) und Edwards et al. (2006).

63 Siehe Leopoldina (2012), S. 14.

lung verwendeten Rohstoffen sowie deren Anbau- und Verarbeitungsbedingungen ab. Zudem gibt es bei Herstellung und Nutzung der Kraftstoffe Wirkungsgradunterschiede[64].[65] Die Verwendung von Biokraftstoffen in Verbrennungsmotoren ist aufgrund noch nicht ausgereifter Produktionstechnologien und aufgrund der Verwendungskonkurrenz der Agrarflächen für den Anbau von Nahrungspflanzen und Biomasse nur begrenzt einsatzfähig.[66]

Neben den angeführten Alternativen könnte auch die Ausnutzung von Einsparpotenzialen beim Kraftstoffverbrauch bei herkömmlichen Verbrennungsmotoren zur Minderung der Ressourcennutzung beitragen und den Umweltaspekten durch die damit verbundene Reduzierung schädlicher Emissionen dienlich sein. Allerdings wäre dies bei dem aktuellen Stand der Technik mit einer Reduktion des Fahrzeuggewichts und der Motorleistung verbunden, wobei fraglich ist, ob dies aus Nutzersicht akzeptabel ist.[67] Dazu kommt, dass ein sinkender Kraftstoffverbrauch die Pkw-Nutzung vergünstigt und dadurch eine Mengenreaktion hervorrufen kann, so dass die Fahrleistungen zunehmen und damit keine Reduktion umweltschädlicher Emissionen erfolgt. Effizienzgewinne im Kraftstoffverbrauch können auf diese Weise teilweise kompensiert oder sogar überkompensiert werden, so dass der Ressourcenverbrauch schließlich auch zu einer Erhöhung schädlicher Emissionen führt. Dies wird als Rebound-Effekt bezeichnet.[68]

Obwohl noch nicht absehbar ist, welche der verschiedenen technologischen Optionen sich zukünftig durchsetzen, und Unsicherheiten darüber bestehen, inwieweit damit die umweltbezogenen externen Kosten des Pkw-Verkehrs reduziert werden können, handelt es sich bei allen hier dargestellten Entwicklungsmöglichkeiten um Innovationen mit ökologischer Ausrichtung, die gegebenenfalls zu einem veränderten oder ganz neuen Technologiepfad führen können.

---

64 Der Wirkungsgrad zeigt die durch Energieverluste entstehende tatsächliche Nutzleistung der eingesetzten Energie an.

65 Siehe UNEP (2009), S. 53–57, Helmers (2009), 104–112, Puls (2006), 42–47 und dena (2011a), S. 10.

66 Siehe Sammer/ Meth/Gruber (2008), S. 393, auch Abschnitt 4.2.2.5, S. 118 ff.

67 Siehe Sammer/ Meth/Gruber (2008), S. 393.

68 Siehe Small/Van Dender (2005), auch Schettkat (2009), S. 12; zu einer Übersicht über verschiedene empirische Ergebnisse siehe Binswanger (2001), S. 124.

3 Ökologische Innovationspolitik

3.1 Umweltinnovationen

3.1.1 Arten von Umweltinnovationen

Während Innovationen im Allgemeinen als Oberbegriff für die Entwicklung neuer Verfahren und Produkte (Invention), deren Adaption sowie die Diffusion stehen,[69] lassen sich Umweltinnovationen als diejenigen Innovationen bezeichnen, die prinzipiell dem Umweltschutz förderlich sind.[70]

Mit technisch-ökonomischen Innovationen sind insbesondere Produkt- und Prozessinnovationen gemeint oder sie betreffen die Organisationsstruktur von Unternehmen.[71] Eine umfassende Definition gibt die Organisation für wirtschaftliche Zusammenarbeit und Entwicklung (OECD): "Technological innovation activities are all of the scientific, technological, organisational, financial and commercial steps, including investments in new knowledge, which actually, or are intended to, lead to the implementation of technologically new or improved products and processes."[72]

Technisch-ökonomische Innovationen können sowohl inkrementell als auch radikal sein.[73] Es handelt sich also um Neuerungsansätze in schrittweisen Veränderungen (inkrementelle Innovationen) oder um Basisinnovationen (radikale Innovationen), die zur Einführung von vollständig neuen Technologien führen können. Inkrementelle Umweltinnovationen sind oft additiv im Produktzyklus der Güter, also bezogen auf additive bzw. End-of-Pipe-Technologien, wie beispielsweise Diesel-Rußpartikelfilter. Inkrementelle Umweltinnovationen können dementsprechend entstehende Schadstoffe nachträglich filtern, binden oder kompensieren, aber sie können auch an früher Stelle des Produktzyklus ansetzen und durch integrierte Maßnahmen das entstehende Schadstoffvolumen je Nutzungs- bzw. Leistungseinheit senken, z. B. bei technischen Maßnahmen zur Verbesserung der Energieeffizienz. Radikale Innovationen sind Neuerungen, die von herrschenden Technologien unabhängig sind. Dies wären z. B. alternative Antriebstechniken wie der Elektromotor. Inkrementelle Innovationen können

---

69 In Anlehnung an Schumpeter (1934), S. 99–103 sowie Schumpeter (1961), S. 95–110; siehe hierzu auch Klemmer/Lehr/Löbbe, (1999), S. 28.

70 Siehe Klemmer/Lehr/Löbbe (1999), S. 29.

71 Siehe Stoneman (1995), S. 3 f.

72 OECD (2002), S. 18.

73 Inkrementelle Innovationen werden auch als schwache gegenüber radikalen Innovationen als starke Innovationen bzw. Basisinnovationen bezeichnet; siehe hierzu Jänicke (2008), S. 39–41.

Umweltbelastungen lediglich vermindern und so negative technologische externe Effekte reduzieren, während radikale Innovationen dafür sorgen können, dass Umweltbelastungen nicht oder nur in geringerem Ausmaß entstehen.

Von technisch-ökonomischen Innovationen lassen sich soziale Innovationen und institutionelle Innovationen abgrenzen. Dies gilt für Umweltinnovationen ebenso wie grundsätzlich für alle Innovationen. Mit sozialen Innovationen sind Veränderungen gemeint, die zu neuen Verhaltensweisen führen. Soziale Umweltinnovationen sind demnach Verhaltensweisen, die dem Schutz der Umwelt dienlich sind, wie z. B. Mobilitätsvermeidung. Institutionelle Innovationen umfassen im Allgemeinen die Bildung neuer Rahmenbedingungen und Ordnungsprinzipien.[74] Institutionelle Umweltinnovationen stehen aufgrund von Interdependenzen in Verbindung mit sozialen Innovationen, wie folgendes Beispiel zeigt: Als soziale Umweltinnovation kann eine Änderung des Lebensstils zu mehr Nachhaltigkeit bezeichnet werden. Eine solche Änderung verbindet die Mitglieder der „Lohas"-Gruppe miteinander. „Lohas" steht dabei für „Lifestyle of Health and Sustainability". Die Mitglieder verbindet hierbei nicht nur der gemeinsame Lebensstil, sondern eine gemeinsame Plattform, mit der eine rahmengebende Ordnung mit entsprechenden Regelungen für einen nachhaltigen Konsum geschaffen werden soll.[75] In diesem Beispiel ist die soziale Innovation auf eine einzelne Gruppe beschränkt.

Obwohl durch soziale und institutionelle Umweltinnovationen Anreize für technisch-ökonomische Innovationen gesetzt werden können, sind sie seltener als technisch-ökonomische Umweltinnovationen Gegenstand der Umweltpolitik. Neuere Ansätze der Umweltpolitik beziehen zwar Innovationen in Form von umwelttechnischem Fortschritt mit ein, eine Differenzierung nach Art der Innovationen erfolgt jedoch nicht.[76]

3.1.2 Anreizdefizite und Hemmnisse bei Umweltinnovationen

Umweltinnovationen sind in einem spezifischen Maß von Anreizdefiziten und Innovationshemmnissen betroffen, wie nachfolgend dargelegt wird. Wenn durch Forschung und Entwicklung neues Wissen generiert wird und die Eigentumsrechte daran nicht eindeutig und vollständig zugeordnet sind, entstehen positive externe Effekte. Nach der exakten Bezeichnung handelt es sich um positive technologische externe Effekte, also um die unbeabsichtigte Entstehung positi-

74 Klemmer/Lehr/Löbbe, (1999), S. 29.

75 Siehe: www.lohas.com oder www.lohas.de.

76 Siehe z. B. Endres (2007), S. 198–210 und Feess (2007), S. 185–211.

ver Gewinn- oder Nutzenwirkungen bei Unbeteiligten, ohne dass der Verursacher dafür entgolten wird.[77]

Aufgrund des Charakters von neuem Wissen als öffentliches Gut treten positive externe Effekte in Form von Spillovereffekten auf. Dadurch, dass neues Wissen auch von Unbeteiligten genutzt werden kann, wird der Nutzen einer Innovation teilweise externalisiert.[78] Dies gilt zumindest für den Anteil des Wissens, der nicht durch private Anspruchsrechte, wie z. B. durch Patente, vor der Fremdnutzung geschützt werden kann. Ein vollständiger Schutz von Wissen ist jedoch nicht erreichbar, weil Wissensbestände kaum vollständig exakt erfassbar oder abgrenzbar sind und Informationen an Personen gebunden und breit gestreut sind.[79] Anreize für Innovationen ergeben sich aus einzelwirtschaftlicher Sicht nur aus den privaten Erträgen. Aus gesamtwirtschaftlicher Sicht entstehen durch positive externe Effekte soziale Zusatzerträge. Die einzelwirtschaftlichen Anreize für Innovationen, also auch für Umweltinnovationen, sind jedoch gering, wenn für forschende Unternehmen die Gefahr besteht, dass auch Konkurrenten das neue Wissen ohne Entgelt nutzen können, obwohl die Innovationen zu hohen sozialen Erträge führen können.[80] Bei Umweltinnovationen können sich darüber hinaus zusätzliche externe Effekte ergeben.

Ein sogenannter doppelter externer Effekt bei Umweltinnovationen entsteht dann, wenn neben bestehenden sozialen Zusatzerträgen aufgrund von Spillovereffekten (z. B. durch Nutzung des Wissens an anderer Stelle) zusätzlich durch den neuen Prozess oder das neue Gut eine Reduktion der externen Kosten für die Umwelt auftritt. Eine zunehmende Diffusion der emissionsreduzierenden Umweltinnovation, die traditionelle Prozesse oder Güter ersetzt, führt zur Verringerung oder Vermeidung von Umweltschäden. Es existieren also nicht nur in der Innovationsphase, sondern auch in der Diffusionsphase positive externe Effekte.[81] Dieser positive Effekt in der Diffusionsphase kommt der Gesamtgesellschaft zugute. Die Verantwortlichen für die Senkung der externen Kosten profitieren jedoch nicht davon, da ein entsprechendes Anreizsystem, z. B. in Form von Entgelten, nicht vorhanden ist.[82] Dies wird darauf zurückgeführt, dass Umweltinnovationen Eigenschaften öffentlicher Güter aufweisen.[83]

---

77 Andere Arten externer Effekte sind pekuniäre und psychologische externe Effekte. Zu dieser Abgrenzung siehe Fritsch (2011), S. 80–81.

78 Siehe Fritsch (2011), S. 82–87.

79 Siehe Arrow (1962), S. 615.

80 Siehe Markard (2004), S. 63 und Fritsch (2011), S. 85–87.

81 Siehe Rennings (1999), S. 31 und Rennings (2000), S. 325.

82 Siehe Parry (1995), S. 70.

83 Siehe Beise/Rennings (2003), S. 8.

Öffentliche Güter zeichnen sich durch Nicht-Rivalität und Nicht-Exkludierbarkeit aus.[84] Wenn sich eine Umweltinnovation in der Diffusion befindet, dann gibt es in Bezug auf die Anwendung der neuen umweltfreundlichen Technologie keine Rivalität. Viele Nutzer können eine neue umweltfreundliche Technologie gleichzeitig verwenden, ohne dass dadurch Nachteile für den Einzelnen entstehen. Es kann sogar dazu kommen, dass es vorteilhaft für einen einzelnen Nutzer ist, wenn viele Nutzer dieselbe neue umweltfreundliche Technologie verwenden.[85] In diesem Fall liegen positive direkte Netzwerkexternalitäten vor, da der Nutzen eines Konsumenten von der Anzahl weiterer Konsumenten positiv abhängig ist;[86] beispielsweise im hypothetischen Fall von sich in der Diffusionsphase befindenden batteriebetriebenen Elektroautos: Durch die begrenzte Reichweite wäre es zweckmäßig, ein Austauschsystem für leere Batterien gegen aufgeladene Batterien einzurichten.[87] Unter der Voraussetzung, dass der Batterieaustausch intern, z. B. im Rahmen eines Nutzerclubs, geregelt wäre, würde der individuelle Netznutzen mit zunehmender Nutzerzahl steigen. Es wäre auch möglich, am Anfang der Diffusionsphase jedoch unwahrscheinlich, dass ein Infrastrukturnetz mit Batterieaustauschstationen ähnlich dem System der Tankstelleninfrastruktur existieren würde. Dann würde der individuelle Netznutzen mit der Größe des verbunden Netzes, also dem Batterieaustauschnetz, steigen. Es lägen somit positive indirekte Netzwerkexternalitäten vor.

Die Existenz von Nicht-Exkludierbarkeit als zweites Kriterium für öffentliche Güter ist allerdings derjenige Aspekt, welcher den doppelten externen positiven Effekt der Umweltinnovationen begründet. Ausschließbarkeit ist zwar bei der Anwendung neuer umweltfreundlicher Technologien gegeben, nicht aber bei dem Nutzen durch die Reduktion externer Kosten. Die Gesellschaft profitiert von dieser Reduktion, während der Verantwortliche einer solchen Reduktion nur zum Teil entgolten wird. Weder im Bereich der Konsumption noch bei der Produktion ist der externe Nutzen internalisiert. Ein Unternehmen, dessen Umweltinnovation in den Diffusionsprozess gelangt, kann für die Senkung externer Kosten keinen Preis verlangen.[88] Ebenso wenig kann dies ein Konsument neuer umweltfreundlicher Technologien, der durch den privaten Konsum diesen sozia-

---

84 Zur Theorie öffentlicher Güter mit Bezug auf Umwelt siehe z. B. Cansier (1996), S. 18–21.

85 Siehe Jaffe/Newell/Stavins (2004), S. 39 f.

86 Zur Definition indirekter Netzwerkexternalitäten siehe z. B. Economides (1996), S. 679; auch: Shy (2001), S. 17.

87 Zu einem konkreten Vorhaben einer solchen Infrastruktur siehe www.betterplace.com.

88 Insbesondere bei der Beachtung, dass sozialer Nutzen bezüglich der Umweltqualität nachfolgenden Generationen zu Gute kommt, wäre ein entsprechendes durch die tatsächlichen Nutznießer zu zahlendes Entgelt abwegig.

len Nutzen verursacht. Anreize zu einem innovierenden Verhalten sind somit ohne intrinsische Motivation[89] gering.

Bei Umweltinnovationen tritt der Konflikt zwischen dem Schutz des Eigentums, der für den Anreiz zur Innovation erforderlich ist, und dem Ziel einer hohen Verbreitungsgeschwindigkeit neuen Wissens in hohem Maße auf. Wenn Umweltinnovationen schnellstmöglich in den Diffusionsprozess gelangen, kann den technologischen Externalitäten entgegengesteuert und der soziale Nutzen durch eine verbesserte Umweltqualität bzw. Verminderung der Umweltschädigung erhöht werden. Eine hohe Diffusionsgeschwindigkeit, z. B. durch kostenlose Imitation der Innovation, reduziert jedoch Anreize zu Aktivitäten in Forschung und Entwicklung potentiell innovierender Unternehmen, weil die Kompensation für die Innovationstätigkeit stark verringert wird.

Wie bei jeder Art von Innovation können auch bei Umweltinnovationen Hemmnisse auftreten, die mangelnde Anreize für Forschungs- und Entwicklungsaktivitäten zur Folge haben und die innovationspolitische Maßnahmen begründen können. Neben positiven externen Effekten in Form von Wissensspillovereffekten existieren Informationsmängel und bei der Wissensproduktion treten typischerweise Economies of Scale auf.[90]

Informationsmängel sind zum einen unvollständige Informationen aufgrund von Unsicherheitsfaktoren bezüglich der Zukunftsfähigkeit neuer Technologien und zum anderen eine asymmetrische Informationsverteilung zwischen Innovator und Kreditgeber in Bezug auf die Erfolgswahrscheinlichkeit einer neuen Technologie.[91]

Economies of Scale[92] bei der Wissensproduktion sind Größenvorteile, die entstehen, weil Wissen als ökonomisches Gut unteilbar ist. Die Erzeugung von Wissen ist mit hohen Forschungs- und Entwicklungsausgaben verbunden. Die Reproduktion von Wissen ist häufig zu sehr geringen Grenzkosten möglich, die unterhalb der Durchschnittskosten liegen, so dass Wettbewerbspreise in Höhe der Grenzkosten nicht kostendeckend sind und Anreize zur Monopolbildung bestehen.[93]

Economies of Scale können, müssen aber nicht zwangsweise mit Innovationshemmnissen verbunden sein. Aufgrund von fehlendem Wettbewerbsdruck bei einer Monopolisierung bestehen weniger Anreize zu Innovationen als auf einem Wettbewerbsmarkt. Eine sichere Monopolstellung kann aber auch die

---

89 Insbesondere kann bei sozialen Umweltinnovationen wie z. B. einem umweltfreundlichen Mobilitätsverhalten intrinsische Motivation eine wichtige Rolle spielen.

90 Siehe Arrow (1962), S. 609; auch Geroski (1995), S. 91–93.

91 Siehe Jaffe/Newell/Stavins (2004), S. 166–168.

92 Zu Economies of Scale siehe Fritsch (2011), S. 159–194.

93 Siehe Geroski (1995), S. 91; auch Swann (2009), S. 161.

Möglichkeit bieten, Gewinnsteigerungen durch Innovationsleistungen allein zu beanspruchen.[94]

Der doppelte externe Effekt ist das typische Merkmal von Umweltinnovationen. Daraus resultiert im Vergleich zu anderen Innovationen ein zusätzliches Anreizproblem in Bezug auf Investitionen in Umweltinnovationen.

Es ist jedoch zu berücksichtigen, dass für innovierende Unternehmen selbst die Möglichkeit besteht, die positiven externen Effekte zumindest teilweise zu internalisieren. Eine offensive Vermarktung von Umweltinnovationen, auch organisatorischer Art wie z. B. ein besonderes Umweltmanagement, kann dazu beitragen, die Aufmerksamkeit der Öffentlichkeit und insbesondere der Konsumenten für das jeweilige Unternehmen im positiven Sinn zu erhöhen. Dadurch lassen sich jedoch keine Entgelte erzielen, die als direkte Gegenleistung zu dem sozialen Nutzengewinn durch die Verwendung neuer umweltfreundlicher Technologien fungieren. Es besteht nur ein indirekter Zusammenhang zur Umweltinnovation und dem dabei auftretenden externen Nutzen.[95]

Die Entwicklung neuer Technologien wird entweder durch eine entsprechende Nachfrage gesucht oder durch die Technologieentwicklung auf der Angebotsseite bestimmt. So kann, auch im Hinblick auf Umweltinnovationen, von privater oder auch staatlicher Seite[96] eine Zahlungsbereitschaft für Produkte vorliegen, die entweder eine neue Technologie verkörpern oder mit Hilfe eines technologisch oder organisatorisch neuartigen Verfahrens hergestellt werden. In Bezug auf Umweltinnovationen spielt insbesondere die intrinsische Motivation für die Bedürfnisbefriedigung auf umweltgerechte Art eine wichtige Rolle.[97] Der Effekt auf der Nachfrageseite wird als Demand-Pull[98] bezeichnet. Wenn neben den nachfrageseitigen Aspekten weitere Markteinflussfaktoren wie beispielsweise bestehende Marktanteile und die Wettbewerbssituation berücksichtigt werden sollen, wird dieser Effekt als Market-Pull-Effekt aufgefasst.[99] Intrinsische Motivation kann sich in sozialen oder institutionellen Innovationen widerspiegeln und den Demand-Pull-Effekt verstärken. Intrinsische Motivation bzw. uneigennütziges Verhalten müsste dazu jedoch die Anreizproblematik der Umweltinnovationen kompensieren können.

Auch auf der Angebotsseite können die Antriebskräfte des Marktes eingeschränkt sein.[100] In diesem Fall handelt es sich um den Technology-Push-Effekt,

94 Siehe Arrow (1962), S. 619–622.

95 Siehe Markard (2004), S. 64.

96 Gemeint ist Nachfrage des Staates zu konsumtiven Zwecken.

97 Siehe Klemmer/Lehr/Löbbe (1999), S. 86.

98 Siehe Jaffe/Newell/Stavins, 2004), S. 170; auch Welsch (2005), S. 276.

99 Siehe Rennings (1999), S. 33. bzw. Rennings (2000), S. 326.

100 Siehe Rennings (1999), S. 33. bzw. Rennings (2000), S. 326.

der betroffen ist. Der Technology-Push-Effekt ist im wissenschaftlichen Erkenntnisfortschritt begründet, der einem innovierenden Unternehmen die Möglichkeit bietet, in einer Vorreiterrolle zu agieren.[101] Bei Umweltinnovationen liegt die Motivation für Unternehmen in der Erwartung besserer Marktchancen.[102] Fraglich ist jedoch, ob diese Erfolgserwartungen bestehende Anreizdefizite kompensieren können. Sie müssten hierfür stärker ausgeprägt sein als die Innovationshemmnisse durch den doppelten externen Effekt, um Innovationsanreize zu bewirken.

Soziale Erträge von Innovationen durch positive externe Effekte begründen eine generelle staatliche Innovationsförderung im Bereich der Grundlagenforschung.[103] Bei Umweltinnovationen sind die Anreizdefizite wegen des doppelten externen Effektes stärker als bei Innovationen im Allgemeinen ausgeprägt. Der Mangel an marktbedingten Antriebskräften für die Entstehung von Umweltinnovationen begründet die Aktivierung der Innovationstätigkeit von staatlicher Seite und erfordert wirtschaftspolitische Maßnahmen, welche diese Spezifität von Umweltinnovationen in der Innovations- und der Diffusionsphase aufgreifen.[104]

Staatliche Maßnahmen, die Umweltinnovationen forcieren, können entweder an der Nachfrageseite ansetzen und somit den Demand-Pull-Effekt verstärken oder sie können versuchen, den Technology-Push-Effekt zu intensivieren.[105] Eine Einflussnahme auf die Marktbedingungen würde auf die Stärkung des Market-Pull-Effekts abzielen. Da die Triebkräfte des Marktes für einen umwelttechnischen Fortschritt aufgrund des Problems des doppelten externen Effektes gering sind, ist eine sogenannte Bedingtheit zur Regulierung vorhanden. Dies bedeutet, dass eine weitere grundsätzliche Determinante von Umweltinnovationen vorhanden ist. Diese wird als Regulatory-Push bzw. -Pull-Effekt bezeichnet.[106] Darunter fallen z. B. die Auswirkungen umweltrechtlicher Regelungen auf das Innovationsverhalten.

Fraglich ist, in welcher Art und Weise solche Regulatory-Push bzw. -Pull-Effekte zustande kommen können. Der Grund dafür ist, dass Analysen zur Innovationswirkung umweltpolitischer Instrumente nur lückenhaft vorliegen und ihre Aussagekraft zudem unzureichend ist.[107]

101 Siehe Welsch (2005), S. 276.

102 Siehe Klemmer/Lehr/Löbbe (1999), S. 85 f.

103 Siehe Spengel (2009), S. 4 f.

104 Siehe Rennings (2000), S. 326.

105 Siehe Jaffe/Newell/Stavins (2004), S. 170.

106 Siehe Rennings (1999), S. 33 f. bzw. Rennings (2000), S. 326.

107 Siehe Bernauer et al. (2007), S. 324– 328.

3.2 Konzeption der ökologischen Innovationspolitik

3.2.1 Begriffliche Abgrenzung der ökologischen Innovationspolitik

Die ökologische Innovationspolitik umfasst alle wirtschaftspolitischen Maßnahmen, die speziell auf umwelttechnischen Fortschritt abzielen. Die Begriffe „ökologische Innovationspolitik“[108], „innovationsorientierte Umweltpolitik“[109] sowie „ökologische Industriepolitik“[110] werden in der Literatur teilweise synonym verwendet und beschreiben im Prinzip alle gezielte staatliche Maßnahmen zur Förderung von Innovationen, welche zur Reduktion von Umweltbelastungen führen sollen. Trotzdem ist inhaltlich eine Unterscheidung der Begrifflichkeiten vorzunehmen, um die Wirkungsweise als Instrument der Wirtschaftspolitik beurteilen zu können. Während bei den beiden erstgenannten Begriffen lediglich der Schwerpunkt variiert, besitzt die ökologische Industriepolitik auch im Hinblick auf die Zielsetzung eine andere Ausrichtung.

Die Auslegung des Begriffs „innovationsorientierte Umweltpolitik“ durch das Bundesministerium für Umwelt, Naturschutz und Reaktorsicherheit (BMU) ist allgemein gehalten und umfasst wirtschaftspolitische Maßnahmen mit dem Ziel der Reduktion von Umweltbelastungen und darüber hinaus auch solche Maßnahmen, welche die Wettbewerbsfähigkeit Deutschlands und die Beschäftigung sichern sollen.111 Dahinter steht die Idee ökologischer Leitmärkte.112 Die Rolle, welche Deutschland aus Sicht der politischen Akteure demnach in Umweltbelangen übernehmen soll, ist die eines Vorreiters. Diese Zielsetzung ist der ökologischen Industriepolitik zuzuordnen: Neben dem ökologischen Vorbildcharakter Deutschlands auf dem Weg zu einem international nachhaltigen Wirtschaftssystem soll es insbesondere darum gehen, die Volkswirtschaft zukunftsfähig zu machen, den Wirtschaftsstandort zu stärken und neue Technologien in Nachzüglerstaaten zu exportieren. Diese Aspekte sind Gegenstand einer Industriepolitik, die sich mit den Voraussetzungen und staatlichen Eingriffen zur gezielten Gestaltung der Wirtschaft befasst, wobei hier ein spezieller Bezug zur Ökologie besteht. Dabei wird unterstellt, dass der Staat in der Lage ist, zukunftsträchtige Technologien zu identifizieren und erfolgreich zu fördern.

Die Beurteilung wirtschaftspolitischer Maßnahmen bedarf der Differenzierung nach der Zielsetzung: Ob ein Ziel erreicht wird, kann nur beurteilt werden, wenn das anzustrebende Ziel klar definiert und der Zielerreichungsgrad messbar

108 Nill (2009), S. 21
109 SRU (2008), S. 47.
110 BMU (2006a), S. 9.
111 Siehe BMU (2006b), S. 8 sowie BMU (2008), S. 8–16.
112 Siehe BMU/BMBF (2008); zum Leitmarktkonzept siehe auch Beise/Rennings (2003).

ist. Aus diesem Grund werden im Folgenden die ökologische Innovationspolitik und die innovationsorientierte Umweltpolitik differenziert betrachtet und in der Analyse von der ökologischen Industriepolitik unterschieden. Die Ziele des BMU ‚Stärkung der Wettbewerbsfähigkeit Deutschlands' und ‚Beschäftigungssicherung' sind Bestandteil eines industriepolitischen Ansatzes und hier als ökologische Industriepolitik zu charakterisieren. Die Zielsetzung der ökologischen Innovationspolitik ist demgegenüber äquivalent zu der Zielsetzung innovationsorientierter Umweltpolitik. Die Zielsetzung ist die umweltverträgliche Gestaltung des Wirtschaftens, also die Verminderung negativer technologischer Externalitäten und somit die Sicherstellung der Funktionsfähigkeit der Märkte. Die industriepolitische Interpretation geht darüber hinaus. Sie ist in ökonomischer Hinsicht schwer zu rechtfertigen, weil die Gefahr besteht, dass sie Wettbewerbsmechanismen stört und zu Diskriminierung führt. Es wird als ‚Anmaßung von Wissen'[113] bezeichnet, wenn von staatlicher Seite bestimmte Branchen oder Sektoren herausgegriffen und bevorteilt werden.

3.2.2 Abgrenzung zur Industriepolitik

„Industriepolitik ist die gezielte Beeinflussung der sektoralen Produktionsstruktur einer Volkswirtschaft durch den Staat."[114] Die Industriepolitik lässt sich nach der Zielsetzung unterscheiden, die erhaltend, gestaltend oder anpassend sein kann.[115] Die erhaltende Zielsetzung bezieht sich auf vorhandene Strukturen, die durch staatliches Eingreifen aufrechterhalten werden sollen. Die gestaltende Zielsetzung umfasst die Unterstützung von Branchen, die aus hoheitlicher Sicht als zukunftsträchtig angesehen werden. Die anpassende Zielsetzung ist dagegen auf die Beschleunigung und Erleichterung bei der Entstehung neuer Produktionsformen und wirtschaftlicher Strukturen gerichtet. Sie ist im Gegensatz zu den anderen Zielsetzungsformen nicht nur durch Instrumente erreichbar, die eine starke Eingriffsintensität besitzen und die Gefahr der Diskriminierung mit sich bringen. Der Staat kann ordnungspolitisch durch entsprechende Rahmenregelungen versuchen, die Anpassung an neue Strukturen für die wirtschaftlichen Akteure zu vereinfachen und dadurch einen beschleunigten Wandel in Gang set-

113 Dieser Ausdruck wurde ursprünglich von F. A. von Hayek anlässlich einer Rede im Jahr 1974 geprägt. Siehe Hayek (1989), S. 3.

114 Klodt (1997), Nr. I.

115 In diesem Zusammenhang wird auch von Strukturerhaltungspolitik (erhaltende Zielsetzung), strategischer Industriepolitik (gestaltende Zielsetzung) und Strukturanpassungspolitik (anpassende Zielsetzung) gesprochen; siehe Klodt (1997), Nr. IV.

zen.[116] Dem steht entgegen, dass eine Anpassung an neue Strukturen mit sozialpolitischen Auswirkungen (z. B. Arbeitsplatzverlusten) verbunden sein kann, die aus staatlicher Sicht abgefedert werden sollen[117] und strukturelle Veränderungsprozesse deshalb eher herausgezögert als beschleunigt werden.

Die ökologische Industriepolitik lässt sich nach dieser Kategorisierung der Zielsetzung einordnen: Die Forcierung von Innovationen zur Reduktion von Umweltbelastungen steht erhaltenden Maßnahmen vorhandener Strukturen konträr gegenüber. Die Zielsetzung einer ökologischen Industriepolitik ist stattdessen gestaltend oder anpassend. Die Einstufung einer Branche als zukunftsträchtig geht mit einer gestaltenden Zielsetzung einher, wenn diese Branche gezielt finanziell gefördert wird. Dies gilt auch für die gezielte Förderung von bestimmten Umwelttechnologien in den Phasen der Entwicklung, Einführung, Adaption oder Diffusion wie z. B. bei Elektrofahrzeugen. Die Zielsetzung ist als anpassend zu bezeichnen, wenn der Fokus nicht auf einer Branche liegt, sondern die Maßnahmen branchenübergreifend für umweltverträglicheres Wirtschaften sorgen sollen.

Die gestaltende Zielsetzung der ökologischen Industriepolitik geht wegen der ex ante Unsicherheit bezüglich der relativen Vorteilhaftigkeit alternativer technischer Lösungen mit der Gefahr einher, dass der Selbstselektionsmechanismus des Marktes in Bezug auf die Etablierung neuer Technologien durch staatliches Eingreifen gestört wird. Dadurch könnten sich Technologien auf dem Markt durchsetzen, die über den Marktmechanismus ex post als vergleichsweise ineffizient identifiziert worden wären.

Die anpassende Zielsetzung ist nicht mit einer ökologischen Industriepolitik vereinbar, wenn ein struktureller Wandel zu mehr Umweltverträglichkeit durch staatliche Maßnahmen herausgezögert werden würde. Eine anpassende Zielsetzung, die mit ordnungspolitischen Maßnahmen verbunden wird, ist nach Busch (2005) nicht möglich, weil die Industriepolitik grundsätzlich mit prozesspolitischen interventionistischen Maßnahmen verbunden sei und keine gesamtwirtschaftliche Ausrichtung besitzen könne.[118] Auch nach Klodt (1997) ist das Zielobjekt der Industriepolitik niemals die gesamte Volkswirtschaft, sondern dies sind typischerweise bestimmte Branchen.[119]

Zu berücksichtigen ist jedoch die Tatsache, dass Industriepolitik, obwohl Zukunftsunsicherheit und Diskriminierungsgefahr vorhanden sind, trotzdem in der wirtschaftspolitischen Praxis aus politökonomischen Gründen eingesetzt

116 Siehe Oberender/Daumann (1995), S. 4–7.
117 Siehe Klodt (1997), Nr. IV.
118 Siehe Busch (2005), S. 11.
119 Siehe Klodt (1997), Nr. I.

wird.[120] Der Versuch, Industriepolitik im Sinne der anpassenden Zielsetzung zu gestalten, bietet zumindest die Möglichkeit, diese Probleme zu reduzieren.[121] Dies gilt jedoch nur unter der Voraussetzung, dass sie den Strukturwandel beschleunigt und so Umweltprobleme reduziert werden können. Die Forcierung von Innovationen mit gesamtwirtschaftlicher Ausrichtung und dem Ziel des umweltverträglicheren Wirtschaftens widerspricht der Industriepolitik, die als Branchenförderung konzipiert ist oder nur ausgewählte Technologien berücksichtigt. Deshalb handelt es sich bei dieser Art der Forcierung von Innovationen um eine ökologisch ausgerichtete Innovationspolitik und nicht um Industriepolitik.

3.2.3 Einordnung in die Innovationspolitik

3.2.3.1 Innovationspolitik im Kontext von Innovationsprozessen und -systemen

Innovationspolitik umfasst „[...] alle staatlichen Aktivitäten [...], welche sich auf die Steuerung und Beeinflussung von Innovationsprozessen richten“[122] und damit alle Maßnahmen, die auf Quantität und Effizienz von Innovationsaktivitäten Auswirkungen haben[123]. Innovationsprozesse beinhalten verschiedene Phasen von Innovationen, deren Einteilung auf Schumpeter zurückgeht.[124] Sie bestehen in der einfachsten Einteilung aus der Inventionsphase, der Adaptionsphase und der Diffusionsphase. Der Begriff ‚Innovation‘ bezieht sich dabei im ursprünglichen Sinn nur auf die Markteinführung von Verfahren oder Produkten, die neu oder zumindest deutlich verbessert sind. Der Markteinführung ist die ‚Invention‘, also die Erfindung vorgelagert. Die Adaption ist der Markteinführung nachgelagert. Damit ist die Annahme der Neuerung auf dem Markt durch Nutzer gemeint. Der Innovationsprozess ist jedoch erst erfolgreich, wenn sich eine Neuerung auf dem Markt durchsetzt, also dann, wenn eine Marktdurchdringung stattfindet, die mit dem Begriff der ‚Diffusion‘ bezeichnet wird. Dieser lineare Prozess stellt eine Vereinfachung des Innovationsprozesses dar. In komplexeren Darstellungsformen werden auch Rückkopplungseffekte mit einbezogen und die Phasen differenzierter betrachtet. Innovationsprozesse werden in der

---

120 Siehe Hepperle (2003), S. 311–314.

121 Dies würde nach Hepperle eine Art ‚Second-best-Lösung‘ darstellen, siehe Hepperle (2003), S. 313.

122 Welsch (2005), S. 195.

123 Siehe Kuhlmann/Shapira/Smits (2010), S. 4.

124 Siehe Schumpeter (1934), S. 99–103 und Schumpeter (1961), S. 95–110.

Realität durch Interaktionen zwischen den beteiligten Akteuren und durch vorhandene Rahmenbedingungen beeinflusst. Durch verschiedene Einflussfaktoren und bestehende Interdependenzen ergibt sich ein komplexes System.[125]

Es lässt sich keine allgemeingültige Aussage darüber treffen, wie Innovationsprozesse jeweils ablaufen. Da sich Innovationspolitik auf die Lenkung in Art und Ausrichtung von Innovationsprozessen bezieht, ist es dementsprechend nicht möglich, einheitliche optimale Muster der Innovationspolitik zu identifizieren. Dennoch sind zumindest unterschiedliche Handlungsfelder erkennbar, die zwar sehr vielseitig sind, sich aber im Wesentlichen nach einer Klassifikation der Europäischen Kommission in drei übergeordnete Bereiche zusammenfassen lassen.[126] Sie betreffen erstens diejenigen Politikbereiche, die rahmengebend auf Funktionsmechanismen des Marktes Einfluss nehmen, wie beispielsweise Wettbewerbspolitik, Handelspolitik und Regelungen zum Schutz des geistigen Eigentums. Zweitens umfasst die Innovationspolitik Politikbereiche, die Inputfaktoren für Innovationsprozesse betreffen wie Forschungspolitik, Bildungspolitik und Finanzierung von Innovationsprojekten. Der dritte Bereich umfasst mit dem Outputbereich die Einflüsse von Innovationsprozessen beispielsweise auf Wachstum, Beschäftigung und Umwelt.[127]

Obwohl die Handlungsfelder deutlich sind, lässt sich Innovationspolitik nur schlecht eindeutig abgrenzen. In einer vereinfachten Betrachtungsweise lassen sich aber grundsätzlich zwei Perspektiven der Innovationspolitik unterscheiden: die ‚systemische' Sichtweise und die ‚Laissez-faire'-Sichtweise.

Innovationspolitik in der als ‚systemisch' bezeichneten Interpretation umfasst prinzipiell alle Politikbereiche, die für Innovationen relevant sind. Die rahmengebenden Bereiche sowie Input- und Outputbereiche sind nicht voneinander isoliert, sondern hängen zusammen. Sie ergeben in der Gesamtheit ein komplexes Innovationssystem. Innovationssysteme entwickeln sich in Volkswirtschaften unterschiedlich und werden von den herrschenden Institutionen beeinflusst.[128]

Unter nationalen Innovationssystemen sind die unterschiedlichen nationalstaatlichen Rahmen- und Interaktionsbedingungen von Innovatoren und Forschungseinrichtungen zu verstehen. Innovation sind nicht nur Resultat autonomer unternehmenseigener Zielsetzungen, sondern hängen zugleich von den Rahmen- und Interaktionsbedingungen ab, denen Innovatoren gegenüberstehen und an denen sie sich unweigerlich ausrichten. Dies sind zum einen Bedingun-

---

125 Siehe Swann (2009), S. 236–246.

126 Siehe EC (2002), S. 95, auch Welsch, (2005), S. 196 f.

127 Siehe EC (2002), S. 95, auch Welsch, (2005), S. 196 f.

128 Siehe Lundvall/Borrás (2005), S. 611.

gen, die durch die jeweiligen Märkte bestimmt werden, auf denen Innovatoren agieren, und zum anderen auch gesellschaftliche und soziale Einflüsse. Zum dritten bestimmt der Staat wesentlich die Rahmen- und Interaktionsbedingungen. Konkret betreffen die Rahmen- und Interaktionsbedingungen beispielsweise finanzielle Faktoren wie die öffentliche und private Finanzierung von Innovationsprojekten, rechtliche und politische Faktoren wie die Ausgestaltung von Eigentumsrechten, die Existenz von technischen Standards, sowie Gegebenheiten der wissenschaftlichen und unternehmerischen Zusammenarbeit.[129]

Im Kontext solcher heterogener Innovationssysteme, die nicht nur national, sondern sogar auf regionaler Ebene mit den spezifischen Einflüssen des sozialen und gesellschaftlichen Umfelds, der herrschenden Institutionen und den Marktbedingungen verbunden sind, steht das Innovationsverhalten. Der Gesamtheit dieser Einflüsse und Rahmenbedingungen wird die ‚systemische' Innovationspolitik gerecht, indem sie diese als potentiellen Anwendungsbereich berücksichtigt.[130]

Da es nahezu keine wirtschaftlichen Aktivitäten gibt, die langfristig innovationslos stattfinden, sind nach der ‚systemischen' Interpretation in allen diesen Bereichen grundsätzlich Ansatzpunkte für Innovationspolitik vorhanden. Der Erfolg von Innovationsystemen ist entscheidend von den institutionellen Rahmenbedingungen auf wissenschaftlicher, technischer, industrieller und politischer Ebene abhängig.[131] Ob und unter welchen Bedingungen sowie auf welche Weise Innovationspolitik in einem nationalen Innovationssystem aus gesamtwirtschaftlicher Sicht vorteilhaft ist, kann aus ex ante Sicht nicht prognostiziert werden. Fraglich ist deshalb, wie die ‚systemische' Innovationspolitik im konkreten Fall ausgestaltet sein sollte.

Trotzdem konnte sich die systemische Sichtweise in der Wissenschaft und politischen Praxis seit Mitte der 1980er Jahre etablieren.[132] Dies liegt daran, dass die ‚systemische' Innovationspolitik in der Lage ist, den jeweilig vorhandenen systemischen Strukturen der Innovationsprozesse Rechnung zu tragen. Nach Smith (2010) bedarf es bei der Frage der konkreten Ausgestaltung von Innovationspolitik im Einzelfall einer Berücksichtigung der jeweiligen spezifischen Gegebenheiten in Form von institutionellen Rahmenbedingungen und Interaktionsbeziehungen.[133]

---

129 Siehe Niosi (1993), S. 208–213.

130 Siehe Smith (2010), S. 77–86.

131 Siehe Kuhlmann/Shapira/Smits (2010), S. 3.

132 Siehe Kuhlmann/Shapira/Smits (2010), S. 2; dies gilt nach Welsch seit den 1990er Jahren, siehe Welsch (2005), S. 226.

133 Siehe Smith (2010), S. 75–91.

Innovationspolitik ist in diesem Sinne nicht nur die Reaktion auf Tatbestände eines konkreten Marktversagens, sondern eine systemisch ausgelegte Innovationspolitik ist umfassender angelegt und beinhaltet auch die Gestaltung der institutionellen Rahmenbedingungen des betroffenen Marktes und die Beachtung der dort herrschenden Strukturen sowie den vorliegenden Interaktionsbeziehungen der Unternehmen. Aufgrund der Schwierigkeiten, solche Grundstrukturen in der Gesamtheit zu erfassen, sind Innovationsprozesse als Koordinationsaufgabe zu betrachten. Die ‚systemische' Innovationspolitik zielt dementsprechend auf die Möglichkeit ab, Koordinationsprobleme zu identifizieren und daraus konkrete Handlungsfelder abzuleiten. Beispielsweise kann die geeignete Ausgestaltung der Institutionen tradierte Koordinationsprobleme reduzieren. Innovationen führen durch die Neuordnung von Rahmen- und Interaktionsbedingungen zu einem Koordinationsbedarf. Dabei ist zu beachten, dass eine Neuordnung, die durch inkrementelle Innovationen hervorgerufen wird, weniger stark ausgeprägt ist als eine durch radikale Innovationen entstandene Neuordnung und somit auch weniger Koordinationsprobleme verursacht.[134]

Der ‚systemischen' Sichtweise von Innovationspolitik steht die ‚Laissez-faire'-Version gegenüber. Nach der ‚Laissez-faire'-Version sollte Innovationspolitik hauptsächlich rahmengebend sein sowie auf Grundlagenforschung und Bildung fokussiert sein. Aus ‚Laissez-faire'-Perspektive besteht bei der Innovationspolitik durch interventionistische Maßnahmen und Innovationsförderung, die auf bestimmte Sektoren und Technologien ausgerichtet ist, die Gefahr des willkürlichen ‚picking the winners' durch den Staat.[135] Diese Kritik gleicht dem wesentlichen Kritikpunkt an der Industriepolitik und zeigt die in der Praxis gegebenenfalls auftretende inhaltliche Nähe zwischen Innovationspolitik und Industriepolitik.

Bei der Industriepolitik besteht die Problematik des ‚picking the winners'.[136] Die Gefahr in der Fehleinschätzung der staatlichen Instanzen besteht vor allem bei der Auswahl zukunftsträchtiger Sektoren und Technologien. Die Förderung bestimmter Sektoren und Technologien durch den Staat erfordert, dass er in der Lage ist, deren Zukunftsfähigkeit zutreffend zu beurteilen, und als zentrale Instanz dem dezentralen Selektionsmechanismus im Marktprozess überlegen ist. Diese implizit unterstellte Voraussetzung einer Überlegenheit des Staates gegenüber dem Auswahlprozess des Marktes ist anzuzweifeln. Bei der ‚systemischen' Politik wird eine sektorspezifische Herangehensweise im Gegensatz zur ‚Laissez-faire'-Sichtweise zwar nicht kategorisch abgelehnt, aber unabhängig

134 Siehe Smith (2010), S. 89 f.

135 Siehe Lundvall/Borrás (2005), S. 611–613.

136 Siehe Klodt (1997), Nr. III.

davon, ob Innovationspolitik als ‚systemische'- oder ‚Laissez-faire'-Politik praktiziert wird, liegt die Rechtfertigung für innovationspolitische Maßnahmen in der Feststellung von Innovationshemmnissen.

Innovationen sind die Grundlage für technologische Entwicklung und damit auch für wirtschaftliches Wachstum. Nach Lundvall und Borrás (2005) ist das Hauptanliegen von Innovationspolitik Wohlstandssteigerung, wobei Wohlstand durch Wirtschaftswachstum und Wettbewerbsfähigkeit zu erreichen ist. Darüber hinaus dient Innovationspolitik als Instrument zur Problemlösung, also auch als Mittel zur Reduktion von Umweltproblemen.[137] Hierbei kann die Innovationspolitik Triebkraft für eine Neugestaltung von Wirtschaftswachstum sein.[138]

Eine neue Generation der Innovationspolitik würden nach Welsch (2005) innovationspolitische Maßnahmen darstellen, die nicht isoliert verfolgt werden, sondern Bestandteile der Umweltpolitik wären. Die Integration von innovationspolitischen Maßnahmen in übergeordnete Politikbereiche wie Forschung und Bildung, Wettbewerbspolitik und Verkehrspolitik sowie auch Umweltpolitik würde dem bereichsübergreifendem Wesen der Innovationen entsprechen, wobei die Innovationssteuerung als übergreifende Koordinierungsaufgabe bestehen bleibt.[139]

3.2.3.2 Innovationen und umwelttechnischer Fortschritt

Bezüglich umwelttechnischen Fortschritts lassen sich grundsätzlich zwei konträre Sichtweisen unterscheiden. Einerseits wird postuliert, dass wirtschaftliche Aktivitäten prinzipiell mit Umweltbelastungen verbunden sind und jede Ausweitung der Aktivitäten somit zu einer Steigerung der Umweltbelastungen führt. Um die Übernutzung der Umweltressourcen zu verhindern bzw. zu reduzieren, gibt es aufgrund der unterstellten Kopplung von wirtschaftlichen Aktivitäten und Umweltbeanspruchung nur die Möglichkeit, auf wirtschaftliche Aktivitäten zu verzichten. Demnach ist auch ein umweltverträgliches Wachstum gar nicht möglich.[140]

Dem steht andererseits die Überlegung entgegen, dass gerade ökonomisches Wachstum zur Lösung von Umweltproblemen wesentlich beitragen kann.[141] Umweltverträgliches Wachstum hängt entsprechend der letzteren Überlegung

137 Siehe Lundvall & Borrás (2005), S. 611–613.

138 Siehe Kuhlmann/Shapira/Smits (2010), S. 13.

139 Siehe Welsch (2005), S. 227.

140 Siehe Meadows et al. (1973), S. 117–120 und 139 f. und Meadows/Randers/Meadows (2007), S. 233 f.

141 Siehe Byrne (1997), S. 262.

davon ab, inwieweit es gelingt, durch umwelttechnischen Fortschritt die Umweltbelastungen, die durch wirtschaftliche Aktivitäten hervorgerufen werden, zu reduzieren. Um Erkenntnisse für die Politikgestaltung zu erhalten, ist umwelttechnischer Fortschritt als endogener Einflussfaktor in Überlegungen zur wirtschaftlichen Entwicklung zu berücksichtigen. Aber existierende Modelle zu Innovationen und Umweltaspekten befassen sich jeweils mit sehr spezifischen Problemen und sind deshalb nur begrenzt für die Ableitung von generellen Erklärungen und Erkenntnissen für die Politikgestaltung hinsichtlich umweltorientierter Innovationspolitik geeignet.[142]

Die idealtypische Unterscheidung von inkrementellen und radikalen Umweltinnovationen ist zu beachten, wenn Aussagen über die Wirkungsweise umweltorientierter Innovationspolitik zu formulieren sind. Radikale Innovationen, die durch völlig neuartige Produktionsprozesse bzw. Produkte gekennzeichnet sind, verursachen zunächst höhere Investitionsausgaben als inkrementelle Innovationen, bei denen die Produktionsprozesse und Produkte nur graduell verändert werden. Radikale Innovationen können zudem soziale Innovationen nach sich ziehen, wenn sie zur Anwendung kommen und Verhaltensänderungen erfordern oder bewirken. Beispielsweise ist die Nutzung von Elektrofahrzeugen wegen der vergleichsweise geringen Reichweite und langen Ladezeit an Veränderungen im Mobilitätsverhalten geknüpft. Dagegen kann es durch die vollständige Veränderung der Güter zu besseren Input-Output-Relationen bzw. zu erhöhter Ressourceneffizienz und somit zur Stückkostenreduktion kommen, so dass radikale Innovationen zumindest im Hinblick auf umweltverträglichen technischen Fortschritt im Vergleich zu inkrementellen Innovationen vorteilhafter sind. Radikale Umweltinnovationen können die Möglichkeit bieten, wirtschaftliche Aktivitäten vollständig von Belastungswirkungen durch negative externe Umwelteffekte zu entkoppeln und ermöglichen dadurch ein umweltverträgliches Wachstum.[143] Wenn sie im Diffusionsprozess erfolgreich sind, können radikale Innovationen mittel- bis langfristig umfangreichere private und soziale Kosteneinsparungen zur Folge haben als inkrementelle. Inkrementelle Innovationen können Umweltbelastungen in der Regel lediglich partiell vermindern und dementsprechend negative technologische externe Effekte reduzieren, während radikale Innovationen eher ermöglichen, dass Umweltbelastungen nicht entstehen oder nur in geringerem Ausmaß entstehen.

Ein umweltverträgliches Wachstum ist nur dann möglich, wenn durch umwelttechnischen Fortschritt einer Übernutzung von Umweltressourcen entgegengewirkt wird. Die neoklassische Wachstumstheorie, die technischen Fortschritt

---

142 Siehe Hauff (2005), S. 211 und S. 228.

143 Siehe Jänicke (2008), S. 39.

als exogen ansieht, lässt keine Schlussfolgerungen für Zusammenhänge zwischen Innovationen, technischem Fortschritt, Wachstum und Umwelt zu. Die neuere Wachstumstheorie greift dagegen technischen Fortschritt in endogenisierter Form auf.[144]

In einem Modell zu nachhaltigem Wachstum betonen Hauff und Jörg (2009) die Notwendigkeit, unterschiedliche Arten von Innovationen zu berücksichtigen.[145] Sie unterscheiden allerdings nicht nach Art der Innovationen (inkrementell oder radikal), sondern nach der Art der daraus resultierenden Technologien.[146] Die Autoren differenzieren nach additiven und integrierten Umwelttechnologien. Additive Umwelttechnologien werden auch als nachsorgende oder End-of-Pipe-Technologien bezeichnet, während integrierte Technologien auch vorsorgende Technologien genannt werden.

Additive Technologien sind dem Produktions- bzw. Konsumptionsprozess nachgelagert, dienen der Reduktion von Emissionen oder der Verbesserung von Wirkungsgraden und ihr Einsatz besitzt im Vergleich zu integrierten Technologien eine schwächere Innovationswirkung.[147] Integrierte Umwelttechnologien lassen sich in technischer Hinsicht praktisch nicht immer eindeutig von additiven Umwelttechnologien abgrenzen, setzen aber prinzipiell an der Quelle umweltschädlicher Emissionen an und verursachen bei gegebenem Output ein geringeres Emissionsvolumen. Sie tragen daher stärker zur Vermeidung von Umweltbelastungen bei.[148] Der Ressourceneinsatz wird in Relation zum Output vermindert und damit die Ressourceneffizienz gesteigert. So reduzieren integrierte Umwelttechnologien die Betriebskosten und Kosten der nachträglichen Emissionsminderung, wie sie bei den additiven Technologien auftreten, werden so vermieden.[149]

Additive Technologien basieren typischerweise auf inkrementellen Innovationen. Ein Beispiel hierfür ist der Fahrzeugkatalysator mit seiner Filtertechnologie. Eine eindeutige Verknüpfung von inkrementellen Innovationen mit additiven Technologien und von radikalen Innovationen mit integrierten Technologien ist jedoch nicht möglich.[150] Ein Zusammenhang von integrierten Technolo-

---

144 Siehe Hauff (2005), S. 212–218.

145 Siehe Hauff/Jörg (2009), S. 3 f. Andere Modelle beziehen zwar umwelttechnischen Fortschritt ein, berücksichtigen aber nicht die verschiedenen Innovationsarten, siehe z. B. Buonanno/Carraro/Galeotti (2003), Bretschger (2005), Bovenberg/Smulders (1995).

146 Siehe Hauff/Jörg (2009), S. 20.

147 Siehe Hemmelskamp (1999), S. 19 f.

148 Siehe Hemmelskamp (1999), S. 21 f.

149 Siehe Hauff/Jörg (2009), S. 20 und S. 24.

150 Siehe Nill (2009), S. 91.

gien mit radikalen Innovationen besteht nur in einzelnen Fällen, beispielsweise bei der Brennstoffzelle, weil sie eine neuartige Antriebstechnologie darstellt.

Die Beziehung ist aber aufgrund von Abgrenzungsproblemen bei der Bestimmung der Art der Technologie nicht immer eindeutig. Beispielsweise werden in einer Analyse von Fallstudien bei Sprenger et al. (1999)[151] Technologien, die auf inkrementellen Innovationen beruhen, als integriert eingestuft. Die Technologie des 3-Liter-Autos, welches zwar das Ergebnis von inkrementellen Verbesserungen ist und keine radikale Neuerung darstellt, wird von den Autoren als integriert bezeichnet. Gleiches gilt für das Erdgasfahrzeug, dessen integrierte Technologie mit der inkrementellen Innovation in Zusammenhang gebracht wird. Begründungen für die Einordnungen erfolgen jedoch nicht. Die Unterscheidung von additiven und integrierten Technologien ist zumindest in der Praxis nicht problemlos durchführbar,[152] während die Unterscheidung im innovationstheoretischen Sinn nach Neuigkeitsgrad (inkrementell oder radikal) eindeutiger möglich ist. Das Modell von Hauff und Jörg enthält zwar keine Unterscheidung in inkrementelle und radikale Innovationen, aber es zeichnet sich durch die Berücksichtigung verschiedener Arten technischen Fortschritts aus.[153]

Technologien können die Höhe der Emissionen beeinflussen. Nach Hauff und Jörg führt bei gegebenem Output die Substitution von additiven durch integrierte Technologien im Zeitablauf zu einer Reduktion der Gesamtemissionen. Dies veranschaulicht Abbildung 5. Additive Technologien verursachen ein höheres Emissionsniveau als integrierte Technologien, da sie weniger zur Vermeidung von Umweltbelastungen beitragen. Integrierte Technologien reduzieren die Entstehung von Emissionen. Durch die Substitution sinken die gesamten Emissionen.[154] Infolge der zunehmenden Verwendung von integrierten Technologien nehmen aber auch die von diesen verursachten Emissionen im Zeitablauf leicht zu.

Durch die Verringerung der Verwendung von additiven Technologien zu Gunsten von integrierten Technologien kann die Umweltbeanspruchung reduziert werden. In Bezug auf die praktische Relevanz für eine umweltorientierte Innovationspolitik ist zu beachten, dass die betrachteten integrierten Technologien sich in der Diffusionsphase befinden müssen, um die adaptiven Technologien substituieren zu können. Integrierte Technologien sind aber temporär mit

151 Siehe Sprenger et al. (1999), S. 213–215.

152 Siehe Hemmelskamp (1996), S. 13–15.

153 Siehe Hauff/Jörg (2009), S. 19 und S. 21.

154 Hauff und Jörg berücksichtigen zusätzlich Technologien, die eine Kombination aus additiven und integrierten Technologien darstellen; siehe hierzu Hauff/Jörg (2009), S. 24 f.

hohen Investitionsausgaben verbunden und die privaten Kosten sind höchstens auf längere Sicht im Vergleich zu den additiven Technologien geringer, so dass fraglich ist, ob einzelwirtschaftliche Anreize zur Technologieumstellung vorliegen. Zudem ist der Erfolg aus Forschungs- und Entwicklungsaktivitäten und aus dem Kapitaleinsatz zur Gewinnung von umwelttechnischem Wissen mit Unsicherheit behaftet. In der Theorie wird nicht nur die Diffusion implizit vorausgesetzt, sondern auch die Tatsache, dass es überhaupt zum Innovationsprozess kommt. Umweltorientierte Innovationspolitik zielt darauf ab, solche Innovationsprozesse in Gang zu setzen.

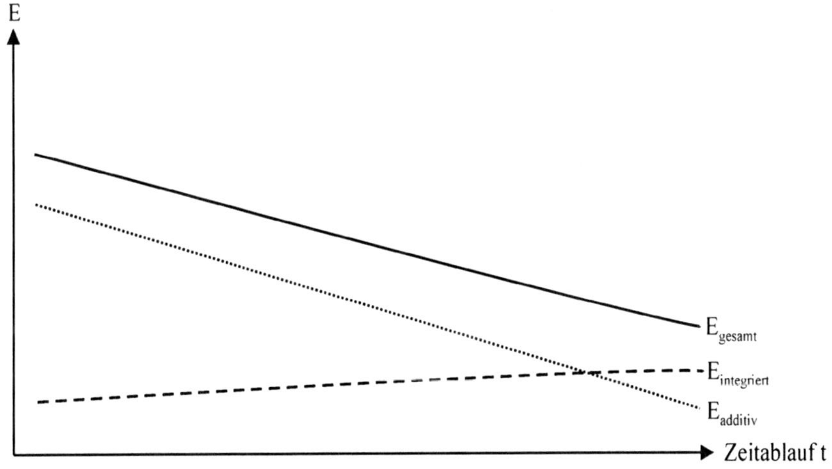

Abbildung 5: Emissionsentwicklung und Technologien

Quelle: In Anlehnung an Hauff/Jörg, S. 25

3.2.3.3 Exkurs: Nachhaltiges Wachstum in der Modelltheorie

Das Modell von Hauff und Jörg, auf dem die folgenden Ausführungen beruhen, modifiziert die Arten des umwelttechnischen Fortschritts.[155] Es handelt sich um eine Weiterentwicklung zu Überlegungen von Bovenberg und Smulders zum endogenen technologischen Fortschritt.[156]

155 Siehe Hauff/Jörg (2009), S. 22–30.

156 Siehe Bovenberg/Smulders (1995), S. 369–391 sowie Smulders (1998), S. 39–62.

Wirtschaftliche Aktivitäten basieren auf der Nutzung von Umweltressourcen und führen zu Emissionen, die das Niveau der Umweltqualität Q senken. Die Umweltqualität spiegelt den Bestand an Naturkapital wider und verändert sich im Zeitablauf entsprechend der Belastung durch umweltschädigende Emissionen E. Für die natürliche Umwelt besteht die Fähigkeit zur Regeneration. Diese hängt von dem existierenden Ausgangsniveau der Umweltqualität und der Belastung durch umweltschädigende Emissionen ab. Die Veränderung der Umweltqualität stellt Gleichung (1) mit der Regenerationsfunktion R (.) dar.

$$(1) \quad \dot{Q} = \frac{dQ}{dt} = R(Q, E)$$

$$Q = Q_A - B$$

$$B = E + V$$

Das herrschende Umweltqualitätsniveau ergibt sich aus dem Ausgangszustand Q_A abzüglich der auftretenden Umweltbelastung B. Die Umweltbelastung ergibt sich erstens aus den umweltschädigenden Emissionen E und zweitens aus dem Verbrauch von Umweltressourcen[157] V bei wirtschaftlichen Aktivitäten. Die Umweltqualität verändert sich nicht, wenn die natürliche Fähigkeit zur Regeneration die Umweltbelastungen kompensieren kann. Wenn dies nicht der Fall ist, verschlechtert sich die Umweltqualität. Falls Umweltbelastungen durch die Regenerationsfähigkeit überkompensiert werden können, verbessert sich die Umweltqualität. Bei einem hohen Umweltqualitätsniveau im Ausgangszustand können Umweltbelastungen besser kompensiert werden, als bei einem schlechten Ausgangszustand, da dieses die Regenerationsfähigkeit einschränkt. Damit ist die Regenerationsfähigkeit der Natur begrenzt, da sie mit sinkender Umweltqualität eine abnehmende Regenerationsfähigkeit und so in ihrer Funktion als Senke für Umweltbelastungen endliche Kapazitäten aufweist.

Um den Zusammenhang zwischen den verschiedenen Arten von Innovationen, der Umweltqualität und wirtschaftlichen Aktivitäten darzustellen, sind die Emissionen nach der Art der verwendeten Technologien zu unterteilen. G (.) ist die Funktion zur Darstellung der Gesamtemissionen.

E = G (Eadd, Eint)

Eadd: Emissionen durch die Nutzung von additiven Technologien

Eint: Emissionen durch die Nutzung von integrierten Technologien

157 Die natürlichen Ressourcen sind hier als nicht-erneuerbare Ressourcen zu interpretieren.

Analog zu Bovenberg und Smulders[158] modellieren Hauff und Jörg die Produktionsseite der Wirtschaft als Zwei-Sektoren-System. In einem Sektor wird ein Gut produziert, das konsumiert oder investiert werden kann. Das Produktionsergebnis Y wird durch den Einsatz von Kapital bestimmt. Im Modell wird zwischen natürlichem und ‚physischem' Kapital unterschieden. Das ‚physische' Kapital K umfasst entgegen der üblichen Begrifflichkeit nicht nur den zur Produktion eingesetzten Bestand an Sachkapital, sondern alle Arten von eingesetztem Kapital inklusive Humankapital. Lediglich Humankapital in Form von umwelttechnischem Wissen H fällt nicht unter diesen Begriff. Das natürliche Kapital entspricht der Umweltqualität Q als generelle Basis für wirtschaftliche Aktivitäten. Nach der Auffassung von Hauff und Jörg geht eine Verbesserung der Umweltqualität mit einer Verminderung des Produktionsergebnisses einher, wenn Umweltbelastungen vermieden werden, aber keine Änderung in der Wahl der Technologien erfolgt.[159] Da eine Erhöhung der wirtschaftlichen Aktivität bei gleichbleibender Technologie mit mehr Umweltbelastungen verbunden ist, würden dadurch auch die Umweltqualität und damit das Naturkapital sinken. Dementsprechend steigt das Produktionsergebnis bei einer Erhöhung der Umweltbelastung. Einen weiteren Inputfaktor stellen die Ausgaben für Umweltschutz A dar und vermindern mit steigendem Einsatz das Produktionsergebnis.

(2) $Y = F(Q, K_Y, B_Y, A)$

Der andere Sektor erzeugt umweltschutztechnisches Wissen und damit ausschließlich Humankapital. Zur Steigerung von umwelttechnischem Wissen, das sich auf die Weiterentwicklung von integrierten Technologien auswirkt, ist der Einsatz von ‚physischem' Kapital notwendig. Beim Kapitaleinsatz herrscht also Rivalität zwischen den beiden Sektoren. Die Entwicklung von umwelttechnischem Wissen basiert somit auf dem Einsatz von Kapital, ist aber auch mit Umweltbelastungen verbunden.

(3) $\dot{h} = H = H(K_H, B_H)$

Ein steigender Einsatz von Kapital im Bereich des umwelttechnischen Wissens ermöglicht einen Anstieg bei der Nutzung von integrierten Technologien, die

158 Siehe Bovenberg/Smulders (1995), S. 372–474.

159 Siehe Hauff/Jörg (2009), S. 26. Dies steht im Gegensatz zu den Annahmen von Bowenberg/Smulders (1995) sowie Smulders (1998). Bei diesen beeinflusst eine höhere Umweltqualität das Produktionsergebnis prinzipiell positiv, weil damit eine Verbesserung der Produktionsbedingungen verbunden ist; siehe hierzu Bovenberg/Smulders (1995), S. 373 und Smulders (1998), S. 42.

mit einem geringen Ressourceneinsatz und geringeren umweltschädigenden Emissionen verbunden sind. So ergibt sich bei konstantem Output Y eine Reduktion des Ressourceneinsatzes. Bei gleichbleibendem Ressourceneinsatz kann das Produktionsergebnis gesteigert werden. Der Einsatz von integrierten Technologien ist nur im Umstellungsprozess temporär mit höheren Ausgaben für Umweltschutz verbunden. Die Reduktion der Umweltbelastungen durch steigende Ressourceneffizienz und sinkende Emissionen führt zur Kompensation dieser Ausgaben bei der verstärkten Nutzung integrierter Technologien.[160]

Aufgrund der Verwendungsrivalität des ‚physischen' Kapitals (K_Y und K_H) ergibt sich die Frage der optimalen Aufteilung. Bei dem Einsatz in der Güterproduktion kann der Output durch zusätzlich eingesetztes Kapital gesteigert werden. Dies führt jedoch auch zu einem steigenden Umweltverbrauch, zu einer Verschlechterung der Umweltqualität und zu höheren Umweltschutzausgaben. Die Verwendung zur Bildung von Humankapital in Form von umwelttechnischem Wissen wirkt zunächst produktionseinschränkend, ermöglicht aber technologische Verbesserungen und Effizienzgewinne, die Umweltbelastungen und Ausgaben für Umweltschutz reduzieren.

Individuen ziehen Nutzen einerseits aus dem Güterkonsum C, aber auch aus der Umweltqualität. W ist die intertemporale Nutzenfunktion und ϑ zeigt die Diskontierung des zukünftigen Nutzens als Zeitpräferenzrate.

$$(4) \qquad W = \int_0^\infty U(C, Q) \cdot \exp(-\vartheta t)\, dt$$

Die Maximierung des Nutzens erfolgt mit Hilfe der Lagrange-Funktion, wobei die Restriktionen $K_Y + K_H = K$ und $V + E = B_Y + B_H$ gelten.[161]

$$L = U(C, Q) + \theta_1(F(Q, K_Y, B_Y, A)) + \theta_2(H(K_H, B_H)) + \theta_3(R(Q, E))$$
$$+ \lambda_1(K - K_Y - K_H) + \lambda_2(V + E - B_Y - B_H)$$

160 Sinkende Emissionen können sich z. B. bei den Ausgaben für Emissionsabgaben oder Zertifikaten auswirken; siehe Hauff/Jörg (2009), S. 27.

161 Zur Optimierung werden die Langrange-Multiplikatoren λ_1 und λ_2 sowie die Multiplikatoren nach Hamilton θ_1, θ_2 und θ_3 verwendet; siehe hierzu Bovenberg/Smulders (1995), S. 374 f. und S. 387.

Als notwendige Bedingungen ergeben sich:

$$\left.\begin{aligned}\frac{\partial L}{\partial K_Y}&=\theta_1\frac{\partial F}{\partial K_Y}-\lambda_1=0\\ \frac{\partial L}{\partial K_H}&=\theta_2\frac{\partial H}{\partial K_H}-\lambda_1=0\end{aligned}\right\}\quad \frac{\partial F}{\partial K_Y}=\frac{\theta_2}{\theta_1}\frac{\partial H}{\partial K_H}$$

$$\left.\begin{aligned}\frac{\partial L}{\partial B_Y}&=\theta_1\frac{\partial F}{\partial B_Y}-\lambda_2=0\\ \frac{\partial L}{\partial B_H}&=\theta_2\frac{\partial H}{\partial B_H}-\lambda_2=0\end{aligned}\right\}\quad \frac{\partial F}{\partial B_Y}=\frac{\theta_2}{\theta_1}\frac{\partial H}{\partial B_H}$$

$$\frac{\partial L}{\partial E}=\theta_3\frac{\partial R}{\partial E}+\lambda_2=0\quad\longrightarrow\quad\frac{\partial F}{\partial B_Y}=-\frac{\theta_3}{\theta_1}\frac{\partial R}{\partial E}$$

θ_2/θ_1 stellt den Schattenpreis für umwelttechnisches Wissen im Verhältnis zum ‚physischen' Kapital dar. Beim optimalen Einsatz des ‚physischen' Kapitals entsprechen sich die Grenzprodukte in beiden Sektoren. Dies gilt ebenso für die Umweltbelastungen. Das optimale Emissionsniveau ist dann erreicht, wenn der Grenzertrag der Emissionen in beiden Sektoren den Grenzkosten entspricht. Die Grenzkosten lassen sich dabei durch die Verschlechterung der Umweltqualität widerspiegeln.[162]

Die Umweltbeanspruchung wird durch die Substitution von additiven durch integrierte Technologien reduziert. Dies kann das Produktionsergebnis Y positiv beeinflussen und die Steigerung der Umweltqualität erhöht den Nutzen der Individuen. Eine Umstellung der Technologien ist zumindest theoretisch unter den Prämissen des Modells mit einer positiven Wirkung in jeder Hinsicht verbunden. Einschränkungen für die Praxisrelevanz ergeben sich insbesondere aus der impliziten Prämisse des Modells, dass sich die integrierten Technologien zur Substitution additiver Technologien in der Diffusionsphase befinden müssen und andere Innovationsphasen sowie eine Unterscheidung nach radikalen und inkrementellen Innovationen keine Berücksichtigung finden. Zudem besteht in der Realität die Problematik der einzelwirtschaftlichen Anreizdefizite zur Innovation. In der Praxis lassen sich Art und Umfang des umwelttechnischen Fortschritts durch Instrumente der Innovationspolitik beeinflussen.

---

162 Zu weiteren Optimalitätsbedingungen siehe Hauff/Jörg (2009), S. 30.

3.2.3.4 Innovationspolitische Instrumente zur Förderung von Umweltinnovationen

Die Aufgabe innovationspolitischer Instrumente besteht bei ökologischen Zielen darin, den technischen Fortschritt in die Richtung der Emissionsvermeidung zu lenken bzw. solche Anreize zu setzen, die zu umweltfreundlichen Produktions- und Konsumstrukturen führen.[163] Durch eine umweltorientierte Innovationspolitik können einzelwirtschaftliche Anreize zu Innovationstätigkeiten beeinflusst werden, wobei die Zukunftsunsicherheiten bei der Politikgestaltung zu beachten sind. Aufgrund der Unsicherheit über die neuen Technologien ist auch die Abschätzung der zukünftigen Emissionswirkung mit Schwierigkeiten verbunden. Neue, integrierte Technologien können beispielsweise mit Emissionen verbunden sein, deren umweltbelastende Wirkung weitgehend unbekannt ist oder bisher wenig genutzte Umweltressourcen überbeanspruchen. Im Sinne der ‚Laissez-faire'-Sichtweise sollte Innovationspolitik aufgrund der bestehenden Zukunftsunsicherheiten nur auf eine Forschungsförderung im Allgemeinen ausgerichtet sein, um eine politisch erzwungene Durchsetzung gegebenenfalls nicht marktfähiger Innovationen zu vermeiden. Innovationen, die durch den Selektionsmechanismus des Marktes als technisch ineffizient identifiziert werden,[164] können jedoch in Bezug auf umweltökonomische Kriterien effizient sein, wenn alle Kosten von den Entscheidungsträgern berücksichtigt werden. Soziale Kosten, die mit marktfähig erscheinenden Technologien verbunden sind, identifiziert der Selektionsmechanismus des Marktes nicht, wenn die Entscheidungsträger diese als externe Kosten vernachlässigen. Aufgrund von Unkenntnis kann auch der Staat als zentrale Instanz die dezentralen Marktmechanismen nicht ersetzen und die Technologieselektion übernehmen. Bei einer völlig ergebnisoffenen Ausrichtung der Innovationspolitik kann umwelttechnischer Fortschritt jedoch nicht gezielt forciert werden. Um Umweltqualitätsziele zu erreichen, sind staatliche Maßnahmen so zu gestalten, dass sie zwar einerseits technischen Fortschritt in Richtung Umweltinnovationen lenken, aber andererseits keine spezielle Technologieauswahl vornehmen.

Dabei ist zu beachten, dass technologische Neuerungen nur dann zur Reduktion von Umweltbelastungen führen, wenn sie erfolgreich in den Adaptions- und Diffusionsprozess gelangen. Für die Gestaltung einer umweltorientierten Innovationspolitik ist nicht nur die Wirkung in den verschiedenen Innovationsphasen relevant, sondern auch die Tatsache, dass national unterschiedliche Innovationssysteme existieren.[165] Dies bedeutet, dass umweltorientierte Innovationspolitik

163 Siehe Welsch (2005), S. 30.

164 Zur technischen Effizienz siehe Kallfass (1990), S. 7–9.

165 Zu nationalen Innovationssystemen siehe Niosi (1993).

an die Rahmen- und Interaktionsbedingungen von Innovatoren und Forschungseinrichtungen anzupassen ist.

Grundsätzlich stehen in der Innovationspolitik ‚weiche' und ‚harte' Instrumente zur Steuerung von Innovationen zur Verfügung. Während unter weiche Instrumente Maßnahmen mit informativem und unverbindlichem Charakter fallen, die beispielsweise Aufklärung, Beratung, Kommunikation und Wissensaustausch verbessern sollen, sind ‚harte' Instrumente unmittelbar verhaltenssteuernd.[166] Letztere können als Teil innovationsorientierter Umweltpolitik gezielt zur Förderung von Umweltinnovationen beitragen. Die Wirkung von ‚weichen' Instrumenten ist dagegen kaum steuerbar. Deshalb sind sie eher als flankierende Maßnahmen geeignet.

‚Harte' Instrumente sind entweder mit indirekter oder direkter Förderung verbunden. Abbildung 6 zeigt die Instrumente im Überblick nach einer Einteilung von Welsch (2005). Die indirekte Förderung besitzt einen systemischen Charakter und versucht, rahmengebend auf die Innovationsbedingungen einzuwirken und so Verhaltensanreize zu setzen. Diese sind allgemeiner Art und nicht an bestimmte Projekte oder Institutionen gebunden. Allerdings können in Form der indirekt-spezifischen Förderung bestimmte Technologiefelder Fördergegenstand sein, ohne dass dabei einzelne Projekte individuell berücksichtigt werden.[167] Bei der indirekten Globalförderung werden keine derartigen Eingrenzungen vorgenommen, sondern Förderkriterien für Innovationen formuliert, die technologieübergreifend gelten. Instrumente der indirekten Förderung sind nach der Klassifizierung von Welsch Zulagen und steuerliche Vergünstigungen.[168]

Weil die indirekte Globalförderung keine Fokussierung vornimmt, ist sie nicht zur Förderung von Umweltinnovationen geeignet. Mit der indirekt-spezifischen Förderung können Anreize zu Umweltinnovationen gesetzt werden. Nach dem Bundesministerium für Forschung und Bildung (BMBF) strebt die indirekte Förderung beispielsweise Verbesserungen bei der Forschungsinfrastruktur an und stärkt die Bildung von Kooperationen und Netzwerken für Unternehmen und Forschungseinrichtungen.[169] Die Bildung von Kooperationen

---

166 Es gibt auch andere Ansätze zur Klassifizierung von innovationspolitischen Instrumenten; siehe Welsch (2005), S. 229.

167 Siehe Welsch (2005), S. 235.

168 Siehe Welsch (2005), S. 235 f.; eine weitere Konkretisierung dieser Instrumente erfolgt nicht, sondern nur der Hinweis, dass Zulagen einen größeren Adressatenkreis errreichen als steuerliche Vergünstigungen, weil diese nicht an die Existenz eines steuerpflichtigen Gewinns gebunden sind. Zulagen gehören zu Subventionen im weiteren Sinn. Zur Charakterisierung von Subventionen siehe Andel (1998), S. 274 f.

169 Siehe BMBF (2010a), S. 44.

und Netzwerken kann aber auch Teil einer direkten Projektförderung sein, wenn sie mit konkreten Forschungsvorhaben verbunden ist.

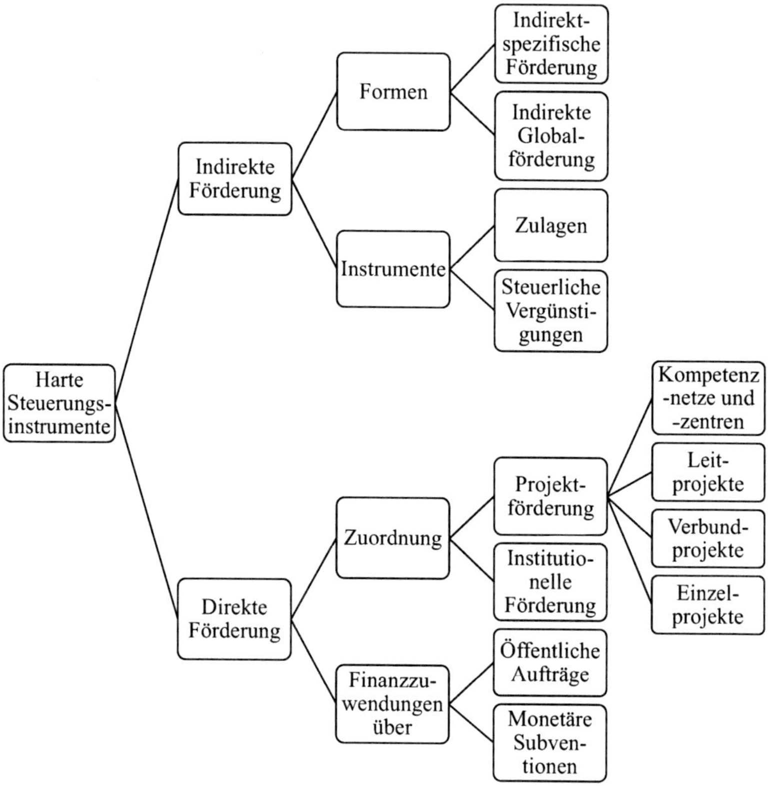

Abbildung 6: Harte Steuerungsinstrumente der Innovationspolitik
Quelle: Darstellung nach Welsch (2005), S. 231

Bei der direkten Förderung wird nach der Zuordnung der staatlichen Finanzzuwendungen unterschieden, wobei die Finanzzuwendungen über öffentliche Aufträge oder monetäre Subventionen erfolgen.[170] Es kann sich um Projektförderung oder um institutionelle Förderung handeln. Bei der direkten Projektförderung werden einzelne Forschungsvorhaben begünstigt, während bei der institutionellen Förderung bestimmte Forschungseinrichtungen unterstützt werden. Durch die institutionelle Förderung lässt sich zwar die strategische Ausrichtung

170 Auch öffentliche Aufträge sind nach Andel als Subventionen im weiteren Sinn zu klassifizieren; siehe Andel (1998), S. 274 f.

der Forschung steuern, aber es gibt keine konkreten Vorgaben für die Ergebnisverwertung.[171] Beabsichtigt wird primär die Aufrechterhaltung von Flexibilität und Vielseitigkeit in der Forschung, so dass die institutionelle Förderung nur bedingt als Instrument einer zielgerichteten umweltorientierten Innovationspolitik dienen kann. Die strategische Ausrichtung der Forschung auf umweltverträgliche Technologien durch eine institutionelle Förderung ist aber prinzipiell möglich. Instrument einer umweltorientierten Innovationspolitik ist insbesondere die direkte Projektförderung. Dies kann in Form von Kompetenznetzen und -zentren erfolgen, bei denen Unternehmensnetzwerke und Technologietransfer staatlich gefördert werden. Auch die Förderung von einzelnen Projekten und Projekten in Kooperation (Verbundprojekte) sind innovationspolitische Instrumente zur Förderung von Umweltinnovationen. Wenn bei Verbundprojekten von staatlicher Seite eine besondere gesellschaftliche Relevanz unterstellt wird, werden diese auch als Leitprojekte bezeichnet.[172]

Neben innovationspolitischen Instrumenten können typische Instrumente der Umweltpolitik Teil einer umweltorientierten Innovationspolitik sein, wenn sie Anreize zu umwelttechnischem Fortschritt und zur Nutzung umweltverträglicher Technologien setzen. Umwelttechnischer Fortschritt ist nicht nur Thema in der Wachstumstheorie, sondern auch ein Aspekt umweltökonomischer Analysen.[173]

3.2.4 Einordnung in die Umweltpolitik

3.2.4.1 Innovationsanreize umweltpolitischer Instrumente

Im Rahmen der Umweltökonomie werden hauptsächlich negative technologische externe Effekte in Form von Umweltexternalitäten betrachtet, da diese zumeist als Ursache für Umweltbelastungen angesehen werden.[174] Die Entstehung von negativen technologischen externen Effekten bei Umweltgütern resultiert aus der Unmöglichkeit, Nutzer vom Konsum auszuschließen. Die Beanspruchung von Umweltmedien wie z. B. Luft steht prinzipiell jedem offen, weil keine privaten Eigentumsansprüche vorhanden sind. Da jeder Nutzer Umweltgüter beanspruchen kann, ohne als Verursacher von Kosten identifiziert werden zu können, besteht die Gefahr, dass sich daraus eine Überbeanspruchung und somit schädliche Folgen für die Umwelt ergeben.[175] Nutzer von Umweltgütern müssen hierbei für die von ihnen in Form von Umweltbelastungen verursachten Kosten

171 Siehe BMBF (2010a), S. 45.
172 Siehe BMBF (2000), S. 55.
173 Siehe Requate (2005), S. 176.
174 Siehe Weimann (1994), S. 268.
175 Siehe Hartwig (1999), S. 138.

nicht aufkommen. Diese Kosten fallen der Gesellschaft als volkswirtschaftliche Zusatzkosten zur Last. Umweltschädigende Emissionen des Verkehrs und die damit verbundene Überbeanspruchung der Umwelt führen zu den dargestellten externen Kosten des Verkehrs in Form der Kosten der Luftverschmutzung, Kosten der Klimaschädigung und Lärmkosten.[176] Solche Nebenwirkungen bei der Umweltnutzung in Form von negativen technologischen externe Effekten werden im Preismechanismus des Marktes nicht erfasst und begründen den Einsatz von wirtschaftspolitischen Maßnahmen zur Regulierung der Beanspruchung von Umweltgütern.

Die Analyse der bekannten umweltpolitischen Instrumente zu technologischen externen Effekten beschränkt sich im Allgemeinen auf die Kriterien ökologische, ökonomische und dynamische Effizienz,[177] wobei darüber hinaus auch z. B. die politische und administrative Umsetzbarkeit oder wettbewerbspolitische Aspekte als zusätzliche Kriterien hinzugezogen werden können. Während die ökologische Effizienz die Treffsicherheit bezüglich der Erreichung eines gegebenen Ziels zur Umweltqualität beinhaltet, umfasst das Kriterium der ökonomischen Effizienz die Kosten bei einem bestimmten Instrumenteneinsatzes. Hier wird also beurteilt, ob ein gegebenes Ziel bei gegebenem Stand der Technik mit den geringstmöglichen Kosten erreicht werden kann. Das Kriterium der dynamischen Effizienz befasst sich mit dem Innovationsaspekt und geht damit über eine statische Analyse hinaus. Es wird untersucht, ob ein Instrument Anreize zur Vermeidung umweltschädlicher Aktivitäten setzt. Die Vermeidung umweltschädlicher Aktivitäten kann mit technologischem Fortschritt einhergehen und für Innovationen zur Verbesserung der Umweltqualität sorgen. Umwelttechnischer Fortschritt ist nicht das primäre Ziel der umweltökonomischen Instrumente, sondern ein Teilaspekt. Umweltpolitische Instrumente zielen primär auf die Internalisierung externer Effekte ab.[178] Ein theoretisches Gesamtkonzept zum Thema Umweltinnovationen existiert nicht.[179]

In der statischen neoklassischen umweltökonomischen Analyse werden verschiedene Arten von umweltpolitischen Instrumenten unterschieden. Diese sind insbesondere marktorientierte Instrumente, also z. B. Emissionsabgaben oder handelbare Emissionszertifikate, ordnungsrechtliche Instrumente in Form von

176 Siehe hierzu auch Abschnitt 2.2, S. 10 ff.

177 Zu den Kriterien siehe z. B. Endres (2007), S. 105 f.; auch Fritsch (2011), S. 99 f. sowie Hartwig (1999), S. 157–166.

178 Siehe z. B. Endres (2007), S. 34 und Hartwig (1999), S. 143.

179 Siehe Rennings/Rammer/Oberndorfer (2008), S. 215.

Auflagen sowie suasorische Instrumente. Letztere sind Instrumente, die an der Kooperationswilligkeit der Emittenten ansetzen.[180]

Bei vergleichenden Analysen schneiden marktorientierte Instrumente hinsichtlich der dynamischen Effizienz typischerweise am besten ab. Der Grund dafür liegt in den stärkeren Anreizen zur Emissionsminderung, die dadurch erreicht werden, dass bei diesen im Gegensatz zu den anderen Instrumenten für jede Einheit schädigender Emissionen ein Preis zu zahlen ist. Durch die Bepreisung wird eine kostenlose Beanspruchung von Umweltgütern verhindert, so dass es zur Internalisierung technologischer externer Effekte kommt. Verursacher umweltschädlicher Emissionen berücksichtigen durch die Bepreisung auch diejenigen Kosten, die bei externen Effekten unbeteiligten Dritten bzw. der Gesellschaft zur Last fallen (soziale Kosten). Dies ist im Hinblick auf umwelttechnischen Fortschritt von Relevanz. Jede nicht vermiedene Einheit umweltschädlicher Emissionen wird durch die Bepreisung zum Kostenfaktor, so dass für Schädiger auf einzelwirtschaftlicher Ebene Anreize zur Senkung der Kosten bei der Emissionsvermeidung entstehen. Dies wird in einem Überblick[181] mit der Hilfe von Abbildung 7 veranschaulicht, welche die Vermeidungskosten eines Schädigers in Form von Kosten pro zusätzlich vermiedener Schadenseinheit aufzeigt. Die Grenzkosten der Schadensvermeidung (GVK) steigen von dem gegebenen Schadensniveau E_0 mit dem Ausmaß der reduzierten Schädigung überproportional an.[182] Solange keine Maßnahmen der Schadensvermeidung getroffen wurden, liegt das Ausmaß der Schädigungen auf einem hohen Ausgangsniveau. Dieses Ausmaß zeigt in Abbildung 7 die Strecke $0E_0$. Es wird unterstellt, dass in dieser Situation nur geringe Kosten entstehen, wenn erste Maßnahmen zur Schadensvermeidung getroffen werden. Mit jeder weiteren Maßnahme wird es schwieriger und damit kostenaufwendiger, das Ausmaß der Schädigungen zu verringern.[183] Neue Technologien, die zur Verringerung der schädlichen Emissionen beitragen, können die Grenzkosten der Schadensvermeidung verringern. Umweltinnovationen führen so zu der in Abbildung 7 dargestellten Verschiebung der Grenzvermeidungskostenkurve von GVK_1 zu GVK_2.

---

180 Zu dieser Klassifizierung siehe Michaelis (1996), S. 25 f.; zu den verschiedenen Maßnahmen im Überblick siehe Fritsch (2011), S. 101–135.

181 Es handelt sich um eine vereinfachte Darstellung. Auf eine umfassende Analyse von Instrumenten der Umweltpolitik wird verzichtet. Für eine detaillierte Darstellung siehe z. B. Endres (2007), insbesondere S. 101–154, Fritsch (2011), S. 99–137 sowie Cansier (1996), S. 152–235.

182 Siehe Fritsch (2011), S. 87 f.

183 Siehe Cansier (1996), S. 14.

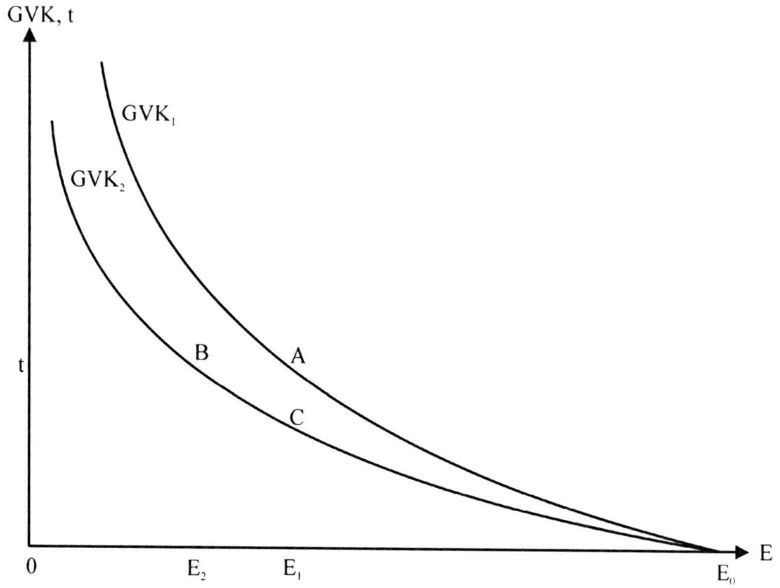

Abbildung 7: Innovationsanreize im Standardmodell
Quelle: Michaelis (2003), S. 289

Bei einer Grenzvermeidungskostenkurve GVK_1 kommt es sowohl bei einer Durchsetzung von Auflagen zur Reduktion des Emissionsniveaus von E_0 auf einen festgelegten Grenzwert E_1 als auch bei einem Steuersatz pro Emissionseinheit in Höhe von t zu Kosten der Schadensvermeidung in Höhe der Fläche E_1E_0A. Gleiches gilt für die staatliche Ausgabe von Zertifikaten mit dem Recht zur Emission bei einem Zertifikatpreis in Höhe von t. Suasorisch wäre eine Kooperationsvereinbarung zur Begrenzung der Emissionen auf die Menge E_1. Auch eine solche Vereinbarung wäre mit den gleichen Kosten der Schadensvermeidung verbunden.

Im Gegensatz zu marktorientierten Instrumenten der Umweltpolitik hätte so eine Vereinbarung ebenso wie die Auflagenpolitik keine Bepreisung der Restemissionen, die ein Ausmaß in Höhe der Strecke $0E_1$ besitzen, zur Folge. Der Preis für die Emissionszertifikate entspricht hier dem Steuersatz pro Emissionseinheit. Aus einzelwirtschaftlicher Sicht ist es optimal, die Menge an Emissionen bis zu dem Punkt zu reduzieren, an dem die Grenzkosten der Schadensvermeidung höchstens gerade noch dem Zertifikatpreis entsprechen. Die Grenzvermeidungskostenkurve spiegelt hierbei die Zahlungsbereitschaft für die Emissionszertifikate wider und gesamtwirtschaftlich ergibt sich aus den Grenzvermeidungskosten der Schädiger die Nachfrage nach Zertifikaten bei einem staatlich vorgegebenen Angebot an Zertifikaten.

Sowohl bei Emissionszertifikaten als auch bei der Erhebung einer Steuer liegt bei einem Emissionsniveau von E_1 eine Kostenbelastung für den Emissionsverursacher in Höhe von t pro Emissionseinheit vor, also insgesamt in Höhe der Fläche $0E_1At$. Durch die Bepreisung der Restemissionen entstehen zusätzlich zu den Vermeidungskosten bei dem Emissionsniveau E_1 Kosten für die Restemissionen, so dass sich stärkere Innovationsanreize zur Reduktion der Vermeidungskosten ergeben. Bei Erreichung der Grenzvermeidungskostenkurve GVK_2, die sich durch umwelttechnischen Fortschritt ergibt, also durch eine Verbesserung der Vermeidungstechnologie, würden sich im Vergleich zur Situation bei GVK_1 im Fall der Auflagen und der Kooperationsvereinbarung Kosteneinsparungen in Höhe der Fläche CE_0A ergeben. Bei einer Emissionsabgabe wäre die Kosteneinsparung mindestens gleich, aber bei einem Emissionsniveau in Höhe von E_2 noch größer. Es werden also zusätzlich Emissionen im Ausmaß E_2E_1 vermieden. Die gesamte Kosteneinsparung zeigt die Fläche BE_0A. Bei Emissionszertifikaten ist das gleiche Ergebnis erzielbar, allerdings nur unter der Bedingung, dass der Zertifikatpreis in Höhe von t durch eine entsprechende Mengensteuerung der Emissionszertifikate auf E_2 gehalten wird.[184]

Bei dieser Betrachtung resultieren die Anreize zu umwelttechnischem Fortschritt aus der Kostenersparnis der Emittenten. Die Emittenten können im Standardmodell die entsprechende Technologiewahl vornehmen, ohne dass Investitionen in die Erforschung und Entwicklung oder in die Installierung neuer Technologien eine Rolle spielen. Eine Unterscheidung in Phasen der Innovation erfolgt nicht. Es handelt sich hier aber um die Adaption vorhandener Technologien. Investitionen in eine Verbesserung der Vermeidungstechnologie, mit der ein Wechsel von GVK_1 zu GVK_2 realisiert wird, werden in der umweltökonomischen Analyse im Rahmen des Vergleichs der verschiedenen Instrumente ignoriert. Der Grund dafür liegt darin, dass die Höhe der Investitionen als unabhängig von der Art des umweltpolitischen Instrumentes gesehen wird.[185] Dennoch beeinflussen die Instrumente die Kostenstruktur der betroffenen Unternehmen in unterschiedlicher Weise und damit auch Output und Gewinn, so dass mit dem dargestellten Standardmodell eine allgemeingültige Aussage über die jeweiligen Innovationsanreize nur begrenzt getroffen werden kann.[186] Eine Änderung der Vermeidungskosten, wie sie im Standardmodell angenommen wird, ist mit Investitionen verbunden. Ob ein Wechsel von der Grenzvermeidungskostenkurve

---

184 Siehe Fritsch (2011), S. 123-126.

185 Siehe Endres (2007), 138.

186 Siehe Michaelis (2003), S. 290.

GVK_1 zur Grenzvermeidungskostenkurve GVK_2, wie in Abbildung 3 dargestellt, stattfindet, hängt von dem einzelwirtschaftlichen Kalkül der Emittenten ab. Innovationen werden kurzfristig nur dann realisiert, wenn die damit verbundene Kostenersparnis die Kosten der Innovation übersteigt.[187] Die dynamische Effizienz als Beurteilungskriterium ist deshalb nicht aussagekräftig, weil unterstellt wird, dass diejenigen Instrumente mit der stärksten Anreizwirkung zum technischen Fortschritt die besten seien. Innovationen sind jedoch auch mit dem Verbrauch knapper Ressourcen verbunden,[188] der in der Betrachtung vernachlässigt wird.

Die Vermeidungskosten des Standardmodells spiegeln lediglich die direkten Kosten der Emissionsvermeidung wider. Bei der Emissionsvermeidung finden nur additive Technologien, also dem Produktionsprozess nachgelagerte End-of-Pipe-Maßnahmen Berücksichtigung.[189] Das Thema Umweltinnovationen wird in der statischen Betrachtung der neoklassischen Umweltökonomik nur in Ansätzen betrachtet. Im Rahmen der Umweltpolitik hat der Innovationsaspekt erst in jüngerer Zeit an Relevanz gewonnen. Neuere Modelle zum Innovationsanreiz umweltpolitischer Instrumente befassen sich auch mit unterschiedlichen Arten von Innovationen und technischem Fortschritt sowie unterschiedlichen Innovationsphasen. Dabei wird deutlich, dass pauschale Aussagen zur Überlegenheit marktorientierter Instrumente nicht zu treffen sind.[190]

3.2.4.2 Innovationsanreize in erweiterten Modellierungen des umweltökonomischen Standardmodells

In einem Modell von Michaelis (2003) zeigt sich, dass ein Instrumentenvergleich nur im konkreten Anwendungsfall möglich ist.[191] Es beschränkt sich auf den Vergleich von Abgaben als marktorientiertes Instrument und Auflagen als ordnungsrechtliches Instrument. Unter der Annahme vollständiger Konkurrenz, die auch im Standardmodell vorliegt, wird die Gewinnsituation eines Unternehmens vor und nach Innovation dargestellt. Dabei werden Innovationen in Form von additiven Technologien von der Analyse ausgeschlossen, um der umweltökonomischen Vorteilhaftigkeit von integrierten Technologien Rechnung zu

187 Siehe Downing/White (1986), S. 19.

188 Siehe Endres (2007), S. 199.

189 Dies entspricht den Aussagen von Wenders in einer der ersten Analysen zum Innovationsanreiz umweltpolitischer Instrumente; siehe Wenders (1975), S. 393, sowie Michaelis (2003), S. 290.

190 Siehe Feess (2007), S. 188.

191 Zu den folgenden Ausführungen hierzu siehe Michaelis (2003), S. 291–299.

tragen. Innerhalb der Innovationen in Form von integrierten Technologien wird zwischen marginalem und nicht-marginalem technischen Fortschritt unterschieden, worunter inkrementelle und radikale Neuerungen zu verstehen sind. Zwischen der Auflagenpolitik und Abgabenpolitik lässt sich Äquivalenz herstellen, indem die Annahme getroffen wird, dass vor Innovation beide Instrumente das gleiche Emissionsniveau erwirken.

Michaelis betrachtet die Gewinnsituation des betrachteten Unternehmens vor und nach Innovation für die beiden verglichenen Instrumente. Die Gewinndifferenz lässt Schlussfolgerungen auf die Vorteilhaftigkeit hinsichtlich der Innovationsanreize zu. Es lassen sich hierzu jedoch keine pauschalen Aussagen treffen, sondern es sind Fallunterschiede vorhanden. Die Ergebnisse sind von der unterstellten Kostenstruktur abhängig und nicht verallgemeinerbar. Michaelis verwendet quadratische Kostenfunktionen bei den Produktionskosten und den Emissionsvermeidungskosten. Im Fall von marginalem technischen Fortschritt kommt er zu dem Ergebnis, dass der Anreiz zur Innovation bei Abgaben geringer als bei Auflagen ist, weil im Auflagenfall eine höhere Gewinndifferenz bei dem Vergleich der Situationen vor und nach Innovationen besteht als im Fall der Abgaben.[192]

Im Fall von nicht-marginalem technischen Fortschritt ist der Innovationsanreiz vom Umfang des technischen Fortschritts abhängig. Das Niveau des technischen Fortschrittes wird durch den Parameter α ausgedrückt ($0 < \alpha \leq 1$). Dabei wird davon ausgegangen, dass der Emissionskoeffizient durch den nicht-marginalen technischen Fortschritt vom Ausgangsniveau ε vor Innovation um $(1 - \alpha)\,\varepsilon$ sinkt. Der Emissionskoeffizient stellt hierbei die Emissionseinheiten pro produzierter Outputeinheit dar. Im Fall $\alpha = 1$ kann die Innovation theoretisch dazu führen, dass keine Emissionen mehr entstehen. Im Abgabenfall lässt sich für den Innovator eine Gewinnsteigerung erzielen, wenn mehr Emissionen als gefordert vermieden werden und die Grenzkosten der Emissionsvermeidung kleiner als der Abgabesatz je Emissionseinheit sind. Da im Umweltrecht faktisch zumeist relative Auflagen zur Anwendung kommen, indem eine maximal zulässige Schadstoffkonzentration im Trägermedium festgelegt wird, modelliert Michaelis die Auflage als relative Auflage. Es gibt eine maximal zulässige Emissionsmenge pro Outputeinheit $\bar{\varepsilon}$. Hierbei gilt: $\bar{\varepsilon} < \varepsilon$. Es wird angenommen, dass der Abgabesatz pro Emissionseinheit so hoch ist, dass vor Innovation beide Instrumente zum gleichen Emissionsniveau führen. Der zu $\bar{\varepsilon}$ im Auflagenfall

192 Da vor Innovation beide Instrumente das gleiche Emissionsniveau erwirken, wird von einer Erfüllung der Auflagenpolitik ausgegangen. Einzelwirtschaftliche Anreize zur Nicht-Erfüllung der Auflagen in Abhängigkeit von der Höhe möglicher Sanktionszahlungen sind nicht Teil der Modellbetrachtung.

äquivalente Abgabensatz beträgt t ($\bar{\varepsilon}$). Nach Innovation lässt sich im Gegensatz zum Auflagenfall im Abgabenfall auch eine Gewinnsteigerung erzielen, wenn das Niveau des technischen Fortschritts α größer ist als $(\varepsilon - \bar{\varepsilon}) / \varepsilon$. Die Gewinndifferenzen im Auflagenfall $\Delta\pi_a$ und im Abgabenfall $\Delta\pi_t$ in Abhängigkeit von α zeigt Abbildung 8. Der Innovationsanreiz ist für ein geringes Niveau ($\alpha < \alpha^*$) des technischen Fortschritts im Auflagenfall größer und für ein höheres Niveau ($\alpha > \alpha^*$) im Abgabenfall. Dass Innovationsanreize im Einzelfall unterschiedlich ausfallen, wird deutlich, wenn beachtet wird, dass die Höhe der geforderten Emissionsreduktion $\bar{\varepsilon}$ sowie die Produktions- und Kostenstruktur der betroffenen Unternehmen den kritischen Wert α^* beeinflussen.

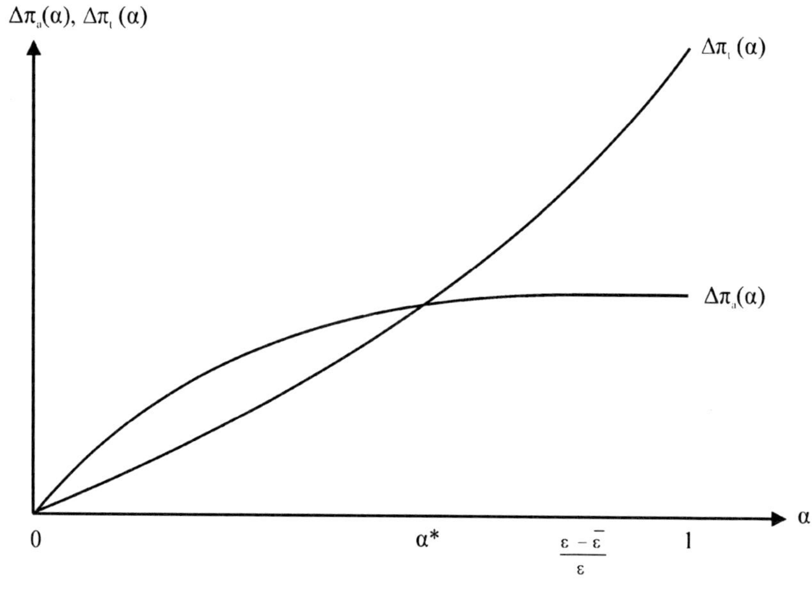

Abbildung 8: Innovationsanreize bei nicht-marginalem technischen Fortschritt

Quelle: Michaelis (2003), S. 298

Es zeigt sich, dass Abgaben als umweltökonomisches Instrument nicht grundsätzlich größere Anreize zur Innovation mit sich bringen als Auflagen. Doch auch hier wurden wie im Standardmodell Investitionen in die Erforschung und Entwicklung oder in die Installierung neuer Technologien nicht beachtet, sondern nur die Kostenersparnis nach Installierung der Vermeidungstechnologien.

Unternehmen innovieren, wenn die aus der Innovation resultierende Kostenersparnis die Kosten der Innovation kompensiert.[193] Je höher die Investitionen in Vermeidungstechnologien sind, desto größer muss die Reduktion der Grenzvermeidungskosten sein, damit sich die Investition lohnt.[194] Aktivitäten im Bereich Forschung und Entwicklung sind mit hoher Unsicherheit behaftet. Die Investition wird deshalb nur durchgeführt, wenn die Erwartung besteht, dass die Innovation zum Erfolg führt. Diese Erwartung wird eher erfüllt, wenn die Reduktion der Vermeidungskosten durch bekannte Technologien erfolgt und deshalb die Unsicherheiten geringer sind. Radikale Neuerungen sind dagegen mit einer relativ hohen Unsicherheit behaftet. Für die Berücksichtigung von Unsicherheit ist es zweckmäßig, eine nach Innovationsphasen differenzierte Betrachtung durchzuführen, da Unsicherheit in den Innovationsphasen unterschiedliche Ausprägungen besitzt.

Requate (2005) betrachtet Anreize zu Innovation, Adaption und Diffusion von Technologien zur Verringerung der Vermeidungskosten bei den marktbasierten Instrumenten Abgaben und Zertifikate. Dieser Ansatz wird im Folgenden dargestellt.[195] Der Innovationsbegriff beinhaltet hier neben der Markteinführung auch die Forschung und Entwicklung, welche mit Ergebnisunsicherheit verbunden ist.

Die Adaption einer Vermeidungstechnologie erfolgt aus einzelwirtschaftlicher Perspektive, wenn die Vermeidungskosten ohne die neue Technologie zuzüglich der zu zahlenden Emissionsabgaben bzw. zu zahlenden Kosten für die benötigten Zertifikate größer als die Vermeidungskosten mit der neuen Technologie zuzüglich der verbleibenden Abgaben bzw. Zertifikatkosten sowie der Anschaffungskosten für die neue Vermeidungstechnologie sind. Letztere sind fixe Kosten für Kauf und Installierung der neuen Technologie.

Die Diffusionsrate hängt schließlich davon ab, wie viele Emittenten die Adaption als vorteilhaft ansehen. Der Anteil der Unternehmen, die eine neue Vermeidungstechnologie adaptieren, beeinflusst im Zertifikatfall den Preis für die Zertifikate. Mit größerem Anteil dieser Unternehmen sinkt bei zumindest gleichbleibendem Output die Nachfrage nach Zertifikaten und damit der Preis für die Zertifikate. Bei den Anreizen zur Innovation ist die Unterscheidung zu treffen, ob die Innovation durch einen Emittenten erfolgt oder die Innovation von einem Anbieter durchgeführt wird, der beabsichtigt, die neue Vermeidungstechnologie an die Emittenten zu verkaufen, ohne selbst Emittent zu sein. Bei der Innovation durch einen Emittenten spielen bei der Vorteilhaftigkeitsent-

193 Siehe Feess (2007), S. 189.

194 Siehe Endres (2007), S. 201.

195 Die Darstellung beruht auf Requate (2005), S. 175–179.

scheidung die eigenen Vermeidungskosten, die Kosten für zu zahlende Abgaben bzw. Zertifikate sowie die möglichen Einnahmen für nicht mehr benötigte Zertifikate eine Rolle. Bei der Innovation durch einen Nicht-Emittenten beeinflussen diese Aspekte bei den Emittenten die Zahlungsbereitschaft für die neue Technologie. Die Vorteilhaftigkeit einer Innovation wird zusätzlich durch die Möglichkeit der Imitation beeinflusst.

Die Möglichkeit zur Imitation führt zu Spillovereffekten. Ein Spillovereffekt q, der zwischen 0 und 1 liegt ($0 \leq q \leq 1$), kann, ausgehend von einem volkswirtschaftlich optimalen Innovationsniveau, sowohl zu überhöhten als auch zu geringen Anreizen für Forschungs- und Entwicklungsaktivitäten führen.[196] Für $q = 0$ liegt kein Spillovereffekt vor, so dass keine Imitation möglich ist. Für $q = 1$ ist eine vollständige Imitation möglich. Ist die Imitationsmöglichkeit gering, liegen bei einem geringen Wert von q einzelwirtschaftlich strategische Anreize zur Überinvestition vor, weil der Innovator in diesem Fall einen Kostenvorteil gegenüber der Konkurrenz erzielen kann. Dem steht entgegen, dass die Möglichkeit zur Imitation die Diffusion einer neuen umweltfreundlichen Technologie beschleunigen kann. Somit würden negative Umwelteffekte vermindert. Dies wäre bei einem hohen Wert q der Fall. Hierbei kommt es jedoch zu Anreizen zur Unterinvestition in technologischen Fortschritt, weil der Kostenvorteil des Innovators gegenüber der Konkurrenz durch die Imitationsmöglichkeit gemindert wird.[197]

Strategisches Verhalten kann das Innovationsverhalten beeinflussen. Die strategischen Möglichkeiten sind von den wirtschaftspolitischen Rahmenregelungen, den eingesetzten umweltpolitischen Instrumenten, Marktstrukturen und den Marktpositionen der emittierenden und innovierenden Unternehmen abhängig. Zudem sind Aktivitäten im Bereich Forschung und Entwicklung mit Unsicherheit bezüglich der technischen Realisierbarkeit verbunden, die das Verhalten der Akteure beeinflusst. Auch zeitliche Aspekte, welche die verschiedenen Innovationsphasen widerspiegeln, sind in die Analyse mit einzubeziehen, um Aussagen über Anreize zu Innovationen treffen zu können.

Die obige Analyse zeigt, dass bei den gewählten Annahmen keine aussagekräftigen Schlussfolgerungen möglich sind. Zudem ist das Ergebnis der Analysen von weiteren Aspekten abhängig. Dies gilt z. B. für die Berücksichtigung asymmetrischer Informationsverteilungen: Unkenntnis auf der Seite des Entscheidungsträgers, also des Staats, bei Auswahl der Instrumente über die Kostenstrukturen bei den betroffenen Unternehmen, die Unkenntnis auf der Seite

196 Siehe Feess (2007), S. 210.

197 Siehe Katsoulacos/Xepapadeas (1996), S. 148. Katsoulacos /Xepapadeas analysieren modelltheoretisch Anreize zur Innovation im Duopol.

der Emittenten über die Kostenstrukturen der anderen betroffenen Unternehmen, die Unsicherheit der Emittenten über die zukünftigen Regelungen des Staates, die Unsicherheit der potentiellen Innovatoren über den möglichen Erfolg im Bereich Forschung und Entwicklung sowie den Markterfolg beeinflussen die Ergebnisse maßgeblich. Modelltheoretische Erweiterungen des umweltökonomischen Standardmodells, die solche Aspekte aufgreifen, lassen aufgrund ihrer Fokussierung auf spezielle Fragen keine allgemeingültigen Aussagen über die Vorteilhaftigkeit der Instrumente zu. Es kann insgesamt nicht festgestellt werden, dass die höchsten Innovationsanreize prinzipiell bei den marktorientierten Instrumenten liegen.[198]

3.2.5 Ansatzpunkt der ökologischen Innovationspolitik

Mit umweltpolitischen Instrumenten sollen nicht primär Neuerungen forciert werden, sondern es wird versucht, negative technologische Effekte zu internalisieren. Sie sind grundsätzlich auf die Reduktion von umweltschädigenden Emissionen zur Verbesserung der Umweltqualität gerichtet. Unabhängig davon, ob es sich um marktorientierte, ordnungsrechtliche oder suasorische Mittel handelt, ist die Zielerreichung nicht an die Art der Umsetzung gekoppelt. Anreize zu technologischem Fortschritt erhalten zwar im Rahmen der Bewertung der Instrumente bezüglich der dynamischen Effizienz einen besonderen Stellenwert,[199] eine Analyse der Lenkungsrichtung des technischen Fortschritts erfolgt nicht. Die Forcierung neuer umweltfreundlicherer Technologien ist lediglich als Nebeneffekt umweltpolitischer Instrumente anzusehen.[200]

Fraglich ist einerseits, ob bzw. wie mit dem derzeit vorhanden umweltpoltischen Instrumentarium den Eigenschaften der Umweltinnovationen Rechnung getragen werden kann. Andererseits sind auch die Ansatzpunkte der Innovationspolitik nicht auf die spezifischen Merkmale der Umweltinnovationen ausgelegt.

Im Gegensatz zum traditionellen umweltpolitischen Instrumentarium und zu den allgemeinen Ansätzen der Innovationspolitik liegt nur bei der ökologischen Innovationspolitik der primäre Fokus auf der Forcierung von Umweltinnovationen. Ökologische Innovationspolitik kombiniert somit umweltpolitische und innovationspolitische Ziele. Die zentrale Problematik besteht darin, dass technischer Fortschritt in Richtung Umweltinnovationen gelenkt, aber trotzdem keine spezielle Technologieauswahl vorgenommen wird. Es ist zu be-

198 Siehe Feess (2007), S. 188.

199 Siehe Feess (2007), S. 207 f.; auch Endres (2000), S. 169.

200 Siehe Jaffe/Newell/Stavins (2004), S. 55.

achten, dass bei Umweltinnovationen keine Richtungsneutralität herrschen kann.[201] Dies bedeutet, dass Umweltinnovationen nicht mit einer ergebnisoffenen Modellierung einhergehen können.[202]

3.3 Anwendung der ökologischen Innovationspolitik

3.3.1 Marktversagenstatbestände als Handlungsgrundlage

Wirtschaftspolitische Maßnahmen sind dann erforderlich, wenn die Funktionsfähigkeit des Marktes eingeschränkt ist und staatliche Eingriffe die Funktionsdefizite reduzieren können.[203] Bei der Existenz von Marktversagen wird nach verschiedenen Ursachen unterschieden. Der Grund für Einschränkungen der Funktionsfähigkeit des Markts bei Umweltproblemen ist typischerweise die Existenz von negativen technologischen externen Effekten, die auch als Umweltexternalitäten bezeichnet werden. Neben den Marktversagenstatbeständen in Form von externen Effekten sind auch Informationsmängel und Unteilbarkeiten als Ursachen für Marktversagen zu beachten.[204]

Marktversagen wegen Umweltexternalitäten rechtfertigt den Einsatz von umweltpolitischen Instrumenten. Diese können umwelttechnischen Fortschritt fördern. Es ist aber zu beachten, dass der Fokus der klassischen Instrumente der Umweltpolitik auf der Adaption von neuen Technologien liegt.[205] Innovationshemmnisse sind dagegen auch in anderen Innovationsphasen vorhanden.

Die auftretenden Innovationhemmnisse können zu Marktversagen führen. Die ökologische Innovationspolitik berücksichtigt nicht nur die Umweltexternalitäten, sondern auch diejenigen technologischen externe Effekte, die typischerweise bei Umweltinnovationen auftreten. Dies sind die positiven externen Effekte in Form von Wissensspillovereffekten und die positiven externen Effekte in der Diffusionsphase, welche die Problematik des doppelten externen Effekts bei Umweltinnovationen begründen.[206] Da positive externe Effekte dazu führen, dass aus gesamtwirtschaftlicher Sicht eine zu geringe Menge produziert wird,

---

201 Siehe Rennings (1999), S. 21.

202 Siehe Lehmann-Waffenschmidt (2006), S. 21.

203 Siehe Fritsch (2011), S. 72–75.

204 Eine detaillierte Darstellung von Marktversagenstatbeständen ist bei Fritsch (2011) zu finden; zu einer Kategorisierung dieser Tatbestände siehe Fritsch (2011), S. 72–75.

205 Siehe Nill (2009), S. 26.

206 Siehe zu Innovationshemmnissen auch Abschnitt 3.1.2, S. 24 ff.

bieten sich Subventionen als Instrument zur Erhöhung der Produktionsmenge und damit zur Internalisierung positiver Effekte an.[207] Mit Hilfe von Subventionen könnten somit auch Anreize zur Steigerung von Umweltinnovationen gesetzt werden.

Im Fall von Wissensspillovereffekten können Subventionen im Bereich von Forschung und Entwicklung eingesetzt werden, um so in dieser Phase die Invention zu fördern. Solche Subventionen setzen aber keine Anreize zur Adaption neuer Umwelttechnologien, so dass Subventionen in der Inventionsphase nur in Verbindung mit weiteren wirtschaftspolitischen Maßnahmen Wirkung zeigen.[208] In der Adaptions- und Diffusionsphase können dann umweltpolitische Instrumente zur Internalisierung der negativen externen Effekte Anreize zu umwelttechnischem Fortschritt setzen.

Wissensspillovereffekte können nicht nur durch Subventionen, sondern auch durch Kooperationen bei Forschung und Entwicklung reduziert werden.[209] Dies ermöglicht eine Einbindung der Nutznießer von Innovationen in die Forschungs- und Entwicklungsaktivitäten und verhindert, dass Unbeteiligte ohne Kostenbeteiligung von neuen Erkenntnissen profitieren können. Eine vollständige Internalisierung ist theoretisch jedoch nur möglich, wenn alle Nutznießer eingebunden werden könnten.

Falls umweltpolitische Instrumente zur Internalisierung negativer externer Effekte eingesetzt werden und Anreize zu technologischem Fortschritt in Adaptions- und Diffusionsphase setzen, steigt die Nutzung umweltfreundlicher Technologien. Ob das Problem des doppelten externen Effektes mit der Notwendigkeit von Subventionen verbunden ist, ist fraglich. Der zusätzliche Einsatz von Subventionen neben umweltpolitischen Instrumenten kann die Verwendung umweltfreundlicher Technologien weiter unterstützen. Subventionen mit diesem Zweck können jedoch nur eingeschränkt technologieoffen sein. Dies könnte zu einer Übervorteilung von bestimmten Technologien führen, die sich über die Selbstselektion des Marktes als ineffizient erweisen würden.

Wegen der mit einer allgemeinen Gewährung von Subventionen einhergehenden vergleichsweisen hohen finanziellen Aufwendungen für den Staat, kommt es in der Praxis eher zu selektiven Subventionen, die an technologiespezifische Kriterien gebunden sind.[210] Die Gewährung von selektiven Subventionen erhöht die

---

207 Zu positiven externen Effekten und ihrer Internalisierung siehe Fritsch (2011), S. 82–87 und S. 109–111.

208 Siehe Pizer/Popp (2009), S. 27–55.

209 Siehe Swann (2009), S. 263.

210 Siehe Budzinski (2000), S. 267.

Gefahr des Rent-Seekings durch private Akteure und die Einflussnahme lobbyistischer Gruppen, welche die Subventionsgewährung zum eigenen Vorteil nutzen wollen.[211] Zudem können einzelwirtschaftliche Anreize zu Innovationen im Endeffekt durch die Subventionierung sogar reduziert werden, weil dadurch eine Aufwertung der staatlich forcierten Handlungsoption erfolgt und alternative Handlungsmöglichkeiten prinzipiell schlechter gestellt werden.[212] Durch eine selektive Subventionierung können deshalb Such-, Anpassungs- und Innovationsprozesse des Marktes eingeschränkt werden.[213]

Informationsmängel liegen bei Umweltinnovationen wie auch bei anderen Innovationen in Form von Unsicherheit bezüglich der Realisierungs- und Erfolgswahrscheinlichkeit neuer Technologien vor und erzeugen Investitionsrisiken.[214] Die unternehmerische Unsicherheit kann mit einem Anreiz zur Unterinvestition verbunden sein, wenn Marktakteure risikoavers sind. Sie stellt aber nur dann Marktversagen dar, wenn die Akteure aus gesamtwirtschaftlicher Sicht zu risikoscheu sind. Um dies beurteilen zu können, müssten staatliche Instanzen bei der Einschätzung von Investitionssrisiken gegenüber den Marktakteuren Vorteile besitzen, was eine ‚Anmaßung von Wissen' darstellt.[215] Eine Möglichkeit, Risiken für einzelne Akteure und damit mögliche Anreize zur Unterinvestition grundsätzlich zu mindern, ist die Risikoverteilung auf mehrere beteiligte Akteure, wie es bei Innovationsnetzwerken bzw. -kooperationen der Fall ist.[216]

Informationsmängel können nicht nur in Form von Unsicherheit, sondern auch in Form von Unkenntnis vorliegen. Im Gegensatz zur Unsicherheit können bei dieser Form von Informationsmängeln zusätzliche Informationen bereitgestellt werden, welche die Unkenntnis reduzieren. Eine asymmetrische Informationsverteilung zwischen Innovator und Kreditgeber über die Erfolgswahrscheinlichkeit einer neuen Technologie kann durch die Beteiligten selbst reduziert werden. Bei einer asymmetrischen Informationsverteilung sind die Informationen über die Qualität eines Gutes heterogen verteilt, so dass bei einem der beteiligten Akteure teilweise Qualitätsunkenntnis vorliegt. Wenn sich die Qualitätsunkenntnis durch die Marktakteure selbst abbauen lässt, sind keine wirtschaftspolitischen Eingriffe erforderlich.[217] Unkenntnis liegt auch vor, wenn der Nutzen eines Gu-

211 Siehe Henze (1992), S. 52–57.

212 Siehe Budzinski (2000), S. 267 f.

213 Siehe Rave (2005), S. 215.

214 Siehe Nill (2009), S. 27.

215 Siehe Fritsch (2011), S. 273–274.

216 Siehe Urbaniek (2008), S. 81–84.

217 Zu marktlichen Lösungen zum Abbau von Informationsasymmetrien siehe Fritsch (2011), S. 262–268.

tes unterschätzt wird, so dass sich eine zu geringe Marktnachfrage bildet.[218] Es handelt sich in diesem Fall um Nutzenunkenntnis. Die Unterschätzung des Nutzens tritt insbesondere dann auf, wenn der Nutzen ex ante nicht direkt erkennbar ist und erst in der Zukunft eintritt, wie es beispielsweise bei dem Erhalt der Umweltqualität der Fall ist. Der Abbau von Informationsmängeln durch die Bereitstellung von Informationen kann zwar das Konsumverhalten beeinflussen, ist aber keine bindende und deshalb auch keine steuerbare Maßnahme, so dass staatliche Informationspolitik sich nur als flankierendes Instrument eignet.[219]

Unteilbarkeiten gelten als Marktversagenstatbestand, wenn sie durch Monopolisierungstendenzen den Wettbewerb einschränken.[220] Weil auftretende Economies of Scale bei der Wissensproduktion zu einer Monopolbildung führen können, besteht die Gefahr der Marktmachtproblematik und fehlender Wettbewerbsdruck kann zu mangelnden Innovationsanreizen führen. Ursache für mangelnde Innovationsanreize sind hierbei Einschränkungen des Wettbewerbs. Andererseits kann eine Monopolstellung auch zu höheren Innovationsanreizen führen, weil sich damit die Realisierung von Gewinnen aus der Innovationstätigkeit sicherstellen lässt. Dies begründet den Einsatz von Patentpolitik. Bei Funktionsmängeln des Marktes aufgrund von Unteilbarkeiten in Form von Wettbewerbsproblemen steht die Wettbewerbspolitik im Vordergrund.

Bei Umweltinnovationen treten verschiedene Innovationshemmnisse auf, die zu Marktversagen führen. Die ökologische Innovationspolitik kann dazu genutzt werden, den heterogenen Ursachen für Marktversagen entgegen zu wirken. Die mit Umweltinnovationen verbundenen Innovationshemmnisse lassen sich durch innovationspolitische Maßnahmen verringern. Die ökologische Innovationspolitik stellt damit schließlich eine Erweiterung der wirtschaftspolitischen Eingriffsmöglichkeiten der Umweltpolitik dar. Wenn hierbei Technologien forciert werden, bei denen Umweltexternalitäten gar nicht oder in einem geringeren Ausmaß entstehen, handelt es sich um einen ursachenbezogenen Ansatz. Die verschiedenen Arten von auftretendem Marktversagen bei Umweltinnovationen begründen den Einsatz eines Instrumentenmixes.[221] Denn nur, wenn die ausgewählten Instrumente auf die jeweiligen Probleme ausgerichtet sind, ist es möglich, Funktionsdefizite zu mindern.

---

218 Siehe Fritsch (2011), S. 268–270.

219 Siehe OECD (2007), S. 159 f.

220 Für eine detaillierte Darstellung über Marktversagen aufgrund von Unteilbarkeiten siehe Fritsch (2011), 159–185.

221 Siehe OECD (2007), S. 15.

3.3.2 Instrumente der ökologischen Innovationspolitik und der Einsatz im Instrumentenmix

Die Forcierung von Umweltinnovationen im Rahmen einer ökologischen Innovationspolitik basiert auf der gemeinsamen Nutzung von umweltpolitischen und innovationspolitischen Instrumenten. Dies ermöglicht die Einbeziehung aller Innovationsphasen in die Instrumentenauswahl. Die Inventionsphase kann insbesondere mit innovationspolitischen Maßnahmen für Forschung und Entwicklung wie der direkten Projektförderung und der Förderung von Innovationsnetzwerken gestützt werden. Das Ziel ist dabei ein leistungsfähiges Innovationssystem. Für die Adaptions- und die Diffusionsphase sind insbesondere umweltpolitische Instrumenten vorgesehen. Hierbei liegt das Ziel darin, die relative Vorteilhaftigkeit von Umweltinnovationen zu steigern.

Statt eines einzigen Instrumentes, das pauschal eingesetzt wird, soll mit der Optimierung eines Instrumentenmixes der Komplexität von Umweltinnovationen und Umweltproblemen besser entsprochen werden.[222] Tabelle 1 zeigt einen Vorschlag zur Instrumentenauswahl in verschiedenen Innovationsphasen nach Rennings, Rammer und Oberndorfer (2008),[223] an dem sich die folgenden Ausführungen orientieren. Nach diesem Vorschlag sollen in der ökologischen Innovationspolitik innovationspolitische Instrumente und umweltpolitische Instrumente zum Einsatz kommen. Die umweltpolitischen Instrumente werden in marktorientierte Instrumente zur allgemeinen Förderung des umwelttechnischen Fortschritts, Instrumente zur Förderung spezifischer Umweltinnovationen und flankierende angebots- und nachfrageseitige Instrumente zur Diffusionsförderung von Umwelttechnologien unterteilt. Im Gegensatz zu der Unterscheidung der Innovationsphasen in die Phasen Invention, Adaption und Diffusion verwenden die Autoren die Begriffe Invention, Markteinführung und Diffusion.

In der Inventionsphase sollten die innovationspolitischen Instrumente nach Rennings, Rammer und Oberndorfer auf ein Bündel an breit angelegten technologischen Lösungen angelegt sein, um eine spezielle Technologieauswahl und das Problem staatlicher Willkür zu vermeiden. In allen drei betrachteten Innovationsphasen sehen die Autoren die Notwendigkeit für die direkte Projektförderung sowie für eine staatliche Unterstützung von Unternehmensnetzwerken. Begründet wird dies mit der Existenz von Spillovereffekten und der Überlegung, dass in allen Innovationsphasen förderwürdige technologische Weiterentwicklungen stattfinden. Dem steht jedoch entgegen, dass fraglich ist, wie stark die Innovationshemmnisse im Einzelfall ausgeprägt sind bzw. ob technologische Weiterentwicklungen insbesondere nach der Markteinführung nicht auch ohne

222 Siehe Jänicke (2008), S. 41 f.

223 Siehe Rennings/Rammer/Oberndorfer (2008), S. 32–36.

staatliche Förderung stattfinden können und eine staatliche Förderung lediglich Mitnahmeeffekte erzeugt. Zudem ist zu beachten, dass die Förderung eines breit angelegten Technologiebündels nicht mit einer offenen Vielfalt an technologischen Alternativen gleichzusetzen ist.

Tabelle 1: Instrumente und Innovationsphasen

Quelle: Rennings /Rammer /Oberndorfer (2008), S. 35

Instrument/Phase	**Invention**	**Markteinführung**	**Diffusion**
Innovationspolitische Instrumente			
Spezifische Programme zur Technologieförderung (direkte Projektförderung)	Direkte Förderung von Forschung und Entwicklung	Direkte Förderung der Markteinführung	Direkte Förderung der Diffusion
Förderung von Unternehmensnetzwerken, Technologietransfer	Innovationsförderungsnetzwerke	Netzwerke zur Markteinführung	Netzwerke zur Diffusion
Umweltpolitische Instrumente			
Marktorientierte Instrumente zur allgemeinen Förderung des umwelttechnischen Forschritts			
Emissionsabgaben	Marktorientierte Instrumente wirken dezentral auf alle Innovationsphasen. Produktionsfaktor Umwelt wird relativ verteuert, Substitutionsprozesse zu anderen Produktionsfaktoren		
Handelbare Emissionszertifikate			
Haftungsrecht			

Instrumente zur Förderung spezifischer Umweltinnovationen			
Ordnungsrecht	Technology Forcing		Festsetzung von Zielen, Standards nach dem Stand der Technik
Selbstverpflichtungen			
Staatliche Fördermaßnahmen		Förderung für bestimmte Technologien	
Flankierende angebots- und nachfrageseitige Instrumente zur Diffusionsförderung von Umwelttechnologien			
Umweltmanagementsysteme			Kontinuierliche Verbesserung der Umweltleistung
Ökolabel			Information der Verbraucher
Grüne Beschaffung			Staatliche Nachfrage nutzen

Um ein mögliches Scheitern derjenigen Technologien, welche die Marktreife erlangen, in der Diffusionsphase zu verhindern, wird die Unterstützung mit umweltpolitischen Maßnahmen fortgeführt. Diese sollen sicherstellen, dass die Wettbewerbsfähigkeit von umweltfreundlicheren Technologien im Vergleich zu Technologien, die mit externen Umweltkosten verbunden sind, gestärkt wird.[224] Durch umweltpolitische Instrumente lassen sich letztere, welche aus einzelwirtschaftlicher Sicht mit geringeren Kosten verbunden sind, verteuern und es können den Emittenten die aus gesamtwirtschaftlicher Sicht entstehenden höheren Kosten angelastet werden. Aus einzelwirtschaftlicher Perspektive erhalten so teurer erscheinende technische Alternativen, die aber gesamtwirtschaftlich wegen wesentlich geringeren externen Umweltkosten kostengünstiger sind, eine verbesserte Wettbewerbsposition. Insbesondere marktbasierte Instrumente können externe Umweltkosten internalisieren und durch die Bepreisung schädlicher Emissionen die Kostenrelationen in der dargestellten Form zugunsten umwelt-

224 Siehe Rennings/Rammer/Oberndorfer (2008), S. 32.

freundlicherer Technologien verschieben. Deshalb lassen sich marktorientierte Instrumente nach Rennings, Rammer und Oberndorfer nicht nur in der Diffusionsphase, sondern auch in den anderen Innovationsphasen zur allgemeinen Förderung des umwelttechnischen Fortschritts einsetzen. Damit erfolgt eine Lenkung des technologischen Fortschritts in Richtung umweltfreundlicher Technologien.

Ordnungsrechtliche Instrumente ermöglichen dahingegen die Diffusion vorhandener Technologien, indem ein bestimmter Stand der Technik eingefordert wird. Diese Förderung ist nicht allgemeiner Art, sondern bezieht sich in spezifischer Weise auf bestimmte Technologien. Die Phasen der Invention und Markteinführung können nach Rennings, Rammer und Oberndorfer mit dem Instrument des ‚Technology Forcing' unterstützt werden. ‚Technology Forcing' zeichnet sich durch sehr anspruchsvolle Zielsetzungen aus, die typischerweise mit strengen Auflagen verbunden sind. Hierbei werden umwelttechnologische Standards festgelegt, die über den aktuellen Stand der Technik hinausgehen. Eigentlich gilt die Auflagenpolitik als ordnungsrechtliches Instrument im Instrumentenvergleich aus theoretischer Sicht als unterlegen, da sie bei den Prüfkriterien der allokativen und dynamischen Effizienz im Vergleich zu marktorientierten Instrumenten schlecht abschneidet und im Gegensatz zu kooperativen Politikmustern die Entscheidungsspielräume der Marktakteure stark begrenzt. Der Mangel an dynamischer Effizienz bei der Auflagenpolitik und die damit einhergehenden geringen Anreize zu technologischem Fortschritt können durch die Ausgestaltung als ‚Technology Forcing' vermieden werden. Innovationsanreize erfolgen hierbei durch Zielsetzungen, die weit über den vorhandenen Stand der Technik hinausgehen und die ohne staatliche Vorgaben nicht erreicht werden würden.[225] Staatliche Fördermaßnahmen für bestimmte Technologien eignen sich im Gegensatz zum ‚Technology Forcing' nicht für die Inventionsphase, weil sie nicht technologieoffen sein können. Prinzipiell lässt sich die Förderung spezifischer Umweltinnovationen auch suasorisch mit Selbstverpflichtungen erreichen, zumindest wenn diese eingehalten werden.

Als flankierende Instrumente in der Diffusionsphase gelten alle Maßnahmen, die Angebot und Nachfrage nach Umwelttechnologien stärken können, wie Umweltmanagementsysteme, die Information der Verbraucher durch Öko-Labels oder die Beschaffungspolitik des Staates.

Die dargestellte, nach Rennings, Rammer und Oberndorfer idealtypische, Einteilung der Instrumente in Bezug auf die Innovationsphasen gibt einen Überblick über die mögliche Ausgestaltung ökologischer Innovationspolitik. Kriterien zur optimalen Ausgestaltung des Instrumentenmixes sind jedoch nicht vor-

225 Siehe SRU (2008), S. 62.

handen. Unklar bleibt die Wirkungsweise der Instrumente in den verschiedenen Innovationsphasen. Rennings, Rammer und Oberndorfer weisen selbst auf die Problematik hin, dass in der Literatur der Schwerpunkt auf der Diffusion der Technologien liegt und die Frage nach der konkreten Ausgestaltung der Instrumente und ihre Ausrichtung an den Innovationsphasen offen bleibt.[226] In der Inventionsphase sollen nach Rennings, Rammer und Oberndorfer Technologiebündel gefördert werden, um eine staatliche Selektion zu vermeiden. Dennoch wird die direkte Projektförderung empfohlen, ohne dass problematisiert wird, ob Kriterien existieren, mit denen solche Technologiebündel identifiziert werden können, und ohne dass deutlich wird, unter welchen Bedingungen spezifische Programme zur Technologieförderung zweckmäßig sind. Die Förderung von Unternehmensnetzwerken kann technologieoffen ausgestaltet werden. Trotzdem besteht auch hier das Selektionsproblem und es ist fraglich, nach welchen Kriterien Netzwerkteilnehmer ausgewählt und gefördert werden sollten.[227]

Bei der konkreten Ausgestaltung der ökologischen Innovationspolitik bestehen Umsetzungsprobleme. In der Literatur zur ökologischen Innovationspolitik wird zwar hervorgehoben, dass durch einen Instrumentenmix eine Steigerung des Innovationspotenzials erreicht werden kann und die Optimierung dieses Instrumentenmixes als Herausforderung zu sehen ist,[228] aber dabei wird nicht beachtet, dass eine solche Optimierung nur gelingen kann, wenn Informationen über die Wirkungsweise der Instrumente in den jeweiligen Innovationsphasen vorhanden sind und sich mit Hilfe dieser Informationen Auswahlkriterien identifizieren lassen.[229] Prinzipiell besteht die Möglichkeit, die Wirkungsweise von Instrumenten durch die Kombinierung mit anderen Instrumenten zu verbessern. Jedoch ist die Performance eines Instrumentes schon bei einem isolierten Einsatz zum einen von der im Einzelfall vorgenommenen Ausgestaltung abhängig und wird zum anderen auch durch die jeweilige Dosierung beim Einsatz beeinflusst.[230] Zwar kann bei einem Instrumentenmix einerseits der Komplexität von Umweltinnovationen mit den verschiedenen Innovationsphasen Rechnung getragen werden, andererseits entsteht jedoch durch die Kombination von Instrumenten und bei der Abschätzung der Gesamtwirkung eine neue Komplexität, die bei einem isolierten Instrumenteneinsatz nicht stattfinden würde.[231]

---

226 Siehe Rennings/Rammer/Oberndorfer (2008), S. 32 f.

227 Siehe Urbaniek (2008), S. 69–72.

228 Siehe SRU (2008), S. 59, auch Jänicke (2008), S. 41 f.

229 Eine Anpassung an Innovationspfade versucht die Theorie zur strategischen Nutzung von Zeitfenstern durchzuführen; siehe hierzu auch Abschnitt 3.3.4, S. 72 ff.

230 Siehe Budzinski (2000), S. 293 f.

231 Andererseits kann es in der Praxis auch ohne entsprechende Zielsetzung ungewollt zu einem unkoordinierten Mix aus verschiedenen Instrumenten kommen, so dass durch ge-

Durch die Überschneidung von Umweltpolitik und Innovationspolitik ergibt sich in der Praxis ein Zuständigkeitsproblem, das im Vergleich zum isolierten Instrumenteneinsatz zusätzlichen Koordinationsaufwand erfordert. Dies gilt für die Koordination von Regelungen und Aktivitäten von Institutionen auf verschiedenen administrativen Ebenen bzw. mit unterschiedlichen Funktionen wie der EU und den Gebietskörperschaften in einem Nationalstaat oder verschiedenen involvierten Ministerien, z. B. Umweltministerium, Verkehrsministerium und Wirtschaftsministerium.[232]

3.3.3 Pfadabhängigkeiten und Lock-in-Effekte

Umweltinnovationen entstehen in komplexen Innovationssystemen und sind mit einer Vielzahl von Einflussfaktoren verbunden. Deswegen können unterschiedliche Impulse ähnliche Auswirkungen besitzen oder gleiche Impulse zu unterschiedlichen Ergebnissen führen.[233]

Die ökologische Innovationspolitik greift auf Instrumente aus verschiedenen Politikbereichen zurück und die verschiedenen Innovationsphasen finden Berücksichtigung. Maßnahmen zur Förderung von Umweltinnovationen können jedoch durch bestehende Strukturen gehemmt werden.

Neue Technologien können sich schwer durchsetzen, wenn mit ihrer Einführung eine Entwertung der bestehenden Technologien und des damit zusammenhängenden Wissensbestands verbunden ist. Je stärker etablierte Technologien spezialisiert sind, desto höher ist dabei die Gefahr der Entwertung und desto größer sind die Hemmnisse gegenüber Neuerungen, insbesondere gegenüber pfadverändernden radikalen Neuerungen.[234]

Lock-in-Effekte beeinflussen die Wirkung der ökologischen Innovationspolitik und sind deshalb bei der Instrumentenwahl zu beachten. Es lassen sich verschiedene Faktoren identifizieren, die als Lock-in-Effekte wirken und bestehende Innovationspfade stabilisieren. Zu den wesentlichen stabilisierenden Faktoren gehören irreversible Investitionen in etablierte Technologien (a), Wechselkosten aufgrund von technologischen Komplementaritäten (b), Unsicherheiten über die Potenziale neuer Technologien (c), Set-up-Kosten der neuen Technologien (d)

---

zielte Optimierungsbemühungen zumindest einem völlig unkoordinierten Instrumentenmix vorgebeugt würde.

232 Siehe OECD (2007), S. 27 und 218.

233 Daraus ergibt sich die Multi-Impuls-Hypothese; siehe hierzu Urbaniek (2008), S. 33–35.

234 Siehe Welsch (2005), S. 279 f.

sowie Koordinationsprobleme und institutionelle Wechselhemmnisse (e). Diese bezeichnet Nill (2009) als Lock-in-Verstärker.[235]

Irreversible Investitionen liegen vor, wenn Produktionsfaktoren an eine spezifische Nutzung gebunden sind und ein Transfer in die nächstbeste Verwendung oder der Verkauf zu Wertverlusten führen würde.[236] Eine Entwertung etablierter Technologien führt dementsprechend auch zu einer Entwertung des an die Technologien gebundenen Sach- und Humankapitals.

(a) Wechselkosten aufgrund von technologischen Komplementaritäten entstehen, wenn Technologien Eigenschaften eines Komplementärguts besitzen. Durch einen Technologiewechsel kommt es dadurch nicht nur zur Entwertung der alten Technologie, sondern auch zur Entwertung der mit der alten Technologie komplementär verbundenen Güter.237 Technologische Komplementaritäten existieren beispielsweise bei Fahrzeugen mit Verbrennungsmotor und dem Tankstellennetz, das die Möglichkeit zur Betankung der Fahrzeuge sicherstellt.238

(b) Die Höhe der Wechselkosten wird davon beeinflusst, ob und in welchem Umfang Netzwerkexternalitäten vorhanden sind. Auch wenn der aus der Verwendung einer neuen Technologie resultierende originäre Nutzen höher ist als bei der alten Technologie, kann durch bestehende positive Netzwerkexternalitäten ein Lock-in-Effekt entstehen. Der Netznutzen ist bei alten Technologien mit einem schon bestehenden großen Netzwerk höher als bei neuen Technologien, deren Netzwerk zunächst aus wenigen Teilnehmern besteht. Ein Technologiewechsel wäre aus einzelwirtschaftlicher Sicht nur sinnvoll, wenn der originäre Nutzen aus der Verwendung der neuen Technologie den bestehenden Netznutzen der alten Technologie kompensieren kann. So erhöhen positive Netzwerkexternalitäten die Wechselkosten.239

(c) Unsicherheit bezüglich der Potenziale neuer Technologien kann nicht nur ein Innovationshemmnis auf der Anbieterseite darstellen, sondern ebenso auf der Nachfrageseite. Dies kann bei risikoscheuen Akteuren dazu führen, dass etablierten Technologien Vorrang eingeräumt wird.240

(d) Set-up-Kosten sind fixe Kosten für Aufbau und Einrichtung einer neuen Technologie, die den Technologiewechsel einerseits für Innovatoren als

235 Siehe Nill (2009), S. 138.

236 Siehe Fritsch (2011), S. 183.

237 Siehe Nill (2009), S. 141 f.

238 Siehe Jaffe / Newell / Stavins (2004), S. 41 sowie Nill (2009), S. 124–126.

239 Siehe Shy (2001), S. 87–91; auch Swann (2009), S. 88–90.

240 Siehe Nill (2009), S. 142.

Anbieter einer neuen Technologie und andererseits für Nachfrager als Nutzer einer neuen Technologie erschweren können.241 Für Innovatoren sind Set-up-Kosten z. B. Kosten, die beim Aufbau von Wissen, also bei Forschungs- und Entwicklungsaktivitäten, anfallen.242 Sie stellen ein Wechselhemmnis dar, wenn Unsicherheiten über den Erfolg der Forschungs- und Entwicklungsaktivitäten oder über den Markterfolg bestehen und Erkenntnisse aus den spezifischen Ausgaben für Forschung und Entwicklung nicht alternativ verwertbar sind. Eine Hürde für den Technologiewechsel existiert, weil der Nutzen etablierter Technologien bekannt und deshalb besser abschätzbar als der der Nutzen einer neuen Technologie ist. Ein Technologiewechsel ist mit einem hohen Informationsbedarf verbunden. Unkenntnis und Unsicherheit stehen somit in Verbindung mit Set-up-Kosten. Verstärkt wird eine Wechselhürde, wenn Set-up-Kosten und Netzwerkexternalitäten zugleich auftreten.243

(e) Koordinationsprobleme als Lock-in-Verstärker beziehen sich auf die in den Innovationsprozess involvierten Akteure und institutionelle Wechselhemmnisse auf die institutionellen Rahmenbedingungen.244 Das Verhalten der Akteure bedarf einerseits der Koordination untereinander, z. B. bei Netzwerkexternalitäten oder technologischen Komplementaritäten, aber auch bei der Informationsbeschaffung oder dem Wissensaustausch und damit gegebenenfalls verbundenen externen Effekten. Andererseits bezieht sich die Koordination bei institutionellen Wechselhemmnissen auf den Verhaltensspielraum der Akteure im herrschenden Innovationssystem wie z. B. die politischen und rechtlichen Rahmenbedingungen und Möglichkeiten der Einflussnahme darauf.

(f) Nach der evolutorischen Ökonomik können Pfadabhängigkeiten bei vorhandenen Technologien dazu führen, dass sich neue, effizientere Lösungen nicht am Markt durchsetzen können. So entstehen ineffiziente Innovationspfade.[245]

(g) Es ist erkennbar, dass Lock-in-Verstärker in Kombination auftreten können und schließlich zu Pfadabhängigkeiten führen. Lock-in-Verstärker beeinflussen Innovationsentscheidungen und verhindern einen Technologiewechsel, falls sie so stark ausgeprägt sind, dass die daraus resultierenden Kosten höher als die erwarteten Erträge bzw. Nutzengewinne sind.

241 Siehe Nill (2009), S. 143–144.

242 Siehe Geroski (1995), S. 92.

243 Siehe Swann (2009), S. 84 f.

244 Siehe Nill (2009), S. 144–146.

245 Siehe Nill (2009), S. 130 f.

Pfadabhängigkeiten können aber dann überwunden werden, wenn die Akteure Zeiträume nutzen, in denen Lock-in-Effekte nicht oder nur in geschwächter Form auftreten. Kenntnisse über bestehende Lock-in-Effekte lassen sich auch strategisch für die ökologische Innovationspolitik nutzen.

3.3.4 Zeitfenster der ökologischen Innovationspolitik

Innovationen, die entlang eines bestehenden Innovationspfades stattfinden, sind Innovationen inkrementeller Art. Ein Pfadwechsel mit radikalen Innovationen kann sich einstellen, wenn innerhalb des bestehenden Innovationspfades keine neuen Anwendungsfelder mehr gefunden werden und bisher dominante Technologien so an ihre Grenzen geraten. Lock-in Effekte werden schwächer und es bietet sich die Möglichkeit zu pfadverändernden umweltverträglicheren Innovationen. In dieser Phase entstehen Zeitfenster[246], in der ökologische Innovationspolitik ansetzen kann und weniger durch Lock-in-Verstärker gehemmt wird.[247]

Innerhalb der Zeitfenster ergibt sich für neue Technologien die Möglichkeit, etablierte Technologien zu ersetzen, und es können sich so neue Innovationspfade entwickeln. Diese Zeitfenster werden deshalb auch als „windows of opportunities“[248] oder „Transitionsfenster“[249] bezeichnet.

Die Begründung für die Berücksichtigung von Zeitfenstern ist, dass wirtschaftspolitische Maßnahmen, die zum falschen Zeitpunkt eingesetzt werden, keine effektive Wirkung zeigen bzw. unnötig hohe Kosten verursachen, so dass sie ineffizient sind.[250] Ein Wechsel des Innovationspfades zugunsten umweltfreundlicher Technologien kann durch eine ökologische Innovationspolitik eher unterstützt werden, wenn diese nicht bestehenden Lock-in-Verstärkern entgegen wirken muss. Stattdessen lassen sich Zeitfenster identifizieren, in denen Lock-in-Löser die Grundvoraussetzungen für einen Wechsel des Innovationspfades schaffen und Instrumente der ökologischen Innovationspolitik unterstützen.

Unter Lock-in-Lösern sind Leistungsgrenzen bestehender Innovationspfade und die Existenz neuer technologischer Potenziale zu verstehen. Faktoren, die hierbei einen Innovationspfad beeinflussen können, sind z. B. steigende Preise für Inputfaktoren oder eine sinkende Verfügbarkeit von Ressourcen. Als Lock-in-Löser können auch Nachfrageänderungen aufgrund von veränderten Bedürf-

246 Siehe UBA (2007), S. 37.

247 Siehe Sartorius (2007), S. 1–4.

248 Zundel (2004), S. 133.

249 Nill (2009), S. 201.

250 Siehe Zundel (2004), S. 133.

nissen und Präferenzen oder Veränderungen im herrschenden Innovationssystem wirken.[251]

Bestehende Zeitfenster können theoretisch nicht nur in strategischer Weise für den Einsatz wirtschaftspolitischer Instrumente ausgenutzt werden. Es ist auch denkbar, Innovationshemmnisse zu identifizieren und zu verringern, so dass die Entstehung von Zeitfenstern erwirkt wird. Daraus lassen sich Zeitstrategien für den Einsatz wirtschaftspolitischer Maßnahmen ableiten.

Zundel (2004) unterscheidet bei den Zeitfenstern nach vier verschiedenen Phasen: 1. die Vorbereitungsphase, 2. die Öffnungsphase, 3. die strategische Ausnutzung eines bestehenden Zeitfensters und 4. das Ende eines Zeitfensters, bei dem es sich wieder schließt.[252] In der Vorbereitungsphase ist ein etablierter, aber nicht nachhaltiger Technologiepfad noch stabil. Ein technologischer Wandel kann durch die staatliche Unterstützung von Forschungs- und Entwicklungsaktivitäten initiiert werden. Hierbei steht die Diversität im Vordergrund, um eine vorzeitige Selektion zu vermeiden. Falls es nicht möglich ist, weitere Entwicklungen abzuwarten, beispielsweise weil sozialer oder politischer Druck einen schnellen technologischen Wandel erfordern, kann nach Zundel ein Zeitfenster entgegen einer langsamen Marktentwicklung geöffnet werden. Maßnahmen zur Bewirkung schnell erreichbarer Ergebnisse stehen jedoch im Zielkonflikt zum Zeitbedarf bei der Entwicklung von effizienten zukunftsfähigen technologischen Lösungen. Ein bestehendes Zeitfenster ist mit der Existenz von alternativen technologischen Lösungen verbunden, die einen etablierten Technologiepfad instabil machen. Die vorhandenen neuen Alternativen entwickeln sich unterschiedlich schnell und es kann sein, dass es hierbei zu neuen Lock-in-Effekten kommt. Technologische Lösungen, die später als andere wettbewerbsfähig werden, könnten hierbei verfrüht aus dem Selektionsprozess ausscheiden. Mit der strategischen Ausnutzung eines bestehenden Zeitfensters ist gemeint, dass staatliche Maßnahmen den Wettbewerb verschiedener neuer Technologien stützen sollen, um eine frühe Durchsetzung möglicherweise unterlegener Technologien zu vermeiden. Erst wenn sich ein neuer effizienter Technologiepfad stabilisiert hat, kann sich das Zeitfenster schließen und am Ende des Zeitfensters können staatliche Maßnahmen zur Unterstützung des technologischen Wandels beendet werden.

Die Zeitfenster sind Phasen eines Technologiewandels, in denen Innovationshemmnisse unterschiedlich stark ausgeprägt sind. Diese beeinflussen die

---

251 Eine umfassendere Darstellung von Lock-in-Lösern ist bei Nill (2009), S. 146–152, zu finden. Nill zählt auch politische Regulierung und Förderung zu den Lock-in-Lösern, obwohl diese Aspekte einen Teil der ökologischen Innovationspolitik zur Beeinflussung von Innovationspfaden darstellen.

252 Zu diesen vier verschiedenen Phasen siehe Zundel (2004), S. 134–143.

Wirkung ökologischer Innovationspolitik und können deshalb nicht unberücksichtigt bleiben. Bei der Berücksichtigung der Zeitfenster sind Innovationshemmnisse, aber auch Faktoren, die einen bestehenden Technologiepfad instabil machen und somit für Veränderungen öffnen, zu identifizieren.

Die dargestellte staatliche Beeinflussung und Unterstützung eines technologischen Wandels entsprechend der vier verschieden Zeitfensterphasen ist jedoch nur bedingt umsetzbar. Die grundsätzliche Problematik bei der strategischen Ausnutzung von Zeitfenstern nach Zundel besteht darin, dass fraglich ist, wie der Wettbewerb potenzieller technologischer Alternativen aufrecht erhalten werden kann, ohne bestimmte Technologieentwicklungen zu unterstützen. Wenn die Öffnung von Zeitfenstern beschleunigt wird, besteht die Gefahr, dass Selektionsprozesse des Marktes missachtet und bestimmte Technologieentwicklungen bevorteilt werden. Bei der strategischen Ausnutzung bestehender Zeitfenster sollen frühe Lock-in-Effekte neuer Technologien verhindert werden, um den Wettbewerb von Alternativen zu erhalten. Der Hintergrund in der Zeitfenstertheorie dafür ist, es dem Selektionsprozess des Marktes uneingeschränkt zu ermöglichen, nach effizienten Lösungen zu suchen. Hierbei bestehen jedoch zwei Probleme: Erstens sind Lock-in-Effekte z. B. durch Economies of Scale oder Netzwerkeffekte mit Kosteneinsparungen verbunden. Bei der Verhinderung von frühen Lock-in-Effekten wird solchen Kosteneinsparungen entgegengewirkt. Zweitens ist unklar, wie beurteilt werden kann, ob solche Kosteneinsparungen zu frühe Lock-in-Effekte darstellen und mit welchen Maßnahmen Lock-in-Effekte im konkreten Fall verhindert werden können.

Die Einstellung von staatlichen Maßnahmen am Ende eines Zeitfensters ist theoretisch zweckmäßig. In der Praxis ist aber insbesondere staatliche Förderung mit der Durchsetzung politischer Interessen verbunden, welche die Einstellung der staatlichen Maßnahmen in der praktischen Umsetzung behindern können.

3.3.5 Bewertungskriterien der ökologischen Innovationspolitik

Für die Beurteilung ökologischer Innovationspolitik in der Anwendungspraxis sind einheitliche Bewertungskriterien notwendig, welche die Charakteristika von Umweltinnovationen widerspiegeln. In der Umweltpolitik wird zur Beurteilung der Anreize zu technischem Fortschritt das Kriterium der dynamischen Effizienz verwendet. Unter den Modellvoraussetzungen lassen sich in der Theorie Innovationsanreize umweltökonomischer Maßnahmen analysieren. Es wurde jedoch aufgezeigt, dass sich die Modellergebnisse nur bedingt auf die praktische Anwendung übertragen lassen und die spezifischen Merkmale von Umweltinnovationen nicht berücksichtigt werden.[253] Deshalb lässt sich das Kriterium der dynamischen Effizienz nur eingeschränkt verwenden.

Nill (2009) verzichtet sogar ganz auf die Verwendung des Beurteilungskriteriums der dynamischen Effizienz. Als Beurteilungskriterium der ökologischen Innovationspolitik sei dieses Kriterium ungeeignet: Die dynamische Effizienz ist nach Nill lediglich auf Innovationsprozesse anwendbar, die wie in der klassischen Umweltökonomie restriktiven Annahmen wie beispielsweise der vollständigen Konkurrenz unterliegen. Für die Verwendung der dynamischen Effizienz als Beurteilungskriterium müsste es möglich sein, ex-ante eine optimale Entwicklungsrichtung des umwelttechnischen Fortschritts zu bestimmen und diese als Referenz für die Erfüllung dieses Kriteriums zu nutzen. Dies ist wegen der bestehenden Zukunftsunsicherheiten selbst bei inkrementellen Veränderungen problematisch und bei radikalen pfadverändernden Entwicklungen nicht möglich. Bei dem praktischen Bezug zu einer dynamischen Umwelt gleicht das umweltökonomische Kriterium der dynamischen Effizienz demnach eher einem Effektivitätskriterium.[254]

Mit Effektivität ist der Zielerreichungsgrad eines wirtschaftspolitischen Instruments gemeint. In einer dynamischen Umwelt kann durch ein Effektivitätskriterium nur überprüft werden, ob ein bestimmtes Ziel erreicht wird, nicht aber, ob dies in der bestmöglichen Art und Weise erfolgt.[255] Trotzdem ermöglicht die dynamische Effizienz als Kriterium im Sinn der ökologischen Innovationspolitik festzustellen, ob wirtschaftspolitische Maßnahmen grundsätzlich Anreize zu Innovationen setzen.[256] Das Kriterium der dynamischen Effizienz wird deshalb in der folgenden Analyse verwendet. Es wird in der Umweltökonomie auch mit dem Begriff ‚dynamische Anreizwirkung' bezeichnet. Diese Begrifflichkeit wird im Folgenden gebraucht. Für eine differenziertere Begutachtung der Anreize zu technologischem Fortschritt lässt sich dieses Kriterium der dynamischen Anreizwirkung um die Fragen, welche Innovationsphasen betroffen sind (z. B. Anreize zur Invention oder Diffusion) und ob damit inkrementelle oder radikale Innovationen forciert werden, erweitern.

Kriterien, welche die Charakteristika von Umweltinnovation besser widerspiegeln sollen, sind nach Nill (2009) die Kriterien Pfadeffektivität, Wettbe-

---

253 Siehe Abschnitt 3.2.4.1, S. 49 ff.

254 Siehe Nill (2009), S. 32 f. und S. 425.

255 Zur Definition des Begriffs der Effektivität siehe Amelung, E., in: Gabler Wirtschaftslexikon, Stichwort: Effektivität.

256 So wird die dynamische Effizienz auch in der Umweltpolitik interpretiert; siehe hierzu Feess (2007), S. 50.

werbskonformität und Anpassungsflexibilität.[257] Diese Kriterien wurden von Nill für die Beurteilung ökologischer Innovationspolitik entwickelt und bereits im Rahmen von einzelnen Anwendungsbeispielen zur ökologischen Innovationspolitik genutzt, so dass mit der Verwendung dieser Kriterien in der folgenden Analyse eine weitgehend einheitliche Vorgehensweise sichergestellt ist.[258]

Pfadeffektivität ist gegeben, wenn wirtschaftspolitische Maßnahmen dazu geeignet sind, umweltverträglichere Technologiepfade zu etablieren. Neue Technologiepfade stehen dann im Einklang mit umweltpolitischen Zielsetzungen. Bei der praktischen Anwendung des Kriteriums der Pfadeffektivität ist jedoch zu beachten, dass wegen bestehender Zukunftsunsicherheiten aus ex-ante Sicht nicht eindeutig feststellbar ist, welcher Technologiepfad umweltverträglicher ist.[259] Es kann also nur überprüft werden, ob die in der Praxis eingesetzten wirtschaftspolitischen Maßnahmen Umweltprobleme des etablierten Technologiepfads berücksichtigen.

Bei der Forcierung von Umweltinnovationen durch staatliche Maßnahmen besteht die Gefahr, dass der Fokus auf einzelnen technologischen Entwicklungen liegt und so bestimmte Technologiepfade erzwungen werden. Mit dem Kriterium der Wettbewerbskonformität lässt sich nach Nill überprüfen, ob ein marktorientierter Selektionsmechanismus vorliegt und ob hierbei Funktionsdefizite bestehen.[260]

Maßnahmen der ökologischen Innovationspolitik sind in der praktischen Anwendung nur dann wettbewerbskonform, wenn keine Übervorteilung einzelner Entwicklungsoptionen stattfindet. Eine solche Übervorteilung könnte dazu führen, dass sich unterlegene Umweltinnovationen durchsetzen und neue inflexible Technologiepfade begründen.

Das Kriterium der Wettbewerbskonformität bezieht sich nicht nur auf die ex-ante-Selektion bestimmter Technologien durch den Staat, sondern auch auf die Ausgestaltung der Institutionen, welche einen diskriminierenden Charakter besitzen können. Die Entwicklung von kreativen und innovativen Lösungen ist nur möglich, wenn die Marktakteure ausreichende Freiheitsgrade besitzen.[261] Um die Reaktionsfähigkeit und Flexibilität bei Veränderungen in einer dynamischen Umwelt zu bewahren, sind wirtschaftspolitische Maßnahmen an veränderte Bedingungen anzupassen. Trotzdem sind konstante Grundbedingungen not-

---

257 Zur Definition und Verwendung dieser Kriterien, auf die in der folgenden Darstellung zurückgegriffen wird, siehe Nill (2009), S. 425 und S. 452–471.

258 Im Bereich der ökologischen Innovationspolitik besteht bisher noch keine weitere Kriteriendefinition für die praktische Analyse.

259 Siehe Nill (2009), S. 425.

260 Siehe Nill (2009), S. 425 und S. 472 f.

261 Siehe Nill (2009), S. 425.

wendig, damit Erwartungsstabilität gewährleist ist. Dies bezeichnet Budzinski (2000) als ‚dynamische Konstanz der Wirtschaftspolitik'.[262]

Die ‚dynamische Konstanz der Wirtschaftspolitik' lässt sich durch das Kriterium der Anpassungsflexibilität überprüfen. Ökologische Innnovationspolitik ist nur dann anpassungsflexibel, wenn die eingesetzten Maßnahmen Lern- und Korrekturmechanismen beinhalten.[263]

3.4 Schlussfolgerungen zur Ausgestaltung der ökologischen Innovationspolitik

Ökologische Innovationspolitik umfasst alle Maßnahmen und Instrumente, welche die Entstehung von Umweltinnovationen fördern. Umweltinnovationen sind Innovationen, die ein umweltverträglicheres Wirtschaften ermöglichen, wenn ein bestehender Technologiepfad aufgrund von Umweltexternalitäten mit sozialen bzw. externen Kosten verbunden ist. Innovationshemmnisse auf dem Markt wie der doppelte externe Effekt begründen staatliche Aktivitäten zur Förderung von Umweltinnovationen, die inkrementeller oder radikaler Art sein können. Im Gegensatz zu inkrementellen Umweltinnovationen sind radikale Umweltinnovationen unabhängig von herrschenden Technologien und können einen neuen umweltverträglicheren Technologiepfad begründen.

Umweltinnovationen sind einerseits zwar ein Teilaspekt der Umweltpolitik, aber Innovationsanreize werden dabei nur in unspezifischer Weise betrachtet. Eine Beachtung der Art der Innovationen und der Innovationsphasen erfolgt bei der Evaluierung umweltpolitischer Maßnahmen höchstens vereinzelt und dies lässt keine allgemeingültigen Schlussfolgerungen zu. Innovationsspezifische Aspekte werden andererseits in der Innovationsökonomie und -politik berücksichtigt. Dabei werden jedoch Umweltinnovationen nicht in spezifischer Weise thematisiert.

Für einen zielgerichteten technologischen Wandel, der Umweltprobleme reduzieren kann, ist eine Berücksichtigung der Merkmale von Umweltinnovationen notwendig. Die ökologische Umweltpolitik greift sowohl Aspekte der Umweltpolitik als auch der Innovationspolitik auf und kombiniert verschiedene Instrumente entsprechend der Innovationsphasen. Hinsichtlich der Wirkung ökologischer Umweltpolitik sind allerdings keine pauschalen Erklärungsmuster identifizierbar. Die Analyse der ökologischen Innovationspolitik in der Theorie zeigt, dass in der Praxis Einzelfälle unterschiedlich zu behandeln sind. Die Wirkung ökologischer Innovationspolitik hängt nicht nur davon ab, in welchen Pha-

262 Siehe Budzinski (2000), S. 306.

263 Siehe Nill (2009), S. 425.

sen der Innovation sie eingesetzt wird, sondern sie wird auch durch das herrschende Innovationssystem und Lock-in-Effekte bestehender Technologiepfade bestimmt. Mit den Kriterien ‚dynamische Anreizwirkung', ‚Pfadeffektivität', ‚Wettbewerbskonformität' und ‚Anpassungsflexibilität' sollen diese Faktoren bei der Bewertung der ökologischen Innovationspolitik in der Anwendungspraxis berücksichtigt werden. Die Problematik bei der Umsetzung ökologischer Innovationspolitik ist in dem grundsätzlich bestehenden Zielkonflikt der ökologischen Innovationspolitik begründet, der darin liegt, einerseits einen gerichteten technologischen Wandel in Gang zu setzen, andererseits aber keinen staatliche Technologieselektion vorzunehmen.

Derzeit existiert in der EU und in Deutschland eine schwer überschaubare Fülle von Strategien, Handlungskonzepten und weiteren staatlichen Maßnahmen, welche auf einen technologischen Wandel ausgerichtet sind und mit denen u. a. die Umweltprobleme des Individualverkehrs reduziert werden sollen, ohne dass eine Wirkungsanalyse Aufschluss über die Erfolgspotenziale dieser vielfältigen wirtschaftspolitischen Eingriffe gibt. Im Folgenden werden deshalb zunächst diejenigen Programme und Maßnahmen herausgefiltert, die den Pkw-Verkehr betreffen. Es wird anschließend analysiert, inwiefern sie einen Beitrag zu einem umweltverträglicheren Individualverkehr leisten können. Die Grundlage dafür ist das Konzept der ökologischen Innovationspolitik.

4 Status quo der Maßnahmen zur Reduzierung von Umweltbelastungen im Pkw-Verkehr

4.1 Maßnahmen auf europäischer Ebene

4.1.1 Strategien und Handlungskonzepte der EU

4.1.1.1 ETAP und EcoAP

Die ökologische Innovationspolitik wird in der EU grundlegend durch einen Aktionsplan der Europäischen Kommission zur Stimulierung von umweltfreundlichen Technologien aus dem Jahr 2004 bestimmt: ETAP (Environmental Technologies Action Plan).[264] Dieser orientiert sich an der Lissabon-Strategie der EU, in der im Jahr 2000 das Ziel formuliert wurde, „die Union zum wettbewerbsfähigsten und dynamischsten wissensbasierten Wirtschaftsraum in der Welt zu machen“[265].[266]

In dem Aktionsplan ‚ETAP‘ werden drei Ziele genannt, die sich zwar auf eine Ökologisierung des technischen Fortschritts beziehen, aber eine industriepolitische Ausrichtung besitzen. Erstens sollen Hindernisse eines umwelttechnologischen Fortschritts beseitigt werden, um wirtschaftliches Wachstum und Wettbewerbsfähigkeit zu erreichen. Dies ist das übergeordnete Ziel. Zweitens soll eine Vorreiterrolle bei der Entwicklung und Verwendung von Umwelttechnologien erreicht werden. Das dritte formulierte Ziel ist kein eigenständiges Ziel, sondern stützt die beiden erstgenannten Ziele. Es wird gefordert, dass alle betroffenen Akteure dazu bewegt werden sollen, diese Ziele umzusetzen. Allerdings wird nicht genannt, wer zu den betroffenen Akteuren zählt. Neben den politischen Akteuren und staatlichen Institutionen in den Mitgliedsstaaten können damit auch Marktakteure gemeint sein.[267]

Die folgenden Ausführungen beziehen sich auf die im Aktionsplan dargestellten Maßnahmen zur Erreichung dieser Ziele.[268] Die Klassifizierung der Maßnahmen orientiert sich bei ETAP einerseits an den Innovationsphasen und

---

264 Ziele und Umsetzung des Aktionsplans werden dargestellt in einer Mitteilung der Europäischen Kommission; siehe EK (2004).

265 Europäischer Rat (2000), Abschnitt I, Nr. 5.

266 Die Nachfolgestrategie der Lissabon-Strategie „EUROPA 2020 – Eine Strategie für intelligentes, nachhaltiges und integratives Wachstum“ wurde 2010 verabschiedet; siehe EK (2010b).

267 Siehe EK (2004) S. 3 und S. 6.

268 Siehe EK (2004), S. 9–30.

andererseits an der Art der Instrumente als innovationspolitische, umweltpolitische und flankierende Instrumente, allerdings ohne dies zu konkretisieren oder stringent durchzuführen. Die Klassifizierung enthält Maßnahmen ‚von der Forschung bis zur Vermarktung' (a), die sich auf die Innovationsphasen beziehen und Maßnahmen mit einer systemischen Ausrichtung in Form der ‚Verbesserung der Marktbedingungen' (b). Diese werden im Folgenden vorgestellt.

Eine weitere Klassifizierung des ETAP sind ‚internationale Maßnahmen'. Auf internationaler Ebene bezieht sich der Aktionsplan auf einen an Umweltzielen ausgerichteten Technologietransfer der EU. Sie beziehen sich generell auf eine Rolle der EU als Vorreiter bei Umwelttechnologien und um Initiativen zur Verbreitung von Umwelttechnologien in Entwicklungs- und Schwellenländer „durch verantwortungsvolle Investitionen und verantwortungsvollen Handel"[269].[270] Hier wird weder eine Unterscheidung nach Innovationsphasen vorgenommen, noch lassen sich die Maßnahmen einer ökologischen Innovationspolitik zuordnen. Auf die ‚internationalen Maßnahmen' wird deshalb im Folgenden nicht näher eingegangen.

(a) Innovationspolitische Instrumente zur Förderung von Umweltinnovation fallen unter die Maßnahmen ‚von der Forschung bis zur Vermarktung' und bestehen in der EU im Wesentlichen aus der direkten Förderung. Dabei liegt der Schwerpunkt auf spezifischen Programmen zur Technologieförderung, also auf der direkten Projektförderung. Die ETAP-Projektförderung umfasst nicht nur die Förderung von Einzelprojekten, sondern nutzt mit der Förderung von Verbundprojekten und der Bildung von Kompetenznetzen für konkrete Forschungsvorhaben auch kooperative Fördermechanismen.

Mit der direkten Projektförderung soll die Forschung und Entwicklung und die Verbreitung von Umwelttechnologien unterstützt werden. Maßgeblich hierfür ist aktuell das 7. Forschungsrahmenprogramm der EU für den Zeitraum von 2007 bis 2013. Von dem Gesamtbudget für die Forschungsförderung in Höhe von etwa 54 Mrd. entfallen knapp 60 % auf Kooperationsprojekte, die grundsätzlich grenzüberschreitend sind. Sie werden in zehn spezifische Forschungsbereiche unterteilt. Der Bereich ‚Verkehr' wird mit ca. 4,16 Mrd. €, d. h. mit 7,7 % der Mittel, bedacht. Themenschwerpunkte der geförderten Forschungsprojekte sind hierbei umweltfreundliche und ressourcenschonende Verkehrssysteme. Im Be-

---

269 EK (2004), S. 28.

270 Konkret werden die internationalen Abkommen und Handelsleitlinien, bilaterale Handelsabkommen und die Darlehenspolitik internationaler Finanzinstitute wie der Weltbank genannt; siehe hierzu EK (2004), S. 26–30.

reich ‚Energie', der von der EU mit etwa 2,35 Mrd. € gefördert wird, gibt es Überschneidungen zum umwelttechnischen Fortschritt im Verkehrsbereich. Dies gilt beispielsweise bei Forschungsprojekten zur Herstellung von Brennstoffen aus erneuerbaren Energieträgern, die schließlich im Verkehrssektor zur Anwendung kommen können oder bei Forschungsprojekten zur Energieeffizienz.[271]

Neben dem 7. Forschungsrahmenprogramm wird die direkte Projektförderung durch weitere Maßnahmen der EU vorgenommen. Dazu gehört die Förderung von ausgewählten Einzelprojekten und öffentlich-privaten Partnerschaften durch verschiedene weitere Förderprogramme sowie im Rahmen der europäischen Struktur- und Kohäsionsfonds.[272] Das Rahmenprogramm für Wettbewerbsfähigkeit und Innovation CIP (The Competitiveness and Innovation Framework Programme) fördert beispielsweise innovative Aktivitäten und Projekte und deren Vermarktung von kleinen und mittleren Unternehmen, bezieht sich aber nicht ausschließlich auf Ökoinnovationen. Das Fördervolumen liegt dabei insgesamt bei 3,6 Mrd. € in der Periode von 2007 – 2013.[273]

Die direkte Projektförderung der EU legt keinen speziellen Fokus auf Ökoinnovationen im Verkehrsbereich. Allerdings gehören nach der Ansicht der beteiligten staatlichen Institutionen zur Bildung von Kooperationen und Netzwerken auch Technologieplattformen für „vielversprechende Umwelttechnologien"[274]. Im Rahmen von ETAP initiierte die Europäische Kommission im Jahr 2004 die Technologieplattform für Wasserstoff und Brennstoffzellen (HFP – European Technology Platform on Hydrogen and Fuel Cells), um damit Akteure aus Industrie und Wissenschaft sowie staatlichen Bereichen zusammen zu bringen, verschiedene Projekte zu koordinieren und gemeinsame Forschungsstrategien zu entwickeln.[275] Seit 2008 existiert eine öffentlich-private Partnerschaft (FCH JU – Fuel Cells and Hydrogen Joint Undertaking) aus der Europäischen Kommission sowie Vertretern aus Industrie und Forschungsorganisationen mit dem Ziel,

271 Siehe BMBF (2007), S. 6–9, S. 32–35 und S. 41–45.

272 Ein Überblick über die Förderprogramme ist unter den aktuellen Informationen der Europäischen Kommission zu ETAP im Internet zu finden: siehe EC (o. J. a), ETAP-Funding.

273 Siehe EC (o. J. a), CIP Factsheets.

274 EK (2004), S. 12; die Identifizierung vielversprechender Technologien erfolgte durch Facharbeitsgruppen von ETAP.

275 Siehe EC (2006), S. 26 f. sowie EK (2004), S. 12.

die Markteinführung von Technologien aus den Bereichen Wasserstoff und Brennstoffzellen zu beschleunigen.[276]

(b) Öffentlich-private Partnerschaften gehören nach der Klassifizierung von ETAP zu den Maßnahmen zur ‚Verbesserung der Marktbedingungen'. Damit „potenziell bedeutsame Umwelttechnologien"[277] intensiver genutzt werden, sollen im Rahmen öffentlich-privater Partnerschaften Investitionsrisiken solcher hoheitlich ausgewählter Technologien gemindert werden. Die Stimulation von Investitionen im Bereich von Umwelttechnologien soll nach dem Aktionsplan der Europäischen Kommission zudem durch weitere Maßnahmen erfolgen. Dazu gehören z. B. die Förderung von Nischenprodukten, aber auch informationspolitische Instrumente wie der Dialog und Erfahrungsaustausch mit privatwirtschaftlichen Finanzinstituten über Finanzierungslösungen. Die ‚Verbesserung der Marktbedingungen' enthält neben den Planungen zur Investitionsstimulation auch Vorschläge zur Nutzung marktorientierter umweltpolitischer Instrumente zur Internalisierung externer Kosten und zur Setzung von konkreten Leistungszielen sowie die Ausrichtung der öffentlichen Beschaffung an Umweltzielen und eine umweltorientierte Informationspolitik zur Sensibilisierung von Technologienutzern in den Mitgliedsstaaten der EU.[278]

Aufbauend auf ETAP folgte im Dezember 2011 der Aktionsplan EcoAP (Eco-innovation Action Plan) mit einem Planungshorizont bis 2020. EcoAP basiert zwar inhaltlich auf ETAP, legt den Fokus jedoch auch explizit auf Umweltinnovationen und greift den Grundgedanken ökologischer Innovationspolitik auf. Der Aktionsplan enthält mehrere Handlungsfelder: Dazu gehört, dass Umweltpolitik und Gesetzgebung so ausgestaltet werden sollen, dass Innovationsanreize entstehen. Insbesondere durch anspruchsvolle Auflagen sollen Umweltinnovationen forciert werden. Die Unterstützung von Kooperations- und Demonstrationsprojekten soll dazu beitragen, Synergien zu nutzen und Innovationsprozesse zu beschleunigen sowie die Markteinführung von Technologien zu erleichtern, die als vielversprechend angesehen werden. Daneben ist vorgesehen, kleine und mittelständische Unternehmen bei der Finanzierung von Umweltinnovationen zu unterstützen. Geplant ist zudem, bei der Qualifikation von Arbeitskräften im Bereich Umwelttechnologien und -dienstleistungen, z. B. durch Ausbildungsprogramme, mitzuwirken.[279]

276 Siehe FCH JU (2011), S. 6.
277 Siehe EK (2004), S. 15.
278 Siehe EK (2004), S. 21–26.
279 Siehe EC (2011d), S. 6–15.

4.1.1.2 SCP/SIP

Im Jahr 2008 wurde auf europäischer Ebene ein weiterer Aktionsplan entwickelt, mit dem Umweltinnovationen gefördert werden. Dies ist der ‚Action Plan for Sustainable Consumption and Production and Sustainable Industrial Policy' (SCP/SIP).[280] Die Zielsetzung dieses Aktionsplans ist die Steigerung der Energieeffizienz und Umweltverträglichkeit von Produkten auf der Angebotsseite und die Erhöhung der Akzeptanz solcher Güter auf der Nachfrageseite.[281] Zur Erreichung dieser Ziele sollen Ökodesign-Standards für Produkte, eine verbesserte Energie- und Umweltkennzeichnung, Anreize zur Akzeptanzförderung umweltfreundlicher Produkte sowie ein umweltorientiertes öffentliches Beschaffungswesen beitragen.

Ökodesign-Standards gelten für energieverbrauchsrelevante[282] Produkte. Die Ökodesign-Richtlinie[283] bildet die rechtliche Grundlage für Durchführungsmaßnahmen zur Verbesserung der Umweltverträglichkeit und der Energieeffizienz in Bezug auf den gesamten Produktlebenszyklus bestimmter Produkte. Verkehrsmittel zur Personen- und Güterbeförderung sind jedoch explizit ausgenommen.[284] Als Begründung für diese Ausnahme wird im Richtlinienvorschlag der Europäischen Kommission zur Ökodesign-Richtlinie von 2003 angeführt: „Es wird vorgeschlagen, Fahrzeuge nicht in den Geltungsbereich der Richtlinie aufzunehmen, weil der Geltungsbereich bereits weit gefasst ist und weil für Kraftfahrzeuge bereits zahlreiche Rechtsvorschriften und freiwillige Vereinbarungen bestehen (z. B. ausführliche Regelungen für die Bauart von Fahrzeugen und Fahrzeugteilen, und eine freiwillige Vereinbarung zur Begrenzung der CO_2-Emissionen)."[285] Die Ökodesign-Richtlinie ist die Grundlage für eine Kennzeichnung von Produkten nach Energieeffizienzklassen, die der Information der Verbraucher dient.[286]

Ein informatorisches Instrument ist auch das EU-Umweltkennzeichen, welches auf freiwilliger Basis beantragt und zur Etikettierung umweltfreundlicher

---

280 Siehe EK (2008).

281 Siehe EK (2008), S. 3.

282 Energieverbrauchsrelevante Produkte sind energiebetriebene Produkte und Produkte zur Beeinflussung des Energieverbrauchs (z. B. wassersparende Wasserhähne).

283 Richtlinie 2009/125/EG (Neufassung der Richtlinie 2005/32/EG).

284 Ökodesign-Richlinie (Richtlinie 2009/125/EG), Artikel 1, Absatz 3.

285 Richtlinienvorschlag der Europäischen Kommission vom August 2003, KOM (2003) 453 endgültig, Abschnitt 2.3.

286 Siehe EK (2008), S. 6f. Details zur Produktkennzeichnung regelt die Energiekennzeichnungsrichtlinie (Richtlinie 2010/30/EU).

Güter und Dienstleistungen genutzt werden kann.[287] Das EU-Umweltkennzeichen wurde bisher jedoch nicht für Fahrzeuge vergeben.[288]

Nach dem SCP/SIP sollen die Akzeptanz umweltfreundlicher Produkte und das Umweltbewusstsein der Verbraucher gestärkt werden.[289] Wie die bisherigen Ausführungen zeigen, stehen bei der Umsetzung dieser Ziele Maßnahmen im Vordergrund, die informationspolitischer Art sind. Laut SCP/SIP können auch ökologische Kriterien bei der Vergabepraxis im Rahmen der öffentlichen Beschaffung die Akzeptanz umweltfreundlicher Produkte fördern.[290] Die Anreizmaßnahmen zur Akzeptanzförderung sind in den Mitgliedsstaaten der EU unterschiedlich stark ausgeprägt und es gibt in der EU keine einheitliche Regelung zu einer an Umweltzielen ausgerichteten öffentlichen Beschaffung.[291]

Zur Förderung des ökologischen Potentials im Produktionsbereich wird im SCP/SIP auf die EMAS-Verordnung[292] verwiesen. Bei EMAS (The European Eco-Management and Audit-Scheme) handelt es sich auch wieder um eine Maßnahme, die den informationspolitischen Instrumenten zuzuordnen ist. Unternehmen und andere Organisationen wie z. B. staatliche Institutionen können sich auf freiwilliger Basis registrieren lassen und erhalten für die Einrichtung eines Umweltmanagementsystems ein Zertifikat. Damit lässt sich ein bestehendes Umweltbewusstsein öffentlich signalisieren. Mit der Zertifizierung nach EMAS ist eine regelmäßige Berichterstattung über die Unternehmensaktivitäten in Bezug auf Umweltprobleme und -zielsetzungen sowie die Überprüfung durch externe Gutachter verbunden.[293] Die Bedingungen der EMAS-Zertifizierung sind einheitlich, aber die Vergabe der Zertifikate organisieren die Mitgliedsstaaten der EU unterschiedlich auf nationaler Ebene.

---

287 Siehe Verordnung (EG) Nr. 66/2010 vom 25. 11.09 Art. 1, Art. 2 und Art. 9.

288 In dem Katalog aller Produkte mit EU-Umweltzeichen sind Schmierstoffe enthalten, die im Fahrzeugbereich Anwendung finden können. Eine Katalogisierung aller Produkte mit EU-Umweltzeichen im Auftrag der EK erfolgt online: URL: http://www.ecolabel.com [Stand: 07.12.2011].

289 Siehe EK (2008), S. 9 f.

290 Siehe EK (2008), S. 7.

291 Aktuelle Informationen zu den Bestrebungen eines umweltfreundlichen Beschaffungswesens finden sich online: URL: http://ec.europa.eu/environment/gpp/index_en.htm [Stand: 15.08.2012].

292 Aktuelle Regelungen zu EMAS finden sich in der Verordnung (EG) Nr. 1221/2009 vom 25.11.2009, welche die Verordnung (EG) Nr. 761/2001 abgelöst hat.

293 Siehe Verordnung (EG) Nr. 1221/2009 vom 25.11.2009, Art. 4 und Art. 6.

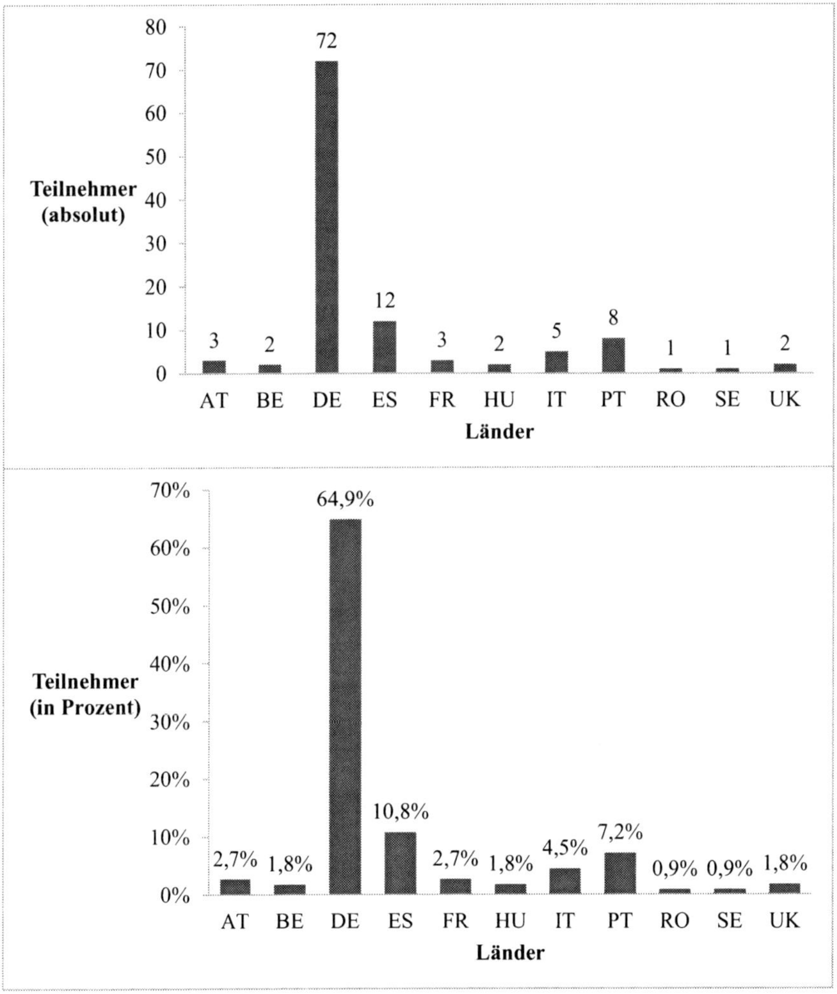

Abbildung 9: Anzahl der EMAS-Teilnehmer nach Ländern[294] *(absolut und in Prozent der gesamten Teilnehmerzahl) im Bereich der Herstellung von Kraftfahrzeugen und Kraftfahrzeugteilen*

Quelle: Eigene Berechnungen aufgrund der Registrierungsdaten der EMAS-Teilnehmer[295]

In Deutschland werden für die Herstellung von Kraftfahrzeugen und Kraftfahrzeugteilen[296] im Vergleich zu den anderen Mitgliedstaaten wesentlich mehr

294 EMAS-Teilnehmer gibt es nur in den angeführten Ländern.

295 Siehe hierzu auch Anhang 1, S. 181 ff.

Zertifikate vergeben: Der Anteil der EMAS-Teilnehmer in Deutschland liegt bei ca. 65 % aller in der EU vergebenen Zertifikate im Bereich der Herstellung von Kraftfahrzeugen und Kraftfahrzeugteilen. Dies zeigt Abbildung 9. Bekannte Automobilhersteller mit Produktionsstätten in Deutschland wie Audi, BMW, Daimler, VW und Ford lassen sich nach den EMAS-Kriterien überprüfen. Teilnehmer der EMAS-Zertifizierung sind nicht gesamte Konzerne, sondern einzelne Betriebsstätten, z. B. BMW AG Werk Dingolfing und BMW Werk 1.1 (München). Insgesamt gibt es in der EU im Bereich der Herstellung von Kraftfahrzeugen und Kraftfahrzeugteilen 111 Teilnehmer aus 11 der 27 Mitgliedsstaaten.

Neben den dargestellten informationspolitischen Maßnahmen sieht der SCP/SIP die finanzielle Förderung von Umweltinnovationen und Initiativen für eine nachhaltige Ressourcennutzung und Energieeffizienz auf internationale Ebene als notwendig an, ohne jedoch einzelne Maßnahmen zu konkretisieren.

4.1.1.3 Strategien für umweltfreundlichere Fahrzeuge und Fahrzeugtechnologien

Während die Aktionspläne ETAP und SCP/SIP rahmengebend für eine bereichsübergreifende ökologische Innovationspolitik sind, gibt es auf der europäischen Ebene auch Handlungskonzepte, die speziell auf den Verkehrsbereich zugeschnitten sind. Es handelt sich bei dabei um die Strategie für saubere und energieeffiziente Fahrzeuge und um die Strategie zur Minderung der CO_2-Emissionen.

Nicht mit konkreten Maßnahmen verbunden ist der im Strategiepapier für saubere und energieeffiziente Fahrzeuge enthaltene Aktionsplan für umweltfreundliche Fahrzeuge. In dem Aktionsplan führt die Europäische Kommission an, dass die Entwicklung und Verbreitung „bahnbrechender Technologien“[297] gefördert wird, jedoch ohne bestimmte Fördermittel zu benennen. Zur europäischen Strategie für saubere und energieeffiziente Fahrzeuge gehört aber auch der bestehende Regulierungsrahmen. Hierunter fasst die Europäische Kommission die europäischen Abgasnormen und Zukunftspläne für Regelungen, die z. B. Genehmigungsverfahren für innovative Technologien und Messverfahren zur korrekten Ermittlung von Emissionsmengen betreffen. Pläne gibt es auch für die Forschungsförderung, z. B. in Form der Vereinfachung bei der Beantragung von

296 Eine Registrierung der EMAS-Teilnehmer in der EU im Auftrag der EK erfolgt online: URL: http://ec.europa.eu/environment/emas/register/ [Stand: 12.12.2011]. Eine Differenzierung nach Pkw und Nutzfahrzeugen ist im Register der EMAS-Teilnehmer nicht vorhanden.

297 EK (2010a), S. 5.

Fördermitteln sowie für die Erhöhung von Informationsangeboten für Verbraucher.[298]

Einen speziellen Fokus legt die europäische Strategie für saubere und energieeffiziente Fahrzeuge auf Elektrofahrzeuge. Die Europäische Kommission strebt an, Regelungen zur Fahrzeugsicherheit und zur Normung von Aufladestationen zu treffen sowie Fragen zum Aufbau einer Tankstelleninfrastruktur für Elektrofahrzeuge und zum Recycling von Fahrzeugbatterien zu behandeln. Doch auch hier handelt es sich noch um ein Vorhaben, das kaum konkretisiert ist.[299]

Die ‚Strategie der Gemeinschaft zur Minderung der CO_2-Emissionen von Personenkraftwagen und leichten Nutzfahrzeugen' besitzt drei Kernpunkte: Die Begrenzung von CO_2-Emissionen bei Kraftfahrzeugen, die Bereitstellung von Informationen über den Kraftstoffverbrauch einzelner Fahrzeuge und die Schaffung von steuerlichen Anreizen für die Anschaffung von Fahrzeugen mit geringem Kraftstoffverbrauch. Eine Begrenzung der CO_2-Emissionen sollte zunächst durch Selbstverpflichtungen der Automobilindustrie mit einem suasorischen Instrument der Umweltpolitik erreicht werden. Zusätzlich sollten ordnungsrechtliche Maßnahmen für eine Verbesserung der Kraftstoffeffizienz und eine Reduktion der CO_2-Emissionen sorgen. Diese ordnungsrechtlichen Maßnahmen beziehen sich auf Veränderungen, die unabhängig von der Motortechnologie sind. Dazu gehören z. B. der verpflichtende Einsatz von Anzeigeinstrumenten, die dem Fahrer signalisieren, welcher Gang zum kraftstoffsparenden Fahren eingelegt werden sollte, sowie Reifendrucküberwachungssysteme und Obergrenzen für den Reifenrollwiderstand.[300]

Die verschiedenen Strategien und Aktionspläne in der EU enthalten hauptsächlich Handlungsziele und weniger konkrete Handlungsansätze. Bei der Umsetzung ist bisher kein integrierter Ansatz, wie in der ökologischen Innnovationspolitik gefordert, erkennbar. Es gibt allerdings einzelne Maßnahmen zur Reduktion von Umweltproblemen und zur Förderung von Ökoinnovationen im Verkehrsbereich, die zum Teil in den Strategien und Aktionsplänen genannt werden. Auf diese Maßnahmen wird im folgenden Abschnitt näher eingegangen.

4.1.2 Spezifische Maßnahmen der EU

4.1.2.1 Förderprojekte für alternative Technologien im Automobilbereich

Die finanzielle Förderung von Umweltinnovationen im Automobilbereich erfolgt in der EU durch zwei große Förderprojekte. Es handelt sich dabei um die

298 Siehe EK (2010a), S. 2–10.

299 Siehe EK (2010a), S. 11–14.

300 Siehe EK (2007), S. 5–10.

Projekte ‚FCH JU' und um die ‚European Green Cars Initiative' (EGCI). Für die im Rahmen von ETAP initiierte öffentlich-private Partnerschaft ‚FCH JU' stellt die EU insgesamt ein Budget von 470 Mio. € zur Verfügung. Davon fällt ein Anteil von etwa 45 % auf Forschungs- und Entwicklungsvorhaben sowie Demonstrationsprojekte im Verkehrsbereich.[301]

Im Zuge des europäischen Konjunkturprogramms zur Abfederung der Wirtschaftskrise Ende 2008 wurde die EGCI ins Leben gerufen.[302] Auch bei der EGCI handelt es sich um eine öffentlich-private Partnerschaft. Gefördert werden Forschung und Entwicklung im Bereich umweltfreundlicher Mobilität. Der Schwerpunkt der Förderprojekte liegt dabei auf der Elektromobilität. Dazu gehören Elektro- und Hybridfahrzeuge sowie Batterietechnologien, aber auch z. B. Smart Grid-Systeme.[303]

Bei ‚Smart Grids' handelt es sich um intelligente Stromnetze, bei denen Energieerzeugung und Energieverbrauch aufeinander optimal abgestimmt werden.[304] Überschüsse an Energie, die bei der Stromproduktion zeitweise bei einem geringenStromverbrauch entstehen, werden gespeichert und bei Bedarf wieder zurück in das Stromnetz gespeist. Dies könnte z. B. durch Elektrofahrzeuge erfolgen, die an einer Ladestation angeschlossen sind.

Weitere Projekte der EGCI liegen beispielsweise im Bereich von Logistiksystemen und Systemen zur Vernetzung verschiedener Verkehrsträger. Für den Zeitraum von 2010 bis 2013 ist ein Budget von 1 Mrd. € vorhanden, das gemeinsam von der Europäischen Kommission, den Mitgliedsstaaten der EU sowie von Industrieunternehmen und Forschungsinstitutionen gestellt wird. Zusätzlich vergibt die Europäische Investitionsbank (EIB) Darlehen.[305]

An der Finanzierung für Forschungs- und Entwicklungsprojekte im Bereich von emissionsarmen und energieeffizienten Fahrzeugen beteiligte sich die EIB in den Jahren 2009 und 2010 mit 9 Mrd. EUR. Diese wurden hauptsächlich an private Projektträger aus dem Automobilsektor vergeben. Insgesamt unterstützt die EIB 36 Projekte. Da die Darlehensvergabe an das europäische Konjunkturprogramm gekoppelt war und Ende 2010 beendet wurde, geht die EIB in ihrem Tätigkeitsbericht für das Jahr 2010 davon aus, dass das Finanzierungsvolumen in diesem Bereich wieder reduziert wird.[306]

---

301 Siehe EC (2011a), S. 7–9.

302 Siehe EC (2008), S. 16.

303 Siehe EC (2011b), S. 4 f.

304 Siehe Lackes/Siepermann, in: Gabler Wirtschaftslexikon, Stichwort: Intelligentes Stromnetz.

305 Siehe EC (2011b), S. 4 f.

306 Siehe EIB (2011), S. 18.

Trotzdem werden von der EIB auch weiterhin Projekte aus dem Bereich emissionsarmer und energieeffizienter Fahrzeuge finanziert, allerdings auf einem geringeren Niveau. Das Finanzierungsvolumen im Automobilsektor lag 2011 bei 1,5 Mrd. €.[307]

4.1.2.2 Auflagen in der EU zur Reduktion von Schadstoffemissionen

Verbindliche Auflagen zur Reduktion von Kohlendioxidemissionen (CO_2-Emissionen) für Neuwagen wurden im Jahr 2009 auf europäischer Ebene vorgegeben, nachdem erkennbar war, dass zuvor eingegangene Selbstverpflichtungen der Automobilindustrie zur Reduktion der CO_2-Emissionen aus dem Jahr 1998 nicht eingehalten werden würden.[308] Ursprünglich hatten die drei großen Dachverbände der Automobilproduzenten auf dem europäischen Markt freiwillige Vereinbarungen zur Reduktion von CO_2-Emissionen mit der Europäischen Kommission getroffen. Bei den Dachverbänden handelt es sich um den Verband der europäischen Automobilproduzenten ACEA (Association des Constructeurs Européens d'Automobiles), den Verband der japanischen Produzenten JAMA (Japan Automobile Manufacturers Association) und um den Verband der Automobilproduzenten aus Südkorea KAMA (Korea Automobile Manufacturers Association).

Im Rahmen der Vereinbarungen verpflichteten sich die Hersteller, hauptsächlich durch technische Weiterentwicklungen ein Emissionsziel von 140 g CO_2/km zu erfüllen. Dieser Grenzwert war als Durchschnittswert für die in der EU zugelassenen Neuwagenflotten der jeweiligen Hersteller konzipiert worden und sollte von den ACEA-Mitgliedern bis zum Jahr 2008, von den JAMA- und KAMA-Mitgliedern bis 2009 erreicht werden.[309] Während die durchschnittlichen CO_2-Emissionen bei Pkw der außereuropäischen Verbände JAMA und KAMA im Jahr 2009 dem Grenzwert von 140 g CO_2/km mit 142,6 g CO_2/km (JAMA) und 141,8 g CO_2/km (KAMA) zumindest nahe kamen, lagen die durchschnittlichen CO_2-Emissionen bei Pkw des europäischen Verbandes ACEA mit 152,3 g CO_2/km im Jahr 2008 (145,1 g CO_2/km im Jahr 2009) deutlich darüber.[310]

Mit der Verordnung zur Festsetzung von Emissionsnormen für Pkw[311] wurde festgelegt, dass jeder Automobilproduzent im Durchschnitt den Grenzwert

---

307 Siehe EC (2011a), S. 9.

308 Siehe Wells, P. E. (2010), S. 36 f.

309 Für die Zukunft waren weitergehende Emissionsminderungsziele geplant; siehe EK (1999), Art. 1., EK (2000a), Art. 1 und EK (2000b), Art.1.

310 Siehe EK (1010c), S. 3 f.

311 Siehe EG-Veordnung Nr. 443/2009.

von 130 g/km des CO_2-Ausstoßes für die in der EU neu zugelassenen Pkw einhalten muss. Diese Regelung gilt seit dem Jahr 2012 für 65 % der Neuwagenflotte eines Herstellers. Ab 2013 müssen 75 % der Neuwagenflotte diesen Grenzwert einhalten. Eine weitere Verschärfung der Regelung gilt ab 2014 mit 80 % und ab 2015 mit 100 % der Neuwagenflotte. Diese Regelungen, bei denen in den ersten Jahren nicht die gesamte Neuwagenflotte mit einbezogen wird, ermöglicht, zunächst Fahrzeuge mit hohen Emissionswerten aus der Berechnung herauszunehmen. Darüber hinaus werden Fahrzeuge mit innovativer Technik, die weniger als 50 g CO_2/km ausstoßen, begünstigt behandelt. Solche Fahrzeuge werden bei der Berechnung des Flottendurchschnitts höher gewichtet und jedes dieser Fahrzeuge zählt wie 3,5 Fahrzeuge mit mehr als 50 g/km CO_2-Ausstoß. Die Mehrfachzählung wird kontinuierlich herabgesetzt und entfällt ab 2016. Eine weitere Begünstigung in Form von einer Verringerung des berechneten durchschnittlichen CO_2-Ausstoßes um 5 % erhalten Fahrzeuge mit Ottomotor, die zu 85 % mit Bioethanol (Kraftstoff E 85) betankt werden können.[312]

Bei einer Überschreitung des Grenzwerts von 130 g/km sind Sanktionen in Form von Strafzahlungen vorgesehen. Die Strafzahlungen liegen bei 5 € bis 95 € pro Gramm CO_2 und zugelassenem Fahrzeug. Eine leichte Überschreitung führt nur zu einer geringen Strafzahlung, während mit zunehmender Überschreitung des Grenzwerts die zu entrichtenden Strafzahlungen zunächst überproportional zunehmen. Ab dem vierten Gramm einer Grenzwertüberschreitung steigen die Strafzahlungen proportional an. Abbildung 10 veranschaulicht diese Regelung. Sie gilt bis zum Jahr 2018. Ab dem Jahr 2019 liegt die Strafzahlung für eine Überschreitung einheitlich bei 95 € /gCO_2.[313]

312 Siehe EG-Veordnung 443/2009, Art. 1–6.

313 Siehe EG-Veordnung 443/2009, Art. 9.

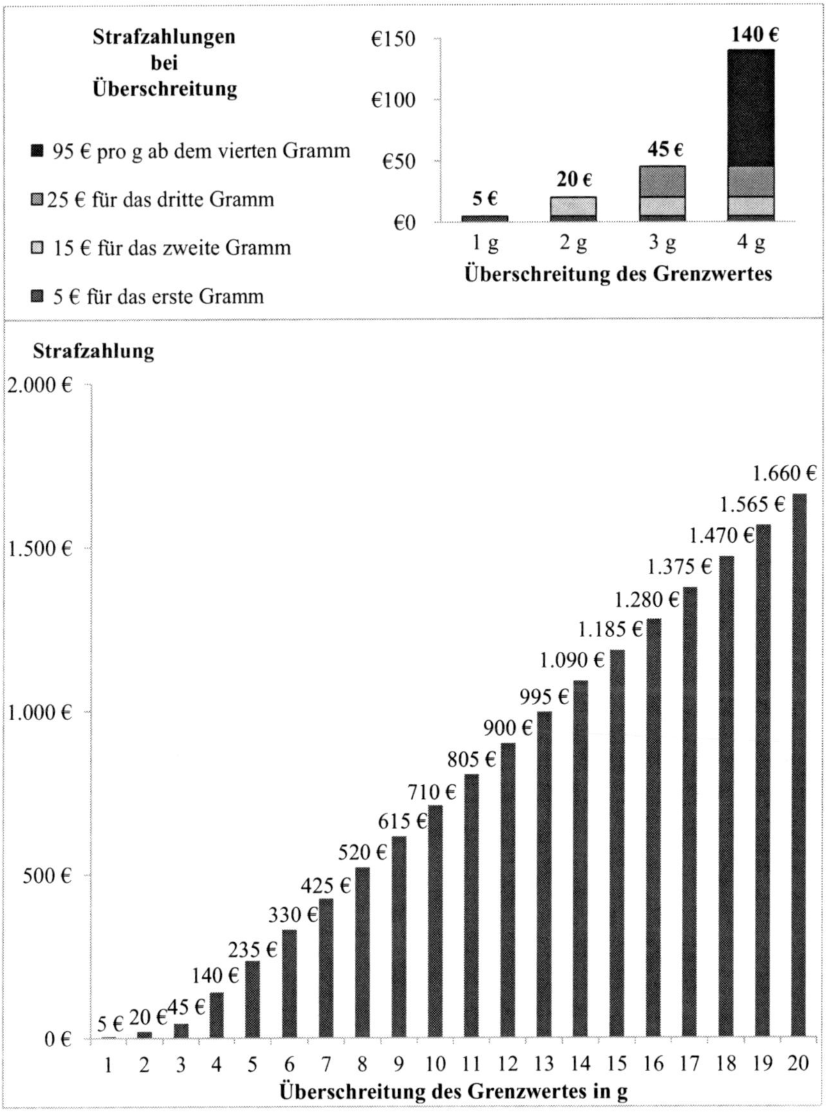

Abbildung 10: Strafzahlungen bei Überschreitung des Grenzwertes von 130 g CO_2/km pro Fahrzeug

Quelle: Eigene Darstellung der Regelungen der EG-Verordnung 443/2009, Art. 9

Für die Schadstoffemission von Pkw gibt es nicht nur eine Reglementierung im Bereich des Treibhausgases CO_2. Die Beurteilung der Luftqualität erfolgt in der EU anhand der Belastung mit den Luftschadstoffen Schwefeldioxid, Stickstoffoxide, Partikel, Blei, Benzol und Kohlenmonoxid.[314] Zur Verbesserung der Luftqualität gelten seit 1992 in der EU Emissionsnormen für alle neu zugelassenen Fahrzeuge. Die Euro-Emissionsnormen begrenzen die Menge an Schadstoffen, die in Auspuffabgasen enthalten ist oder durch die Verdunstung von Kraftstoff entsteht.

Zu den beim Verbrennungsprozess im Fahrzeugmotor entstehenden gesundheits- und umweltschädigenden Stoffen gehören das Atemgift Kohlenmonoxid (CO) und Stickstoffoxide (auch: Stickoxide, NO_x), die ebenfalls eine schädigende Wirkung auf die Atemwege haben. Daneben schädigen Stickstoffoxide Pflanzen und Bodenqualität und tragen zur Ozonbildung in Bodennähe und damit auch zur Bildung von Sommersmog bei. Bei HC handelt es sich um flüchtige organische Kohlenwasserstoffe (Hydrocarbons), die krebserregend sein können. Partikel beeinflussen die Belastung der Luft mit Feinstaub.[315]

Tabelle 2 gibt einen Überblick über die Grenzwerte für die Schadstoffemissionen von Pkw. Seit dem 01.01.2009 gilt für alle neuen Fahrzeugtypen die EURO-5-Norm. Seit dem 01.01.2011 müssen alle neu zugelassenen Fahrzeuge diese Norm erfüllen. Die Euro-6-Norm tritt ab dem 01.09.2014 in Kraft. Für Pkw mit Benzinmotor gibt es keine Veränderungen im Vergleich zur Euro-5-Norm, während bei Pkw mit Dieselmotor die Grenzwerte für Stickstoffoxide gesenkt werden und damit dem Niveau bei Benzinmotoren näherkommen. An den Grenzwerten für Kohlenmonoxid wurden seit der Euro-4-Norm keine Änderungen mehr vorgenommen. Neu hinzugekommen ist mit der EURO-5-Norm die Regulierung der Partikelemissionen. Dies geschah im Zuge der Vorgaben zur Maximalbelastung der Luftqualität mit Feinstaub.

---

314 Diese Luftschadstoffe werden in der Luftqualitätsrichtlinie aufgeführt; siehe RL 2008/50/EG, Art. 5–7.

315 Für genauere Informationen zu den Belastungswirkungen der Luftschadstoffe siehe Helmers (2009), S. 35–38. Einen Überblick bietet auch das Umweltbundesamt auf seiner Homepage unter der Rubrik: Luft und Luftreinhaltung – Luftschadstoffe, URL: http://www.umweltbundesamt.de/luft/schadstoffe/ index.htm [Stand: 03.02.2012].

Tabelle 2: Grenzwerte der Euro-Emissionsnormen für Pkw

Quelle: UBA (2011), Tab. Grenzwerte für Schadstoffemissionen von PKW

Norm	Schadstoff in g/km	EURO 1	EURO 2	EURO 3	EURO 4	EURO 5	EURO 6
Gültig ab		1.1.1992 (1), (2)	1.1.1996 (3)	1.1.2000 (3)	1.1.2005 (3)	1.1.2009 (3)	1.9.2014 (3)
Richtlinie/ Verordnung		91/441/ EWG	94/12/ EG	98/69/ EG	98/69/ EG	EG 715/2007 i. V. m. EG 692/2008	
Benzin	CO	2,72 (1) 3,16 (2)	2,2	2,3	1	1	1
	HC+NO_X	0,97 (1) 1,13 (2)	0,5	-	-	-	-
	THC*	-	-	0,2	0,1	0,1	0,1
	NO_X	-	-	0,15	0,08	0,06	0,06
	PM	-	-	-	-	0,005/ 0,0045 (4),(5)	0,005/ 0,0045 (4),(5)
	PN	-	-	-	-	(6)	(6)
	NMHC	-	-	-	-	0,068	0,068
Diesel	CO	2,72 (1) 3,16 (2)	1	0,64	0,5	0,5	0,5
	HC+NO_X/ ab 2005: THC+NO_X	0,97 (1) 1,13 (2)	0,7	0,56	0,3	0,23	0,17
	NO_X	-	-	0,5	0,25	0,18	0,08
	PM*	0,14 (1) 1,18 (2)	0,08	0,05	0,025	0,005/ 0,0045 (5)	0,005/ 0,0045 (5)
	PN*	-	-	-	-	$6{,}0 \times 10^{11}$ (7)	$6{,}0 \times 10^{11}$ (7)
	NMHC*	-	-	-	-	-	-

(1)Typprüfung ab 01.01.1992; (2)Serienprüfung ab 31.12.1992; (3)für neue Fahrzeugtypen, für alle Neuwagen mit Verzögerung jeweils um 1 Jahr (EURO 5: um 2 Jahre, EURO 6: um 4 Monate); (4)gilt nur für Motoren mit Kraftstoffdirekteinspritzung; (5)der Grenzwert in Höhe von 0,0045 g/km gilt erst nach Festlegung eines neuen Messverfahrens; (6)ein Grenzwert soll bis 01.09.2014 festgelegt werden; (7)vor Inkrafttreten des Messwerts muss ein Messverfahren eingeführt werden.

**THC – Total Hydrocarbons, PM – Partikelmasse, PN – Partikelzahl (in Anzahl/km), NMHC – Non Methane Volatile Organic Compounds.*

Die Luftqualitätsrichtlinie erfordert in den Mitgliedsstaaten der EU die Erstellung von Luftqualitätsplänen für Gebiete, in denen die Luftqualität durch die Belastung mit Schadstoffen über bestimmte Grenzwerte hinaus beeinträchtigt ist.[316] Die Maßnahmen zur Verbesserung der Luftqualität gestalten die betroffenen Mitgliedsstaaten jeweils selbst. Im Rahmen der Luftqualitätspläne wurden in Deutschland wegen erhöhter Belastungen mit Feinstaub Umweltzonen eingeführt. Innerhalb dieser Umweltzonen dürfen nur Fahrzeuge fahren, welche die Grenzwerte für Partikelemissionen entsprechend der EU-Normen einhalten.[317]

Mit der Erneuerbaren-Energien-Richtlinie von 2009 wurden Regelungen für eine Erhöhung des Anteils der erneuerbaren Energien am gesamten Energieverbrauch getroffen. Bis zum Jahr 2020 soll in der EU im Durschnitt ein Anteil von 20 % des Energieverbauchs erreicht werden. Das formulierte Ziel für Energie aus erneuerbaren Quellen im Verkehrssektor liegt bei einem Anteil von 10 %.[318] Für Biokraftstoffe setzt das Erneuerbare-Energien-Gesetz Nachhaltigkeitskriterien fest.[319] Damit soll sichergestellt werden, dass die Funktionsfähigkeit des Ökosystems und die biologische Vielfalt bei der Flächennutzung zur Produktion von Biokraftstoffen nicht gefährdet ist. Im Rahmen der Umsetzung der Erneuerbaren-Energien-Richtlinie in Deutschland wurden Regelungen für die Beimischung von Biokraftstoffen zu konventionellen Kraftstoffen erlassen.[320]

Neben den Anforderungen der Emissionsnormen gibt es in der EU weitere Auflagen, welche die Reduktion von Fahrzeugemissionen betreffen. Es handelt sich dabei um Qualitätsvorgaben für Otto- und Dieselkraftstoffe und die Vorgaben für die Emissionen von Treibhausgasen aus Klimaanlagen sowie um Grenzwerte für Lärmemissionen[321]. Den Umweltschutz im Straßenverkehr betreffen auch die Vorgaben für Typengenehmigungen. Zur Erhöhung der Kraftstoffeffizienz müssen in der EU alle Neuwagen ab 2014 Anzeigeinstrumente besitzen, die den Autofahrer zu einem korrekten Gangwechsel animieren. Die Neuwagen müssen zudem mit Reifen ausgestattet sein, die einen geringen Rollwiderstand aufweisen sowie ein Überwachungssystem besitzen, das den Fahrer über einen zu geringen Reifendruck informiert. Außerdem sind bei Kraftfahr-

316 Siehe Luftqualitätsrichtlinie, RL 2008/50/EG, Art. 23.

317 Die Errichtung von Umweltzonen ist Teil der nationalen Maßnahmen und wird deshalb an anderer Stelle genauer dargestellt, siehe Abschnitt 4.2.2.5, S. 118 ff.

318 Erneuerbare-Energien-Richtlinie: RL 2009/28/EG

319 Siehe Erneuerbare-Energien-Richtlinie, RL 2009/28/EG, Art. 17

320 Siehe hierzu auch Abschnitt 4.2.2.5, S. 118 ff.

321 Im Dezember 2011 gab es einen Vorschlag der EK zur Verschärfung der Grenzwerte für Lärmemissionen; siehe Vorschlag KOM(2011) 856.

zeugen in der EU Vorgaben zur Entsorgung und Wiederverwertbarkeit der Bauteile und Wertstoffe zu beachten.[322]

4.1.2.3 Informationspolitische Instrumente in der EU

Im Jahr 2000 trat die Richtlinie der EU zur Bereitstellung von Verbraucherinformationen über Kraftstoffverbrauch und CO_2-Emissionen in Kraft.[323] Sie verpflichtete die Mitgliedstaaten dazu, Regeln für Verbraucherinformationen bei der Vermarktung von Pkw festzulegen. Kraftstoffverbrauch und CO_2-Emissionen werden in der EU nach einheitlichen Verfahren ermittelt.[324] Durch Hinweise am Fahrzeug und in den Verkaufsräumen müssen Kraftstoffverbrauch und CO_2-Emissionen kenntlich gemacht werden. Auch bei jeder Form von Werbematerial sind diese Angaben aufzuführen. Darüber hinaus sind die Mitgliedsstaaten verpflichtet, regelmäßig einen Leitfaden erstellen zu lassen, indem Informationen zu den Kraftstoffverbräuchen und CO_2-Emissionen aller neuen Pkw-Modelle enthalten sind. Die zehn Fahrzeugmodelle mit den geringsten CO_2-Emissionen je Kraftstofftyp werden explizit aufgeführt. Darüber hinaus erhalten Verbraucher in diesem Leitfaden Verhaltenstipps für ein kraftstoffsparendes umweltfreundliches Autofahren. Dazu gehören z. B. eine defensive Fahrweise, vorrausschauendes Bremsverhalten und ein passender Reifendruck.[325]

Kraftstoffeinsparungen und damit auch Emissionsminderungen lassen sich durch die Anpassung der technischen Ausstattung optimieren. Durch rollwiderstandsoptimierte Reifen lassen sich nicht nur Kraftstoffeinsparungen realisieren, sondern auch die Lärmemissionen mindern.[326] Durch die EU-Reifenkennzeichnungsverordnung gilt seit dem 01.11.2012 eine Kennzeichnungspflicht für Autoreifen.[327] Ein Label zeigt den Konsumenten beim Reifenkauf die Kraftstoffeffizienz nach Energieeffizienzklassen von A bis G ähnlich der Energieverbrauchskennzeichnung auf Grundlage der Ökodesign-Richtlinie an und enthält zudem Informationen über die externen Rollgeräusche.[328]

---

322 Siehe BMVBS (2009), S. 66 f. sowie EK (2010c), S. 4–8.

323 In Deutschland wurde diese EU-Richtlinie mit der Pkw-Energieverbrauchskennzeichnungsverordnung umgesetzt.

324 Bei diesem Verfahren ist jedoch umstritten, ob es den Verbrauch und die CO2-Emissionen korrekt widerspiegelt. Siehe hierzu Dudenhöffer/John (2009), S. 14 f.

325 Siehe Richtlinie 1999/94/EG Art. 3–6 und Anhang II dieser Richtlinie.

326 Nach Wildemann (2011) sind Kraftstoffeinsparungen um bis zu 5 % möglich; siehe Wildemann (2011), S. 61.

327 Siehe Verordnung (EG) Nr. 1222/2009 vom 25. November 2009, Art. 16.

328 Das Label enthält zudem Informationen über die Nasshaftungseigenschaften.

4.1.2.4 ‚Grüne' öffentliche Beschaffung in der EU

Die EU-Strategie zur Förderung sauberer und energieeffizienter Fahrzeuge sieht eine Ausrichtung der öffentlichen Beschaffungspolitik an Umweltkriterien vor. Ziel ist es, die Marktakzeptanz zu fördern und die Markteinführung umweltfreundlicher Fahrzeuge zu unterstützen.[329]

Das Handbuch der Europäischen Kommission für umweltorientierte Beschaffung enthält Hinweise für öffentliche Akteure bei der Umsetzung einer umweltorientierten Beschaffungspolitik, die in der EU hauptsächlich auf freiwilliger Basis beruht und innerhalb der Mitgliedsstaaten in unterschiedlicher Weise praktiziert wird. Der Verkehrsbereich gehört jedoch zu einem von drei Bereichen, bei denen es in der EU einheitliche verpflichtende Regelungen gibt. Im Verkehrsbereich sind bei der Beschaffung von Fahrzeugen die Energie- und Umweltauswirkungen zu berücksichtigen. Verpflichtende Regelungen gibt es neben der Beschaffung von Fahrzeugen auch bei der Beschaffung von IT-Geräten für die Ausstattung von Büros und bei der Errichtung und Renovierung von Gebäuden.[330]

Bei der öffentlichen Beschaffung von Fahrzeugen müssen durch die Richtlinie über die Förderung sauberer und energieeffizienter Fahrzeuge aus dem Jahr 2009 energie- und umweltbezogene Aspekte über den gesamten Lebenszyklus eines Fahrzeuges berücksichtigt werden.[331] Beabsichtigt ist, „den Markt für saubere und energieeffiziente Fahrzeuge zu beleben und den Beitrag des Verkehrssektors zur Umwelt-, Klima und Energiepolitik der Europäischen Union zu verbessern"[332]. Damit soll die Nachfrage nach umweltverträglicheren Fahrzeugen gestärkt werden, so dass einerseits Anreize für die Automobilindustrie entstehen, die Entwicklung von energieeffizienten Fahrzeugen mit geringen umweltschädigenden Emissionen voranzutreiben, und andererseits Größenvorteile in der Produktion erreicht werden können, die zu Kostensenkungen führen.[333]

Die Richtlinie gilt für alle öffentlichen Auftraggeber und Betreiber von öffentlichen Personenverkehrsdienstleistungen. Bei der Berechnung der Kosten eines Fahrzeuges über den gesamten Lebenszyklus sind seit Dezember 2010 der Energieverbrauch und die umweltschädlichen Emissionen CO_2, Nichtmethan-Kohlenwasserstoffe und Partikel einzubeziehen.[334] Schädigungswirkungen der Emissionen werden dabei monetarisiert und somit externe Kosten berücksich-

329 Siehe EK (2010a), S. 8.

330 Siehe EC (2011c), S. 4–6.

331 Siehe EC (2011c), S. 6 und S. 44.

332 Richtlinie 2009/33/EG, Art. 1.

333 Siehe Richtlinie 2009/33/EG, Erwägungsgründe 11–15.

334 Siehe Richtlinie 2009/33/EG, Art. 5 f.

tigt. Die Berechnungsmethode zur Ermittlung der externen Kosten beruht dabei auf verschiedenen wissenschaftlichen Studien[335], in denen Kostensätze zur Bewertung von externen Kosten geschätzt werden.

4.1.3 Übersicht über die zentralen Maßnahmen auf europäischer Ebene

Die zunächst betrachteten Strategien und Handlungskonzepte der EU zur allgemeinen Unterstützung von Umweltinnovationen und zur Minderung von Umweltbelastungen beziehen sich nur zu einem sehr geringen Teil ausschließlich auf den Verkehrssektor. Mit den Aktionsplänen ETAP und EcoAP (Environmental Technologies Action Plan und Eco-innovation Action Plan) wurde die Grundlage für eine Entwicklung der ökologischen Innovationspolitik in der EU geschaffen. Auch der SCP/SIP (Action Plan on Sustainable Consumption and Production and Sustainable Industrial Policy) befasst sich mit Umweltinnovationen, aber hierbei liegt der Fokus auf der Verbreitung von Umweltinnovationen, während bei ETAP und EcoAP alle Innovationsphasen berücksichtigt werden. Mit dem Strategiepapier für saubere und energieeffiziente Fahrzeuge und der ‚Strategie der Gemeinschaft zur Minderung der CO_2-Emissionen von Personenkraftwagen und leichten Nutzfahrzeugen' gibt es zwei weitere Strategien, die für eine Reduktion von Umweltbelastungen speziell im Straßenverkehr sorgen sollen. Dabei liegt der Schwerpunkt auf umweltfreundlicheren Fahrzeugtechnologien.

Die Strategien und Handlungskonzepte auf europäischer Ebene existieren parallel, ohne dass eine Koordination untereinander erkennbar ist. Sie enthalten eine Vielzahl von Handlungszielen. Einzelne, in den verschiedenen Strategien und Handlungskonzepten benannte konkrete Handlungsansätze finden sich in den spezifischen Maßnahmen der EU wieder.

Insbesondere die direkte Projektförderung besitzt im Rahmen der spezifischen Maßnahmen mit den Förderprojekt für Wasserstoff- und Brennstoffzellenfahrzeuge ‚FCH JU' und dem Förderprojekt ‚EGCI', dessen Schwerpunkt auf Elektrofahrzeugen liegt, einen wesentlichen Stellenwert. Daneben bestimmt die Auflagenpolitik mit den Regelungen zum CO_2-Ausstoß und den Euro-Emissionsnormen die spezifischen Maßnahmen der EU zur Reduzierung von Umweltbelastungen im Pkw-Verkehr. Zudem bestehen Kennzeichnungspflichten für Pkw über den Kraftstoffverbrauch und die Höhe der CO_2-Emissionen zur Information der Verbraucher. Damit sollen Kaufentscheidungen zu Gunsten von vergleichsweise umweltfreundlicheren Pkw beeinflusst werden. Mit der ‚grü-

335 Siehe Richtlinie 2009/33/EG, Erwägungsgrund 22.

nen‘ öffentliche Beschaffungspolitik ist beabsichtigt, die Markteinführung und Marktakzeptanz umweltfreundlicher Fahrzeuge zu fördern.

4.2 Maßnahmen auf nationaler Ebene

4.2.1 Strategien und Handlungskonzepte in Deutschland

4.2.1.1 Nationale Nachhaltigkeitsstrategie

Mit der Nationalen Nachhaltigkeitsstrategie hat die Bundesregierung im Jahr 2002 das Leitbild einer nachhaltigen Entwicklung aufgegriffen und als politisches Ziel für Deutschland manifestiert. Maßgeblich wurde der Begriff der nachhaltigen Entwicklung 1987 durch die World Commission of Environment and Development (WCED)[336] geprägt. Demnach soll die Bedürfnisbefriedigung in der Gegenwart nur in dem Maß erfolgen, welches die Bedürfnisbefriedigung der zukünftigen Generationen nicht gefährdet.[337] Die ökonomische Entwicklung wird nach dem Leitbild der nachhaltigen Entwicklung nicht isoliert betrachtet, sondern erhält zusätzlich eine ökologische Dimension mit dem Ziel der Substanzerhaltung des Naturkapitals und eine soziale Dimension mit dem Ziel der Erhaltung sozialer Sicherungssysteme im Rahmen einer solidarischen Gesellschaft.[338]

Die Nachhaltigkeitsstrategie besitzt mehrere Schwerpunktthemen. Einer dieser Schwerpunkte zu einer nachhaltigen Entwicklung ist der Schwerpunkt ‚Mobilität sichern – Umwelt schonen‘.[339] Mobilität soll dabei ökonomischen, ökologischen und sozialen Anforderungen gerecht werden. Dies bedeutet, dass einerseits Mobilitätsbedürfnisse und Transportbedarf erfüllt, aber andererseits Umweltbelastungen vermieden werden sollen. Um dies zu erreichen, setzt die Nachhaltigkeitsstrategie auf technisch-ökonomische, aber auch auf soziale und institutionelle Innovationen. Die Nachhaltigkeitsstrategie legt den Fokus damit nicht nur auf den Einsatz von innovativen Technologien, die zur Reduktion von Umweltbelastungen führen sollen, sondern auch auf Verhaltensänderungen und auf eine Veränderung der Rahmenbedingungen. Ziele sind die Erhöhung des Anteils umweltfreundlicherer Verkehrsträger am Modal Split durch Verkehrsverlagerung und die Ausnutzung von Verkehrsvermeidungspotenzialen sowie

---

336 Die WCED wird nach der Kommissionsvorsitzenden auch als Brundtland-Kommission bezeichnet.

337 Siehe WCED (1987), S. 43.

338 Siehe Müller-Christ (2001), S. 544–558.

339 Zu dem Schwerpunkt ‚Mobilität sichern – Umwelt schonen‘ siehe Bundesregierung (2002), S. 177–201.

eine effiziente Steuerung der Verkehrsströme über verschiedene Verkehrsträger durch eine vernetzte Planung.

Im Zusammenhang mit dem motorisierten Individualverkehr steht auch eines der anderen Schwerpunktthemen der Nachhaltigkeitsstrategie. Zu dem Schwerpunkt ‚Energie effizient nutzen – Klima wirksam schützen' gehören zwei weitere verkehrsbezogene Ziele.[340] Angestrebt werden die Steigerung der Kraftstoffeffizienz und die Weiterentwicklung der Brennstoffzellentechnologie, welche als „hocheffiziente Zukunftstechnologie"[341] bezeichnet wird. Mit einem Pilotprojekt soll die Markteinführung der Brennstoffzellentechnologie beschleunigt werden.

4.2.1.2 Hightech-Strategie

Die Hightech-Strategie ist die zentrale allgemeine innovationspolitische Strategie in Deutschland. Sie ist auf die Erschließung und die Aktivierung von wirtschaftlichen Wachstumspotentialen ausgerichtet. Die Förderung von Innovationen soll nach der Hightech-Strategie nicht nur in Form von finanzieller Förderung erfolgen, sondern auch durch innovationsfördernde Rahmenbedingungen und eine damit verbundene Erhöhung der Planungssicherheit für Investoren. Das aktuelle Strategiepapier zur Hightech-Strategie von 2010 gibt einen Ausblick bis zum Jahr 2020. Die Strategie sieht vor, dass Deutschland bei bevorstehenden globalen Herausforderungen eine Vorreiterposition einnehmen soll. Als globale Herausforderungen für die deutsche Volkswirtschaft werden in dem aktuellen Strategiepapier unter anderem umweltbezogene Aspekte wie der Klimawandel und die Endlichkeit fossiler Rohstoff- und Energiequellen genannt. ‚Bedarfsfelder', die aus diesen umweltbezogenen Herausforderungen für die Innovationspolitik in Deutschland abgeleitet werden, sind ‚Klima/Energie' und ‚Mobilität'. Dabei ist der Verkehrsbereich nicht nur durch das ‚Bedarfsfeld Mobilität', sondern auch durch das ‚Bedarfsfeld Klima/Energie' betroffen.[342]

Im ‚Bedarfsfeld Klima/Energie' stehen Innovationen im Fokus, welche sich auf die Nutzung von erneuerbaren Energien und Energieeffizienz beziehen. Mehrere, im Strategiepapier aufgeführte Zukunftsprojekte betreffen direkt den Pkw-Verkehr. Im Zukunftsprojekt ‚CO_2-neutrale, energieeffiziente und klimaangepasste Stadt' werden Konzeptionen für Modellregionen entwickelt. Dazu gehören auch die Reduktion von CO_2-Emissionen und die Erhöhung der Ener-

340 Zu dem Schwerpunkt ‚Energie effizient nutzen – Klima wirksam schützen' siehe Bundesregierung (2002), S. 132–161.

341 Bundesregierung (2002), S. 153.

342 Siehe BMBF (2010b), S. 3–9.

gieeffizienz im Verkehrsbereich. Im Zukunftsprojekt ‚Intelligenter Umbau der Energieversorgung' liegt der Schwerpunkt auf erneuerbaren Energien, die bei der Nutzung von Elektrofahrzeugen eine wesentliche Rolle spielen. Ebenso ist das Zukunftsprojekt ‚Nachwachsende Rohstoffe als Alternative zum Öl' aus dem ‚Bedarfsfeld Klima/Energie' für den Pkw-Verkehr bei der Entwicklung von Alternativen zu fossilen Brennstoffen für Fahrzeuge von Relevanz. Die Entwicklung neuer Antriebssysteme und Kraftstoffe wird im Strategiepapier noch einmal in dem ‚Bedarfsfeld Mobilität' angeführt. Weitere umweltbezogene Themen aus dem ‚Bedarfsfeld Mobilität' sind Innovationen zur Verringerung von Verkehrslärm und die Entwicklung von Speichertechnologien für Elektrofahrzeuge. Das Zukunftsprojekt ‚Eine Million Elektrofahrzeuge in Deutschland bis 2020' gehört ebenso zum ‚Bedarfsfeld Mobilität'. Durch verschiedene Forschungs- und Pilotprojekte soll Deutschland schließlich mit Hilfe der Hightech-Strategie zu einem Leitmarkt für Elektromobilität werden.[343]

4.2.1.3 Masterplan Umwelttechnologien

Der Masterplan Umwelttechnologien wurde im Jahr 2008 erstellt und orientiert sich bei der Zielsetzung an der Hightech-Strategie. Im Vordergrund steht auch hier die Ausschöpfung wirtschaftlicher Entwicklungspotenziale in Deutschland. Den Masterplan Umwelttechnologien kennzeichnet die spezifische Ausrichtung auf umwelttechnologischen Fortschritt. Die Intention des Masterplans ist es, Leitmärkte für Umweltschutztechnologien zu etablieren. Unter Leitmärkten für Umweltschutztechnologien werden dabei Märkte mit hohem Wachstumspotenzial verstanden, die Deutschland in eine Vorreiterrolle bei Umweltschutztechnologien bringen sollen. Mit dem Masterplan Umwelttechnologien sollen Märkte mit Leitmarktpotenzial identifiziert und deren Entwicklung unterstützt werden.[344]

Gefördert werden Technologien, die als vielversprechend angesehen werden. Einer der Objektbereiche des Masterplans, der Bereich ‚Klimaschutztechnologien', betrifft direkt den Straßenverkehr. Technologien, die in diesem Zusammenhang genannt werden, sind neue Antriebstechnologien für Fahrzeuge und Technologien, die zur Verringerung von CO_2-Emissionen im Automobilbereich beitragen können sowie innovative Stromspeichertechnologien, wie sie z. B. bei Elektrofahrzeugen zum Einsatz kommen könnten.[345]

---

343 Siehe BMBF (2010b), S. 6f., S. 12f. und S. 15.

344 Siehe BMU / BMBF (2008), S. 3–8.

345 Siehe BMU / BMBF (2008), S. 51–55.

4.2.1.4 Integriertes Energie- und Klimaprogramm

Das integrierte Energie- und Klimaprogramm (IKEP) der Bundesregierung wurde 2007 in Meseberg[346] beschlossen. Mit einem Eckpunktepapier sollten im Sinne einer integrierten europäischen Klima- und Energiepolitik Klimaschutzmaßnahmen auf nationaler Ebene manifestiert und in einem Maßnahmenpaket umgesetzt werden. Beabsichtigt ist, das Maßnahmenpaket so auszugestalten, dass Anreize für Innovationen entstehen. Eine staatliche Selektion bestimmter klimafreundlicher Technologien soll jedoch explizit vermieden werden.[347]

Das IKEP besteht aus 29 Eckpunkten, die konkrete Zielsetzungen und Umsetzungsvorhaben für verschiedene Bereiche enthalten. Der Verkehrssektor ist durch mehr als einen Eckpunkt betroffen: Der Eckpunkt ‚CO_2-Strategie Pkw' enthält Planungen zur Reduzierung von CO_2-Emissionen neuer Pkw. Mit dem Eckpunkt ‚Ausbau von Biokraftstoffen' ist eine Erhöhung der Beimischungsquoten bei Kraftstoffen beabsichtigt, wobei sichergestellt werden soll, dass die zur Biokraftstoffherstellung benötigten Rohstoffe aus nachhaltigem Anbau stammen. Bei der Berechnung der Beimischungsquoten sollen die Biokraftstoffe nach ihrer Treibhausgasbilanz bewertet werden, so dass Biokraftstoffe mit einem relativ höheren Treibhausgasminderungspotenzial bei der Anrechnung höher gewichtet werden. Eine ‚Umstellung der Kfz-Steuer auf CO_2-Basis' soll vergleichsweise emissionsarme Pkw steuerlich besserstellen und durch eine neue ‚Verbrauchskennzeichnung für Pkw' sollen Verbraucher Informationen über die Energieeffizienz beim Kauf von Pkw in einer übersichtlichen Form erhalten. Der Eckpunkt zur ‚Reduktion der Emissionen fluorierender Treibhausgase' betrifft die Verwendung von Klimaanlagentechnologien in Pkw, bei denen Treibhausgasemissionen auftreten. Mit dem Punkt ‚Energieforschung und Innovation' wird das Ziel verfolgt, zukunftsweisende Forschungsprojekte und -initiativen mit finanziellen Mitteln zu fördern; beispielsweise durch ein Technologie- und Effizienzprogramm für zukünftige Antriebstechnologien. Ein gesonderter Eckpunkt des IKEP ist dennoch die ‚Elektromobilität'. Der Ausbau der Elektromobilität wird nicht nur mit einer Ausnutzung von CO_2-Reduktionspotenzialen im Verkehrsbereich, sondern auch mit der Entwicklung moderner Stromnetze in Form von Smart Grid-Systemen verbunden.[348]

---

346 Die Beschlüsse des IKEP werden auch als Meseberger Beschlüsse bezeichnet.

347 Siehe Bundesregierung (2007), S. 4–8.

348 Siehe Bundesregierung (2007), S. 30–43.

4.2.1.5 Mobilitäts- und Kraftstoffstrategie

Eine neue Strategie zur Förderung von Umweltinnovationen, die sich im Gegensatz zu den anderen genannten Strategien und Initiativen zur Förderung von Umweltinnovationen speziell auf den Verkehrsbereich bezieht, ist die ‚Mobilitäts- und Kraftstoffstrategie'. Die Ausarbeitung einer ‚Mobilitäts- und Kraftstoffstrategie' wurde im Koalitionsvertrag der Bundesregierung im Jahr 2009 beschlossen. Vorerst hat das BMVBS hierfür eine Voruntersuchung in Auftrag gegeben, die im Jahr 2011 fertiggestellt wurde. Darauf aufbauend soll die ‚Mobilitäts- und Kraftstoffstrategie' erstellt werden. Die Strategie soll dazu beitragen, den Verbrauch fossiler Energien und den Ausstoß von Schadstoffemissionen im Verkehrssektor zu reduzieren.[349]

Prinzipiell ist beabsichtigt, die Ausrichtung der ‚Mobilitäts- und Kraftstoffstrategie' technologieoffen zu halten. Trotzdem wird auch innerhalb dieser neuen Strategie ein spezieller Fokus auf die Elektromobilität gelegt. Nach der Planung der Strategie im Koalitionsvertrag der Regierungsparteien von 2009 soll sich in Deutschland ein Leitmarkt für Elektromobilität etablieren.[350]

Die Voruntersuchung für die Entwicklung der ‚Mobilitäts- und Kraftstoffstrategie' unter Mitwirkung verschiedener Forschungsinstitutionen geht jedoch gar nicht auf das Leitmarktkonzept ein, sondern stellt die Technologieoffenheit in den Vordergrund. Es wurde ein umfassender Kriterienkatalog identifiziert, welcher der Bewertung von Innovationen anhand gleicher Maßstäbe dient und mit dem eine technologieoffene Betrachtungsweise beabsichtigt ist. Die Bewertungskriterien basieren auf einem Kriterienkatalog der Kraftstoffstrategie aus dem Jahr 2004. Tabelle 3 zeigt den überarbeiteten Kriterienkatalog. Er enthält Kriterien zu den Umweltwirkungen, die mit dem gesamten Lebenszyklus neuer Produkte von der Herstellung über die Nutzung bis zur Entsorgung in Verbindung stehen.[351] Daneben gibt es Kriterien zur Verfügbarkeit der benötigten Ressourcen und Wirtschaftlichkeitsüberlegungen. Der Aspekt der Wirtschaftlichkeit umfasst nicht nur private Kosten, sondern auch externe Kosten. Unter ‚Soziales' fallen Kriterien, die sich auf den privaten Nutzen beziehen.[352]

---

349 Siehe dena (2011b), S. 17 f.

350 Siehe Bundesregierung (2009a), S. 30.

351 Es handelt sich hierbei um eine ökobilanzielle Betrachtung.

352 Siehe dena (2011b), S. 30 f.

Tabelle 3: Bewertungskriterien für die Mobilitäts- und Kraftstoffstrategie

Quelle: dena (2011b), S. 30

Bewertungs-dimensionen	**Indikatoren**	**Kriterien der Kraftstoffstrategie 2004**	**Zusätzliche Kriterien**
Umwelt	**Klimarelevanz**	• Reduktion der Treibhausgasemissionen vs. Otto- und Dieselkraftstoff (technisches Potenzial in Prozent und absolut)	• Energieaufwand und damit verbundene Treibhausgasemissionen für die Herstellung von Fahrzeugen und Infrastrukturen
	Umweltverträglickeit/ Energiebilanz	• Nur Treibhausgasemissionen • Energiebilanz für Berechnung der Treibhausgasemissionen, jedoch nicht separat ausgewiesen	• Energieeinsatz, getrennt nach fosssil, nuklear und erneuerbar • Schadstoffemissionen: Luft,Wasser, Boden • Lärm • Biodiversität
Ressourcen	**Erhöhung der Energieversorgungssicherheit/ Verfügbarkeit**	• Rohstoffklasse (fossil oder regenerativ) und Rohstoffquelle • Kraftstoffverfügbarkeit • Abschätzung des technischen Mengenpotenzials	• Verfügbarkeit der Rohmaterialien (z. B. seltene Erden, Wiederverwertbarkeit, Substituierbarkeit) • Verfügbarkeit Wasser, Fläche, Nährstoffe
Wirtschaft	**Wirtschaftlichkeit/ Wettbewerbsfähigkeit**	• Bereitstellungskosten in Euro / Liter Benzin-Äquivalent (vor Steuern, inkl. Energiebereitstellung und Infrastruktur) • Nutzung der vorhandenen Infrastruktur • Weiternutzung des bisherigen Antriebsstrangs	• Kosten für neue Infrastrukturen • Lebenszykluskosten • Externe Kosten
Soziales	**Nutzungskomfort/ Akzeptanz**		• Reichweite pro Tankfüllung • Dauer des Betankens/des Nachladens

Mit Hilfe des Kriterienkatalogs soll schließlich der Einsatz von wirtschaftspolitischen Maßnahmen im Rahmen eines Instrumentenmixes optimiert werden können. Geplant ist, dass die ‚Mobilitäts- und Kraftstoffstrategie' den integrativen Rahmen für bereits existierende Maßnahmen bildet und die derzeit unzureichende Koordination untereinander verbessert. Koordinationsbedarf besteht insbesondere aufgrund der unterschiedlichen Zuständigkeiten. In Projekte und Maßnahmen des Verkehrsbereichs sind verschiedene Institutionen involviert, wie z. B. die Bundesministerien für Umwelt (BMU), für Wirtschaft und Technologie (BMWi), für Ernährung Landwirtschaft und Verbraucherschutz (BMELV), für Verkehr, Bau und Stadtentwicklung (BMVBS) sowie das Bundesministerium der Finanzen (BMF).[353]

Einzelne Maßnahmen sind oft Teil der allgemeinen Strategien, die in diesem Abschnitt vorgestellt wurden. Die allgemeinen Strategien und Aktionspläne besitzen jedoch inhaltliche Überschneidungen, so dass eine Zuordnung spezifischer Maßnahmen zu den jeweiligen Strategien nicht immer möglich ist. Insbesondere die Projekte zu Wasserstoff- und Brennstoffzellentechnologien und zur Elektromobilität werden in den allgemeinen Strategien häufig angeführt.

4.2.2 Spezifische Maßnahmen in Deutschland

4.2.2.1 Finanzielle Förderung im Rahmen bereichsübergreifender Förderprogramme

Die finanzielle Förderung von Umweltinnovationen aus dem Verkehrsbereich erfolgt in Deutschland im Rahmen heterogener bereichs- und themenübergreifender Förderprogramme. Hierfür sind jeweils verschiedene Institutionen zuständig. Eine Koordination der Förderprogramme durch eine zentrale Stelle erfolgt nicht, so dass kein vollständiger Überblick über die finanzielle Förderung gegeben ist. Das Bundesministerium der Finanzen erfasst allerdings in seinem regelmäßigen Finanzplan für den Bundeshaushalt die geplanten Ausgaben für die Förderprojekte auf nationaler Ebene.

Umweltinnovationen aus verschiedenen Bereichen werden in Deutschland mit zinsgünstigen Darlehen für Investoren unterstützt. Im Rahmen des BMU-Umweltinnovationsprogramms können Investoren bei der KfW[354]-Bankengruppe zinsgünstige Darlehen beantragen. Das BMU bezuschusst Darlehen, mit denen die Markteinführung von Umweltinnovationen finanziert wird, wobei das Volumen der Fördermittel je nach Anzahl und Umfang der bewilligten Projekte schwankt. Zwischen 1999 und 2008 lag das Gesamtvolumen bei 90 Mio. €.[355]

Wesentlich für den Verkehrssektor ist das Verkehrsforschungsprogramm ‚Mobilität und Verkehrstechnologien', an dem mehrere Bundesministerien be-

353 Siehe dena (2011b), S. 39–46.

354 KfW – Kreditanstalt für Wiederaufbau.

355 Siehe Prognos AG (2010), S. 13.

teiligt sind (BMWi, BMVBS, BMBF, BMU und BMELV). Nach dem Finanzplan des Bundes 2011 bis 2015 wurde im Verkehrsforschungsprogramm ein Finanzvolumen von 59 Mio. € für das Jahr 2012 veranschlagt. Der Planungszeitraum von 2011 bis 2015 umfasst insgesamt ein Förderbudget in Höhe von 298 Mio. €. Umweltinnovationen werden dabei z. B. mit Forschungsprojekten im Bereich alternativer Kraftstoffe und Antriebstechnologien für Straßenfahrzeuge gefördert. Daneben gibt es weitere Förderprojekte, die beispielsweise eine Erhöhung der Verkehrssicherheit oder intelligente Logistiksysteme zum Gegenstand haben.[356]

Umweltinnovationen im Mobilitätsbereich sind nicht nur Gegenstand des Verkehrsforschungsprogramms. Im Rahmen des Energieforschungsprogramms werden durch das BMWi im Zeitraum von 2011 bis 2015 mit geplanten Fördermitteln in Höhe von 769,5 Mio. € unter anderem Förderprojekte aus dem Bereich der Elektromobilität wie z. B. Energiespeichertechnologien finanziert. Die Entwicklung der Elektromobilität gehört darüber hinaus auch zu den Förderobjekten des Energie- und Klimafonds (EKF). Für die Jahre 2012 bis 2015 stehen hierfür aus diesem Förderfonds insgesamt gut 1,4 Mio. € zur Verfügung.[357]

Die Elektromobilität ist nicht nur Fördergegenstand der verschiedenen bereichsübergreifenden Förderprogramme. Mit dem nationalen Entwicklungsplan Elektromobilität existiert ein Förderprogramm, das den Fokus ausschließlich auf diese Technologie legt.

4.2.2.2 Der nationale Entwicklungsplan Elektromobilität

4.2.2.2.1 Nationale Plattform Elektromobilität und Entwicklung eines Regierungsprogramms

Die deutsche Bundesregierung verfolgt mit dem nationalen Entwicklungsplan Elektromobilität (NEP) aus dem Jahr 2009 einerseits das Ziel, CO_2-Emissionen und weitere Luftschadstoffe des Verkehrsbereichs und andererseits die Abhängigkeit vom Erdöl als Energieträger für Fahrzeuge zu reduzieren. Neben diesen beiden Zielen besteht der Leitgedanke, den Wirtschaftsstandort Deutschland zu stärken. Staatliche Maßnahmen eines Konjunkturprogramms[358] aus dem Jahr 2009 „sollten dabei als Katalysator wirken, um es der deutschen Automobil- und Zulieferindustrie in einer für sie krisenhaften konjunkturellen Lage zu erleich-

356 Siehe BMF (2011), S. 36 f. und BMWi (2008), S. 10–12.

357 Siehe BMF (2011), S. 28 f. und S. 45 f.

358 Es handelt sich hierbei um den ‚Pakt für Beschäftigung und Stabilität in Deutschland zur Sicherung der Arbeitsplätze, Stärkung der Wachstumskräfte und Modernisierung des Landes' (Konjunkturpaket II).

tern, ihre eigenen Forschungs- und Entwicklungsaktivitäten auszubauen und sich im Bereich der Elektromobilität – wie dies auch in anderen Bereichen gelungen ist – die technologische Führerschaft zu erarbeiten und entsprechende Marktpositionen zu besetzen“[359]. Die Förderung der Elektromobilität sollte darüber hinaus nicht nur die deutsche Automobil- und Zulieferindustrie stärken, sondern sich zudem auch positiv auf andere Wirtschaftsbereiche wie z. B. auf die Energieversorgung auswirken. Die Bundesregierung beabsichtigt, die Elektromobilität in Deutschland als Leitmarkt zu etablieren. Aus ihrer Sicht ist es notwendig, Forschung- und Entwicklung sowie Marktvorbereitung und Markteinführung im Bereich der Elektromobilität durch staatliche Maßnahmen zu unterstützen.[360]

In dem Konjunkturpaket von 2009 ist für die Förderung der Elektromobilität bis zum Ende der Legislaturperiode im Herbst 2013 ein Finanzvolumen von 1,5 Mrd. € vorhanden. Die Zuständigkeit für die Durchführung der Förderungsmaßnahmen liegt bei mehreren Bundesministerien. Es handelt sich dabei um das BMWi, das BMVBS, das BMBF und das BMU.[361]

Aus dem nationalen Entwicklungsplan Elektromobilität wurde im Jahr 2011 ein Regierungsprogramm zur Förderung der Elektromobilität entwickelt. Es stützt sich auf die Empfehlungen eines Beratergremiums, der ‚Nationalen Plattform Elektromobilität‘ (NPE). Die NPE agiert im Auftrag der Bundesregierung und ist mit Vertretern aus Industrie und Wissenschaft sowie Politik, Gewerkschaften und Gesellschaft besetzt. Sie analysiert die Marktentwicklung für Elektrofahrzeuge und erarbeitet Vorschläge für den Einsatz und die Ausgestaltung eines Maßnahmenpakets. Dabei gestaltet die NPE ihre Empfehlungen auf der Grundlage des Vorhabens der Bundesregierung, bis zum Jahr 2020 1 Mio. Elektrofahrzeuge in den Straßenverkehr in Deutschland zu bringen.[362]

Die Förderung der Elektromobilität soll mit der Hilfe eines über mehrere Jahre angelegten Maßnahmenpakets erfolgen, für das der Regierungsplan Elektromobilität ein erstes Konzept darstellt. Bei der Maßnahmenplanung berücksichtigt die Regierung verschiedene Phasen der Marktentwicklung[363] – nach einer Einteilung der NPE. Wie durch Tabelle 4 veranschaulicht, handelt es sich um drei Phasen, welche die Entwicklung des Marktes für Elektromobilität und un-

---

359 Bundesregierung (2009b), S. 5.

360 Siehe Bundesregierung (2009b), S. 3–5.

361 Siehe BMWi et al. (2011), S. 19.

362 Siehe NPE (2011), S. 9.

363 Siehe BMWi et al. (2011), S. 6. Diese Phasen der geplanten Marktentwicklung sind nicht mit der Unterteilung von Innovationsphasen in Invention, Adaption und Diffusion zu verwechseln.

terstützende staatliche Aktivitäten in den jeweiligen Phasen bis zum Jahr 2020 beschreiben.

Tabelle 4: Plan der NPE zu den Marktentwicklungsphasen der Elektromobilität

Quelle: Eigene Darstellung nach den Ausführungen im zweiten Bericht der NPE (2011), S. 12

Marktvorbereitung bis 2014	**Markthochlauf bis 2017**	**Beginnender Massenmarkt bis 2020**
• Unterstützung von Forschung und Entwicklung • Maßnahmen zur Ausbildung und Qualifizierung von Fachkräften • Stimulierung der Verbreitung von Elektrofahrzeugen • Aufbau einer ersten öffentlichen Ladeinfrastruktur • Durchführung von Demonstrationsprojekten	• Weitere Unterstützung von Forschung und Entwicklung nach Bedarf • Aufbau eines Smart Grid und damit die Einbindung von Elektrofahrzeugen in ein intelligentes Energieversorgungssystem • Maßnahmen zur Steigerung der Anzahl von Elektrofahrzeugen auf dem Markt	• Reduzierung der unterstützenden Maßnahmen

In der Phase der Marktvorbereitung sollen nach dem Plan der NPE die Unterstützung von Forschung und Entwicklung sowie die Ausbildung und Qualifizierung von Fachkräften zentrale Elemente der staatlichen Aktivitäten sein. Durch den Aufbau einer öffentlichen Infrastruktur mit Ladestationen für Elektroautos und durch Demonstrationsprojekte sollen darüber hinaus Elektrofahrzeuge unter potenziellen Nutzern auf dem deutschen Markt bekannt gemacht werden. Beabsichtigt ist, damit die Kundenakzeptanz zu erhöhen. Neue Geschäftsmodelle mit intermodalen[364] Angeboten sollen in der Praxis getestet werden. Zudem ist es das Ziel, mit den Demonstrationsprojekten das Interesse auf internationaler Ebene für die Technologien aus Deutschland zu wecken. Die staatliche Unterstützung der Forschung und Entwicklung soll nach dem Vorschlag der NPE in der Markthochlaufphase bedarfsorientiert fortgeführt werden, ist aber nicht mehr das zentrale Element der staatlichen Aktivitäten. Wesentliche

364 Die NPE (2011) konkretisiert zwar nicht, wie intermodale Angebote im Bereich der Elektromobilität ausgestaltet sein könnten, aber beispielsweise wäre eine Kombination von öffentlichem Verkehr (z. B. Schienenverkehr) und Individualverkehr (z. B. Elektroauto) innerhalb eines Transportvorgangs vorstellbar, um so die Transportdauer oder den Ressourcenverbrauch zu optimieren. Im intermodalen Verkehr werden verschiedene Verkehrsträger innerhalb eines Transportvorgangs miteinander kombiniert, so dass die Verkehrsträger optimal ausgenutzt werden können.

Ziele in dieser Phase sind die Einbindung von Elektrofahrzeugen in das Energieversorgungssystem in Form eines Smart Grid und die Steigerung der Anzahl genutzter Elektrofahrzeuge. Die NPE geht von einem steigenden Produktionsvolumen deutscher Anbieter aus. Durch die Ausnutzung von Größenvorteilen käme es zu einer Erhöhung der Wettbewerbsfähigkeit deutscher Anbieter auf dem internationalen Markt. Nach dieser Konzeption können die staatlichen Unterstützungsmaßnahmen schließlich in der letzten Phase reduziert werden, da in dieser Phase bis zum Jahr 2020 ein Massenmarkt entstehen soll. Die NPE geht davon aus, dass sich bis dahin tragfähige Geschäftsmodelle etablieren werden, bei denen die Deckung des Energiebedarfs für Elektrofahrzeuge durch erneuerbare Energiequellen berücksichtigt wird. In diesem Szenario für die Zukunft steht das Angebot schließlich einer selbsttragenden Nachfrage gegenüber.[365]

4.2.2.2.2 Maßnahmen des Regierungsprogramms Elektromobilität

Gegenstand der Fördermaßnahmen des Regierungsprogramms zur Elektromobilität sind grundsätzlich Elektrofahrzeuge und Plug-In-Hybridfahrzeuge.[366] Es handelt sich hierbei also um Fahrzeuge, deren Hauptantrieb ein Elektromotor mit einer Batterie ist, die über das Stromnetz geladen wird. Ein Verbrennungsmotor ist höchstens zusätzlich vorhanden, insbesondere um die Begrenzung der Reichweite von Elektrofahrzeugen aufzufangen. Hybridvarianten, deren Hauptantrieb der klassische Verbrennungsmotor ist und die zusätzlich über einen Elektromotor verfügen, sind dagegen nicht Teil des Regierungsprogramms. Tabelle 5 gibt einen Überblick über die verschiedenen Fahrzeugtypen mit Elektromotor, die im Rahmen des NEP gefördert werden.

Die Empfehlungen der NPE für die erste Phase der Marktvorbereitung wurden von der Politik in verschiedenen Bereichen aufgegriffen. Mit Förderprogrammen im Bereich der Forschung und Entwicklung ist beabsichtigt, die Markteinführung von Elektrofahrzeugen zu beschleunigen. Ausgerichtet wurde die Förderung bisher auf die Weiterentwicklung der Batterie- und Antriebstechnologien, Möglichkeiten der Batterieladung durch Energie aus erneuerbaren Energiequellen, Möglichkeiten zum Recycling der Batterien sowie auf die Herstellung von Prototypen und deren Erprobung in der Praxis mit der Einbindung in Verkehrskonzepte.[367]

365 Siehe NPE (2011), S. 12.

366 Siehe Bundesregierung (2009b), S. 6 f.

367 Siehe BMWi et al. (2011), S. 12–14.

Tabelle 5: Fahrzeugtypen mit Elektromotor

Quelle: Bundesregierung (2009b), S. 7

Fahrzeugtyp	Akronym	Anteil der Nutzung des Stromnetzes für die Batteriespeisung	Gegenstand des Nationalen Entwicklungsplans Elektromobilität	Typische Charakteristika
Elektrofahrzeug	BEV (Battery Electric Vehicle)	100 %	Ja	• Elektromotor mit am Netz aufladbarer Batterie • Pkw, aber auch Zweiräder • Hohes Potenzial zur CO_2-Reduktion durch Nutzung erneuerbarer Energien
Elektrofahrzeug mit Reichweitenverlängerung	REEV (Range Extanded Electric Vehicle)	Teilweise, abhängig von Batteriereichweite und Nutzung	Ja	• Elektromotor mit am Netz aufladbarer Batterie • Modifizierter Verbrennungsmotor kleiner Leistung oder Brennstoffzelle
Plug-In-Hybridfahrzeug	PHEV (Plug-In Hybrid Electric Vehicle)	Teilweise, abhängig von Batteriereichweite und Nutzung	Ja	• Elektromotor mit am Netz aufladbarer Batterie • Kombination von klassischem Verbrennungsmotor und Elektromotor • Pkw und auch Nutzfahrzeuge (z. B. Lieferverkehr)
Hybridfahrzeug	HEV (Hybrid Electric Vehicle)	Keine Netzanbindung	Nein, jedoch wichtige Voraussetzung für die Entwicklung von PHEV und BEV	• Klassischer Verbrennungsmotor plus Elektromotor • Ladung der Batterie durch Rückgewinnung der Bremsenergie • Pkw und Nutzfahrzeuge
Brenstoffzellenfahrzeug	FCHEV (Fuel Cell Hybrid Electric Vehicle)	Keine Netzanbindung	Nein (Nutzung von Synergien über den Austausch mit dem NIP*)	• Elektromotor mit Brennstoffzelle zur Energieversorgung

**NIP - Nationales Innovationsprogramm Wasserstoff und Brennstoffzellentechnologie.*

Bei der Weiterentwicklung der Batterietechnologien, mit denen Elektrofahrzeuge betrieben werden, werden insbesondere diejenigen Aspekte berücksichtigt, welche die Praxistauglichkeit von Elektrofahrzeugen betreffen. Dazu gehören die mit den eingesetzten Batterien erzielbare Reichweite, die Lebensdauer der Batterien, ihre Leistung, das Gewicht und die Produktionskosten. Eine Senkung der Produktionskosten geht dabei mit einer Weiterentwicklung der Produktions- und Fertigungstechnologien einher. Bezüglich der zur Produktion benötigten Rohstoffe[368] wird im Regierungsprogramm Elektromobilität die Beachtung von Grundsätzen der Nachhaltigkeit gefordert. Zudem setzt die Bundesregierung auf Fortschritte bei der Normung und Standardisierung, da eine Nutzung der Batterien die Kompatibilität der verwendeten technischen Systeme, z. B. bei der Aufladung am Stromnetz, voraussetzt.[369]

Auch mit dem Konzept der ‚Leuchttürme' wird im Regierungsprogramm Elektromobilität eine Empfehlung der NPE im Bereich der Forschung und Entwicklung aufgegriffen. Staatliche Unterstützungsmaßnahmen sollen dabei an bestimmten Themenclustern ausgerichtet sein, aus denen die als ‚Leuchttürme' bezeichneten Vorzeigeprojekte hervorgehen. Die Leuchttürme sollen branchenübergreifend sein und beteiligte Akteure aus Industrie und Wissenschaft vernetzen, so dass Synergien ausgenutzt werden können. Themenfelder solcher Leuchtturmprojekte sind beispielsweise die Antriebstechnik, Ladeinfrastruktur und Netzintegration sowie Recycling und Ressourceneffizienz.[370]

Dem Bereich der Ausbildung und Qualifizierung sind die Errichtung von spezifischen Lehrstühlen an Universitäten und die Aufnahme elektromobilitätsbezogener Themen in Unterrichtskonzepte zuzuordnen. Eine weitere Ausrichtung von Aus- und Weiterbildungsstrukturen auf die Elektromobilität ist geplant und zudem wird eine stärkere Vernetzung zwischen beruflichem und akademischem Bereich angestrebt.[371]

Für die Stimulierung der Verbreitung von Elektrofahrzeugen sind im Regierungsprogramm Elektromobilität neben einer Berücksichtigung von Elektrofahrzeugen im Rahmen der öffentlichen Beschaffung, die als Vorbildfunktion dienen soll, verschiedene Anreizmaßnahmen vorgesehen. Geplant ist, Elektrofahrzeuge im Straßenverkehr mit Sonderberechtigungen gegenüber anderen Fahrzeugen auszustatten und dadurch zu bevorteilen. Für den privaten Pkw-Verkehr sind davon mehrere dieser potenziellen Regelungen relevant. Dazu ge-

368 Z. B. Lithium

369 Siehe BMWi et al. (2011), S. 20 f. und S. 32.

370 Zum Konzept der Leuchttürme siehe NPE (2011), S. 16–24 und NPE (2011), S. 5–9 des Anhangs; zur geplanten Umsetzung im Regierungsprogramm siehe BMWi et al. (2011), S. 29 f.

371 Siehe BMWi et al. (2011), S. 14, S. 22 und S. 31.

hören die Schaffung von Parkplätzen für Elektroautos mit öffentlich zugänglichen Ladestationen und die Berechtigung für das Fahren auf Sonderspuren und in Sonderzonen. Zudem sollen steuerliche Anreize die Verbreitung von Elektrofahrzeugen fördern. Bisher sind nur reine Elektroautos ohne Zusatzantrieb für fünf Jahre nach Neuzulassung von der Kfz-Steuerpflicht befreit. Diese Befreiung soll nach dem Regierungsprogramm Elektromobilität auf einen Zeitraum von 10 Jahren ausgeweitet werden und zukünftig technologieunabhängig für Pkw und für weitere Fahrzeugklassen (Nutz- und Leichtfahrzeuge) gelten, die weniger als 50 g CO_2/km emittieren. Eine weitere steuerbezogene Maßnahme ist die Besserstellung von Elektrofahrzeugen bei der Besteuerung von Dienstwagen.[372] Von einer stärkeren Nutzung der Elektrofahrzeuge als Dienstwagen verspricht sich die Bundesregierung eine öffentliche Signalwirkung und eine Erhöhung der Nutzerakzeptanz, die zur Verbreitung von Elektrofahrzeugen beitragen sollen.[373]

Ein Teil der Planung zur Änderung der Kfz-Steuer ist in einem Gesetzentwurf der Bundesregierung von Mai 2012 aufgegriffen worden. Die Befreiung von der Steuerpflicht soll demnach von Pkw auf alle Fahrzeugklassen ausgedehnt werden, aber weiterhin gilt die Befreiung nur für ausschließlich elektrisch angetriebene Fahrzeuge ohne Zusatzmotor und ist nicht technologieunabhängig. Die Verlängerung der Befreiung auf 10 Jahre wurde in den Gesetzentwurf aufgenommen und ist für Neuzulassungen bis zum 31.12.2015 vorgesehen.[374]

Für Erkenntnisgewinne über den Einsatz von Elektrofahrzeugen in der Praxis sind bisher einzelne Modellregionen mit Ladestationen ausgestattet worden,

---

372 Die private Nutzung von Dienstwagen wird bisher steuerlich berücksichtigt, indem Dienstwagen anhand eines Anteils des Listenpreises als geldwerter Vorteil dem zu versteuernden Einkommen zugerechnet werden. Da Elektrofahrzeuge im Vergleich zu Fahrzeugen mit klassischem Verbrennungsmotor üblicherweise zu einem höheren Listenpreis angebotenen werden, führt dies zu einem höheren geldwerten Vorteil und somit zu einer höheren Steuerlast. In der politischen Diskussion steht ein Vorschlag, nachdem der Listenpreis von Elektrofahrzeugen als Bemessungsgrundlage für den geldwerten Vorteil um die relativ teure Batteriekomponente gemindert werden könnte, um damit Elektrofahrzeuge bei der Besteuerung besserzustellen; siehe hierzu den Referentenentwurf des BMF für das Steuerjahr 2013 vom 05.03.2012, S. 71–73. Doch, ob solch ein Vorschlag umgesetzt werden würde, ist fraglich, da das System der Dienstwagenbesteuerung in Deutschland aus umwelt- und verteilungspolitischen Gründen grundsätzlich in der öffentlichen Diskussion steht. Zu diesen Gründen gibt es eine Studie des Forums Ökologisch-Soziale Marktwirtschaft: siehe Görres, A., B. Meyer (2008).

373 Siehe BMWi et al. (2011), S. 46–53.

374 Siehe Gesetzentwurf der Bundesregierung vom 23.05.2012 zur Änderung der Kfz-Steuer, S. 18 (Abschnitt A I 2 der Begründung).

die als Demonstrationsprojekte dienen.[375] Weitere Demonstrationsprojekte entstehen mit den sogenannten ‚Schaufenstern' der Elektromobilität. Innovationen im Bereich der Elektromobilität sollen damit öffentlichkeitswirksam zur Anwendung gebracht und in der Praxis erprobt werden. Dabei ist beabsichtigt, die gesamte Wertschöpfungskette im Bereich der Elektromobilität zu berücksichtigen.[376]

Im April 2012 wurden vier Schaufensterregionen im Rahmen eines Bewerbungsverfahrens ausgewählt, die für drei Jahre mit Fördermitteln des Bundes in Höhe von 180 Mio. € unterstützt werden. In den Schaufenstern werden Einzelprojekte der Regionen zu einem Demonstrationsprojekt gebündelt. Bei den Schaufensterregionen handelt es sich um den Raum Stuttgart-Karlsruhe (Projekt ‚Living Lab BW E-Mobil'), den Raum Berlin/Brandenburg (Projekt ‚Internationales Schaufenster der Elektromobilität), die Metropolregion Hannover, Braunschweig, Göttingen, Wolfsburg (Projekt ‚Unsere Pferdestärken werden elektrisch') und um einen Regionsverbund aus Bayern und Sachsen (Projekt ‚Elektromobilität verbindet').[377]

Bei der Weiterentwicklung des Regierungsprogramms Elektromobilität sollen zukünftig weitere Empfehlungen der NPE berücksichtigt werden. Bei der Ausrichtung des Energieversorgungssystems auf erneuerbare Energieträger plant die Bundesregierung insbesondere, den Fokus auch auf den Aufbau eines Smart Grid zu legen.[378]

In ihrem Fortschrittsbericht von Juni 2012 empfiehlt die NPE zudem eine staatliche Anschubfinanzierung für das Angebot an Schnellladestationen. Für die geplante Marktentwicklung sind nach Ansicht der NPE gegebenenfalls darüber hinaus zusätzliche staatliche Anreizmaßnahmen notwendig.[379]

---

375 Zu den einzelnen Modellregionen siehe NOW (2012), S. 20–69.

376 Siehe BMWi et al. (2011), S. 25–28.

377 Siehe Pressemitteilung des BMWi et al. vom 03.April 2012 und die Internetpräsentationen der jeweiligen Schaufensterprojekte mit weiteren Informationen [Stand: 24.05.2012]:

- Living Lab BW e-mobil: http://www.e-mobilbw.de/Pages/arbeitsfelder/livinglab-bwe-mobil.php,Internationales Schaufenster der Elektromobilität: http://www.emo-berlin.de,
- Unsere Pferdestärken werden elektrisch: http://www.metropolregion.de/pages/themen/mobilitaet/elektromobilitaet/index.html,
- Elektromobilität verbindet: http://www.elektromobilitaet-verbindet.de.

378 Siehe BMWi et al. (2011), S. 39 f.

379 Siehe Kagermann (2012), S. 17 und S. 19 sowie NPE (2012), S.65.

4.2.2.3 Das nationale Innovationsprogramm Wasserstoff- und Brennstoffzellentechnologie

Neben dem Entwicklungsplan Elektromobilität gibt es einen weiteres großes Förderprojekt, das die Technologieentwicklung im Verkehrsbereich betrifft. Das Nationale Innovationsprogramm Wasserstoff- und Brennstoffzellentechnologie (NIP) bezieht sich jedoch nicht ausschließlich auf den Verkehrsbereich. Zusätzlich zur mobilen Anwendung lässt sich die Brennstoffzellentechnologie auch bei stationären Anwendungen wie z. B. der Hausenergieversorgung nutzen. Ziel des NIP ist die Beschleunigung der Marktentwicklung von Wasserstoff- und Brennstoffzellentechnologien vor dem Hintergrund einer angestrebten Technologieführerschaft Deutschlands. Für den Zeitraum von 2007 – 2016 steht dafür ein Budget von insgesamt 1,4 Mrd. € zur Verfügung.[380]

Bei dem NIP handelt es sich um eine öffentlich-private Partnerschaft. Die Finanzierung des vorhandenen Budgets von 1,4 Mrd. € erfolgt zur Hälfte über Bundesmittel durch das BMVBS sowie das BMWi und die andere Hälfte wird von beteiligten Akteuren aus der Privatwirtschaft bereitgestellt.[381] Der geplante Finanzierungsbedarf im NIP geht mit über 2 Mrd. € aber deutlich über diese 1,4 Mrd. € hinaus. Die weitere Finanzierung soll über staatliche Kooperationsprojekte aus Bund und Ländern oder der Europäischen Kommission erfolgen, z. B. im Rahmen des europäischen Förderprojekts zur Wasserstoff- und Brennstoffzellentechnologie FCH JU.[382]

Teil des NIP ist der Entwicklungsplan Verkehr, welcher sich auf die Nutzung von Wasserstoff- und Brennstoffzellentechnologien im Straßenverkehr, insbesondere im Pkw- und Busverkehr bezieht. Zudem bestehen Zusammenhänge zwischen dem Entwicklungsplan Verkehr und anderen Themenschwerpunkten des NIP wie z. B. dem Entwicklungsplan Wasserstoffproduktion und -bereitstellung. Die eingeplanten Fördermaßnahmen im Rahmen des Entwicklungsplans Verkehr bilden den größten Anteil der Förderung im Rahmen des NIP. Im Zeitraum von 2011 bis 2016 liegt der Anteil für den Bereich Verkehr bei 40 %. Dies zeigt Abbildung 11 zur geplanten Budgetaufteilung im Zeitraum vom 2011 bis 2016. Das Gesamtbudget, mit dem für diesen Zeitraum geplant wird, liegt bei gut 1,5 Mrd. €. Die Förderung im Entwicklungsplan Verkehr konzentriert sich auf Projekte zu Forschung und Entwicklung sowie auf Demonstrationsprojekte. Für Forschung und Entwicklung wird in diesem Zeitraum mit einem Projektbudget in Höhe von 250 Mio. € geplant. Damit wird nicht nur die Weiterentwicklung der Fahrzeugtechnologie gefördert, sondern auch die der

380 Siehe BMVBS et al. (2011), S. 1 f.

381 Siehe NOW (2012), S. 8 des NOW Magazin zum Jahresbericht 2011.

382 Siehe BMVBS et al. (2011), S. 57–63.

Betankungssysteme. Die Demonstrationsprojekte dienen dem Test von Technologien auf ihre Praxistauglichkeit im Alltag und sollen die Kundenakzeptanz für Brennstoffzellenfahrzeuge steigern. Im Rahmen dieser Demonstrationsprojekte werden Pkw- und Busflotten betrieben und Tankstellennetze aufgebaut. Hierfür wird im Zeitraum von 2011 bis 2016 mit einem Budget in Höhe von 360 Mio. € gerechnet, das sich annähernd gleichgewichtig auf Pkw- und Busprojekte aufteilt.[383]

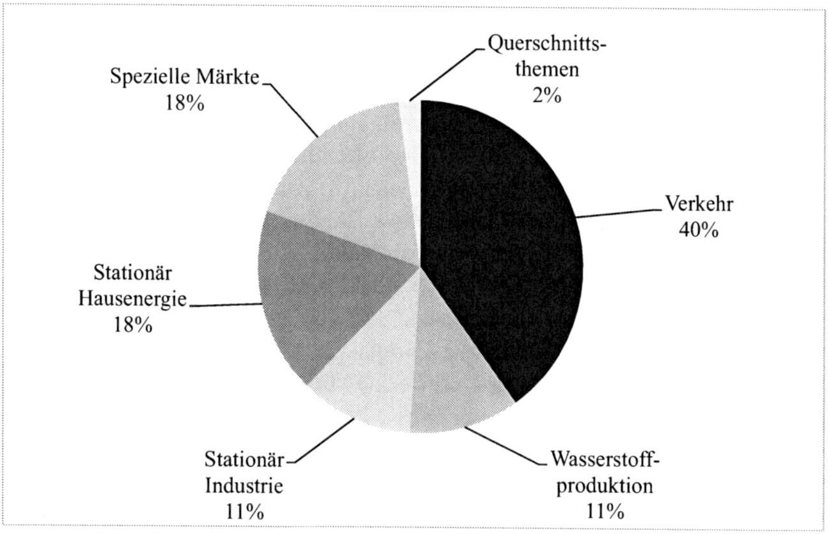

Abbildung 11: Geplante Budgetaufteilung des NIP im Zeitraum 2011 bis 2016

Quelle: Eigene Berechnung nach Angaben bei BMVBS et al. (2011), S. 64 (A.1, Anmeldung 2010)

Die Steuerung und Koordinierung der Förderprojekte im Rahmen des NIP erfolgt über die NOW (Nationale Organisation Wasserstoff und Brennstoffzellentechnologien) GmbH.[384] Hierbei handelt es sich um eine staatliche Organisation, in der neben Vertretern der Politik Vertreter aus der Industrie und aus wissenschaftlichen Einrichtungen tätig sind. Das größte von der NOW GmbH betreute Förderprojekt[385] mit Leuchtturmcharakter und Schwerpunkt des NIP im Bereich Mobilität ist das Projekt CEP (Clean Energy Partnership). Dies ist ein

383 Siehe BMVBS et al. (2011), S. 6–13 und S. 64.

384 Die NOW GmbH ist zudem für die Modellregionen Elektromobilität verantwortlich; siehe hierzu NOW (2012), S. 8 f. (NOW Magazin zum Jahresbericht 2011).

385 Zu den weiteren Projekten siehe NOW (2012), S. 86–91.

staatlich gefördertes Kooperationsprojekt, an dem Unternehmen aus verschiedenen Bereichen wie z. B. Fahrzeughersteller, Mineralölkonzerne und Energieversorger beteiligt sind.[386] In Berlin, Hamburg, Nordrhein-Westfalen, Baden-Württemberg und Hessen werden mit den beteiligten Kooperationspartnern Demonstrationsprojekte mit Wasserstofffahrzeugen und dem Aufbau von Wasserstofftankstellen durchgeführt.[387]

Das Projekt CEP ist in mehrere Entwicklungsphasen unterteilt. Seit 2002 wurden im Rahmen der CEP Nutzungsmöglichkeiten von Wasserstofftechnologien im Verkehrsbereich erprobt und weiterentwickelt.[388] Dabei steht die Ausrichtung der Wasserstofffahrzeuge an konventionellen Fahrzeugen bezüglich Kosten und Nutzungseigenschaften im Vordergrund. Seit 2011 befindet sich die CEP in der letzten Phase, die bis 2016 angelegt ist und der Marktvorbereitung von Wasserstofffahrzeugen dienen soll. Die Wasserstofffahrzeuge, welche in den Demonstrationsprojekten genutzt werden, besitzen entweder einen Verbrennungsmotor, der mit Wasserstoff betrieben wird, oder es handelt sich um Brennstoffzellenfahrzeuge mit Elektromotor (FCHEV). Bis zum Ende des Jahres 2013 sollen mehr als 100 Pkw zur Anwendung kommen. Dabei liegt der Fokus auf den Fahrzeugen mit Elektromotor. Für die Herstellung des Wasserstoffs, der bisher hauptsächlich aus dem fossilen Energieträger Erdgas gewonnen wird, werden im Rahmen von CEP neue Verfahren mit erneuerbaren Energieträgern wie die Gewinnung aus Biomasse erprobt.[389]

4.2.2.4 Monetäre Instrumente zur Reduktion von Schadstoffemissionen

Neben der finanziellen Förderung im Rahmen der Förderprogramme für neue Technologien werden in Deutschland finanzielle Anreize zur Reduktion von umweltschädlichen Emissionen gesetzt, die sich insbesondere auf die etablierten Technologien beziehen. Durch monetäre Instrumente wird der Einbau von Rußpartikelfiltern in Dieselfahrzeuge gefördert. Im Rahmen der Besteuerung von Kraftstoffen wurden Diesel- und Ottokraftstoffe mit einer Ökosteuer versehen und Biokraftstoffe begünstigt behandelt. Darüber hinaus gibt es eine CO_2-

386 Derzeit erhalten 13 teilnehmende Unternehmen eine finanzielle Förderung: Adam Opel AG, BMW AG, Daimler AG, VW AG, Ford-Forschungszentrum Aachen GmbH, Toyota Motor Europe N/V S/A, Vattenfall Europe Innovation GmbH, TOTAL Deutschland GmbH, Statoil ASA, Shell Downstream Services International, Linde AG, Berliner Verkehrsbetriebe und Hamburger Hochbahn AG.

387 Siehe NOW (2012), S. 85–87.

388 Das Projekt CEP bestand schon vor dem im Jahr 2006 initiierten NIP und wurde darin aufgenommen.

389 Siehe CEP (2012), S. 8 f. und S. 17–21 sowie CEP (2011), S. 3–5.

bezogene Kfz-Steuer, die Kaufanreize für CO_2-emissionsarme Fahrzeuge setzen soll.

Die im Verbrennungsprozess bei Dieselfahrzeugen entstehenden Rußpartikel lassen sich durch den Einbau von Partikelfiltern um bis zu 99 % reduzieren, so dass das Niveau von Fahrzeugen mit Ottomotor erreicht wird.[390] Mit dem Ziel, die Feinstaubbelastung der Luft, insbesondere in städtischen Bereichen und Ballungsgebieten zu reduzieren, wird in Deutschland der nachträgliche Einbau von Partikelminderungssystemen für Dieselfahrzeuge mit Erstzulassung bis zum 31.12.2006 mit 330 € pro Fahrzeug finanziell gefördert.[391] Die Preise für den nachträglichen Einbau von Dieselrußpartikelfiltern liegen zwischen 650 € und 1500 €.[392]

Bei Dieselneufahrzeugen mit einer Erstzulassung zwischen 2011 und 2013 wird über die Kfz-Steuer ein finanzieller Anreiz für Partikelminderungssysteme gesetzt. Pkw mit Dieselmotor, welche die Emissionsnorm Euro 6 vor der verpflichtenden Einführung im Jahr 2014 erfüllen und über entsprechende Filtertechnologien verfügen, sind bis Ende des Jahres 2013 von der Kfz-Steuer befreit.[393]

Im Zuge der Ökologischen Steuerreform von 1999 wurden Kraftstoffe mit einer zusätzlichen Abgabe, der Ökosteuer auf Kraftstoffe, versehen. Es handelt sich dabei um eine Lenkungssteuer. Damit ist beabsichtigt, Verhaltensanreize zur Reduktion des Kraftstoffverbrauchs zu setzen und die Schadstoffemissionen zu mindern. Die Ökosteuer ist Teil der Energiesteuer (ehemals Mineralölsteuer), die verbrauchsbezogen auf Kraftstoffe erhoben wird.[394] Die Ökosteuer beträgt seit dem Jahr 2006 15,34 Cent/Liter Otto- bzw. Dieselkraftstoff.[395] Die Höhe der

390 Dies gilt für Pkw mit klassischer Benzineinspritzungstechnik, nicht für Pkw mit Benzindirekteinspritzung; siehe hierzu Helmers (2009), S. 73–81.

391 Es handelt sich hierbei um eine direkte Förderung, die über das Bundesamt für Wirtschaft und Ausfuhrkontrolle (BAFA) abgewickelt wird; siehe Art. 1–3 der Förderrichtlinie zum nachträglichen Einbau von Partikelminderungssystemen vom 15. Dezember 2011. Bis Ende 2009 erfolgte die Förderung stattdessen zunächst über einen Steuererlass und zudem gab es bis zum 31.03.2011 einen hubraumbezogenen Steuerzuschlag für Diesel-Pkw ohne Partikelminderungssystem; siehe hierzu §§ 3c und 9a KraftStG sowie siehe BAFA (2011), S. 1.

392 Siehe Spiegel Online vom 01.02.2012.

393 Es handelt sich hierbei um eine 100 %ige Steuerersparnis bis zu einer Obergrenze von 150 €; siehe § 3b KraftStG.

394 Ausgehend von der Ablösung des Mineralölsteuergesetzes durch das Energiesteuergesetz im Jahr 2006 hat sich auch die Bezeichnung ‚Energiesteuer' etabliert.

395 Siehe Bach (2009), S. 218–220.

Energiesteuer liegt für Benzin insgesamt bei 65,45 Cent/Liter und für Diesel mit 47,04 Cent/Liter um 18,41 Cent/Liter niedriger.[396]

Die Energiesteuer ist je nach Kraftstoffart unterschiedlich und orientiert sich an den jeweiligen Verbrauchseinheiten. Bis zum Ende des Jahres 2018 werden Kraftstoffe aus alternativen fossilen Energieträgern wie Flüssiggase als Kraftstoff (LPG/Autogas) und Erdgas (CNG) bei der Besteuerung begünstigt behandelt und Biokraftstoffe sind bis Ende des Jahres 2015 vollständig von der Energiesteuer befreit.[397]

Die Bevorteilung von Dieselkraftstoff bei der Energiesteuer war ursprünglich ein Instrument, das den Straßengüterverkehr gegenüber dem Personenverkehr besserstellen sollte. Aufgrund des gestiegenen Anteils des nichtgewerblichen Dieselverbrauchs steht diese Regelung zunehmend in der Kritik.[398] Der Anteil von Dieselfahrzeugen an den gesamten neuzugelassenen Pkw ist zwischen 1990 und 2010 von 13 % auf über 40 % gestiegen.[399] Am gesamten Fahrzeugbestand besaßen sie zu Anfang des Jahres 2012 einen Anteil von etwa 28 %.[400]

Seit dem 01.07.2009 sind die durchschnittlich pro Fahrzeugkilometer emittierten CO_2-Emissionen Teil der Bemessungsgrundlage für die Kfz-Steuer, um so die Markteinführung von Pkw mit geringen CO_2-Emisionen zu fördern.[401] Die andere Komponente der Bemessungsgrundlage für die Kfz-Steuer, welche die Fahrzeughalter jährlich entrichten müssen, ist wie zuvor der Hubraum eines Pkw. Für neuzugelassene Pkw gilt ein Steuersatz von 2 € je angefangene 100 cm^3 Hubraum bei Pkw mit Ottomotor und von 9,50 € je angefangene 100 cm^3 Hubraum Pkw mit Dieselmotor. Mit der unterschiedlichen Behandlung von Diesel- und Ottomotorfahrzeugen ist beabsichtigt, die Ungleichbehandlung von Diesel und Benzin bei der Energiesteuer zu kompensieren.[402] Eine Verhaltenslenkung zu Gunsten des Kaufs schadstoffarmer Fahrzeuge wird nur mit der CO_2-Komponente der Kfz-Steuer beabsichtigt. Je g CO_2/km ist eine Steuer von 2 € zu

---

396 Zur Höhe der Energiesteuer siehe § 2 Abs. 1 Nr. 1b) und Nr. 4b) EnergieStG. Der gesamte Steueranteil der Kraftstoffpreise für Verbraucher ergibt sich aus der Energiesteuer und der Mehrwertsteuer in Höhe von 19 % auf den Gesamtpreis. Bei einem unterstellten Preis von 1,55 €/l Superbenzin und 1,42 €/l Diesel liegt der gesamte Steueranteil bei etwa 58 % (Benzin) bzw. 49 % (Diesel).

397 Zu den genauen Regelungen siehe § 2 und § 50 EnergieStG.

398 Siehe UBA (2003), S. 25.

399 Siehe KBA (2011), S. 4.

400 Siehe KBA (2012), o. S.

401 Siehe UBA (2010), S. 42 f.

402 Die Ungleichbehandlung bei der Besteuerung beeinflusst individuelle Kaufentscheidungen prinzipiell zu Gunsten von Diesel-Pkw bei einer hohen durchschnittlichen Jahreskilometerleistung ab etwa 20.000 km. Die Vorteilhaftigkeit ist aber einzelfallabhängig.

zahlen, wobei ein bestimmter Freibetrag besteht. Seit Beginn des Jahres 2012 liegt dieser Freibetrag bei 110 g CO_2/km. Ab 2014 wird dieser Freibetrag auf 95 g CO_2/km reduziert. Zudem besteht die Steuerbefreiung für Elektrofahrzeuge.[403]

4.2.2.5 Auflagen zur Reduktion von Schadstoffemissionen auf nationaler Ebene

Zur Minderung von umweltschädlichen Emissionen des Pkw-Verkehrs gibt es in Deutschland verschiedene Auflagen. Bei den Maßnahmen zur Reduktion von Luftverschmutzung handelt es sich um Vorgaben zur Nutzung von Biokraftstoffen und um Fahrverbote in städtischen Bereichen, die als Umweltzonen deklariert sind. Beide Maßnahmen werden im Folgenden näher ausgeführt. Die Vorschriften in Deutschland zu den Lärmemissionen von Fahrzeugen und Reifen richten sich nach EU-Vorgaben. Eine Verschärfung der Grenzwerte für Fahrgeräusche zur Lärmminderung ist seit Mitte der 1990er Jahre nicht mehr vorgenommen worden,[404] so dass im Folgenden nicht weiter darauf eingegangen wird. Maßnahmen in Form von Auflagen zu Lärm- bzw. Schadstoffemissionen, die über die bisherigen Regelungen hinausgehen, könnten zukünftig in Vorschriften über die Verwendung von Leichtlaufreifen, Leichtlaufmotorölen oder Reifendrucküberwachungssystemen liegen.[405]

Um den Anteil von Biokraftstoffen im Verkehrssektor zu erhöhen und die Ziele der Erneuerbare-Energien-Richtlinie der EU zu erreichen, sind die Anbieter von konventionellen Kraftstoffen in Deutschland dazu verpflichtet, einen Mindestanteil an Biokraftstoffen zu vertreiben. Für Biokraftstoffe gelten dabei seit 2011 bestimmte Anforderungen an die Nachhaltigkeit, die sich an EU-Vorgaben ausrichten. Dazu gehören Vorschriften, die den Schutz natürlicher Lebensräume sicherstellen und eine nachhaltige landwirtschaftliche Bewirtschaftung nicht gefährden sollen. Gemessen an dem gesamten Lebenszyklus muss bei Biokraftstoffen im Vergleich zu fossilen Kraftstoffen ein Treibhausgaseinsparungspotential von mindestens 35 % nachgewiesen werden. Dieser Anteil erhöht sich bis 2018 auf 60 %.[406]

Seit dem Jahr 2010 bis zum Jahr 2014 müssen Anbieter von Kraftstoffen eine Biokraftstoffquote von mindestens 6,25 % des Energiegehalts der Gesamt-

---

403 Zu den Besteuerungsregelungen siehe §9 Abs. 1 Nr. 2b) KraftStG.

404 Zu der Entwicklung der Lärmgrenzwerte von 1970 bis 1996 siehe Puls (2007), S. 45–47.

405 Zu Schätzungen über CO2-Einsparpotentiale von Leichtlaufreifen und Leichtlaufölen siehe Umweltbundesamt (2010), S. 50–52.

406 Zu den Regelungen siehe §§ 3–8 und § 70 sowie Anhang 1 der Biokraft-NachV sowie Art. 17 der Erneuerbare-Energien-Richtlinie (RL 2009/28/EG).

menge vertriebener Otto- und Dieselkraftstoffe einhalten. Ab 2015 ist eine Regelung vorgesehen, die sich nicht mehr am Energiegehalt, sondern an den in CO_2-Äquivalenten gemessenen Treibhausgasemissionen orientiert.[407]

Zur Erreichung der Biokraftstoffquote werden Biokraftstoffe nicht nur getrennt vertrieben, sondern auch den konventionellen Kraftstoffen beigemischt. Beim konventionellen Dieselkraftstoff beträgt der Biodieselanteil bis zu 7 %. Konventionelle Ottokraftstoffe gibt es mit einem Bioethanolanteil von 5 % (E5) und seit Ende des Jahres 2010 mit Inkrafttreten der 10. Bundesimmissionsschutzverordnung zudem mit einem Anteil von 10 % (E10).[408]

Die Einführung des Kraftstoffs E10 in Deutschland beruht auf einer EU-Richtlinie aus dem Jahr 2009. Mit dieser Richtlinie wurde der maximal zulässige Bioethanolanteil bei Ottokraftstoffen für Pkw von 5 % auf 10 % erhöht. Benzin mit einem so hohen Ethanolgehalt kann jedoch aus technischen Gründen nicht bei allen Fahrzeugen, insbesondere bei älteren Modellen, getankt werden, so dass die EU-Richtlinie die Verfügbarkeit des Kraftstoffs E5 bis mindestens zum Jahr 2013 vorschreibt.[409]

Etwa seit Oktober 2011 ist der Kraftstoffes E10 in Deutschland flächendeckend verfügbar.[410] Obwohl 90 % der Bestandsfahrzeuge in Deutschland und in der Regel alle Neufahrzeuge die technischen Anforderungen für eine Betankung mit E10 erfüllen,[411] machte der Anteil von E10 im Februar 2012, gut ein Jahr nach der Einführung des Kraftstoffes, an der gesamten Absatzmenge von Pkw-Ottokraftstoffen vorerst nur einen Anteil von etwa 13 % aus, während der Anteil von E5 noch bei gut 80 % lag.[412] Für die bisherigen Akzeptanzprobleme auf der Nachfrageseite gibt es zwei verschiedene Gründe. Zum einen haben Verbraucher kein ausreichendes Vertrauen in die technische Verträglichkeit. Nach einer vom Bundesverband der deutschen Bioethanolwirtschaft in Auftrag gegeben Studie zur Akzeptanz von Bioethanol liegt der Hauptgrund für die Ablehnung von E10 bei technischen Bedenken.[413] Zum anderen ist die Umweltverträglichkeit des Kraftstoffes E10 umstritten.

Trotz der bestehenden gesetzlichen Vorschriften zur Erfüllung von Nachhaltigkeitskriterien für Biokraftstoffe kritisieren mehrere Umweltverbände die Einführung von E10 und darüber hinaus auch grundsätzlich die steigende Nutzung

---

407 Zu den Regelungen siehe §37a BImschG.

408 Siehe § 13 Abs. 1 Nr. 1–3 der 10. BImSchV.

409 Siehe Erwägungsgrund 30 und Art. 1 Nr. 3 sowie Anhang 1 der Richtlinie 2009/30/EG.

410 Siehe BDBe (2012), S. 1.

411 Siehe DAT (2011), S. 2.

412 Berechnung nach Angaben des Mineralölwirtschaftsverbandes; siehe MWV (2012b), Mineralölstatistik, o. S.

413 Siehe BDBe (2012), S. 2.

von Biokraftstoffen. Kritisiert wird insbesondere, dass die Nachhaltigkeitsanforderungen bei der Berechnung der Treibhausgasbilanz der Biokraftstoffproduktion zwar das Problem direkter Landnutzungsänderungen, aber nicht die Auswirkungen indirekter Landnutzungsänderungen[414] berücksichtigen.[415]

Direkte Landnutzungsänderungen resultieren aus der Umwandlung von Naturflächen und agrarwirtschaftlich zuvor anders genutzte Flächen zum Anbau von Energiepflanzen für die Biokraftstoffproduktion. Durch die Steigerung der Biokraftstoffproduktion entsteht eine neue Flächennutzungskonkurrenz, die zu einem Verdrängungseffekt führen kann. Wenn die Nahrungsmittelproduktion dadurch auf bisher agrarwirtschaftlich ungenutzte Flächen ausweicht, handelt es sich um indirekte Landnutzungsänderungen. Die Umwandlung von ursprünglich nicht agrarwirtschaftlich genutzten Flächen geht mit der Zerstörung von Ökosystemen und steigenden CO_2-Emissionen einher. Die Nicht-Berücksichtigung der indirekten Landnutzungsänderungen führt zu einer Unterschätzung der tatsächlich durch die Biokraftstoffproduktion verursachten Emissionen. Bezüglich der auftretenden indirekten Landnutzungsänderungen bestehen jedoch hohe Unsicherheiten, so dass auch Emissionsberechnungen, die versuchen, indirekte Landnutzungsänderungen miteinzubeziehen, mit Unsicherheiten behaftet sind.[416]

Nach einem gemeinsamen Statement von zehn europäischen und internationalen Umweltschutzorganisationen könnte es statt der entsprechend den EU-Nachhaltigkeitsregelungen berechneten Einsparung der Lebenszyklus-Emissionen im Vergleich zu fossilen Kraftstoffen um mindestens 35 % zu höheren Emissionen um bis zu 167 % kommen.[417]

Umweltzonen sind in Deutschland im Rahmen von Luftreinhalteplänen zur Umsetzung der europäischen Luftqualitätsvorgaben eingeführt worden. Beabsichtigt ist, damit die Schadstoffbelastung, insbesondere die Feinstaubbelastung, in städtischen Räumen zu reduzieren. Dazu werden Fahrverbote für Fahrzeuge mit hohen Schadstoffemissionen verhängt. Mit der sogenannten ‚Plakettenverordnung‘ wurde im Jahr 2007 die rechtliche Grundlage für die Schaffung von kommunalen Umweltzonen geschaffen.[418]

Abbildung 12 zeigt die Umweltzonen in Deutschland. Die ersten Umweltzonen wurden Anfang des Jahres 2008 in Berlin, Hannover und Köln eingerichtet. Bis zum 01.01.2012 wurden in Deutschland 39 weitere Umweltzonen ge-

414 Indirekte Landnutzungsänderungen werden auch als ILUC (Indirekt Land Use Change) bezeichnet.

415 Siehe BirdLife International et al. (2010), S. 2–5 sowie BUND (2011a), S. 2 f.

416 Siehe Lange/Bruhn (2010), S. 12 f., Lange (2010), 3 f. und S. 30–34 sowie Bowyer (2010), S. 3 f. und S. 21 f.

417 Siehe BirdLife International et al. (2010), S. 1.

418 Siehe UBA (2009A), S. 12 f. und S. 18.

schaffen. Seit dem 01.10.2012 gibt es eine weitere Umweltzone in der Stadt Erfurt, in der von Beginn an nur Fahrzeuge mit grüner Umweltplakette zugelassen worden sind. Die meisten anderen Kommunen verschärfen die Einfuhrverbote stufenweise nach den Schadstoffgruppen innerhalb von mehreren Jahren.[419]

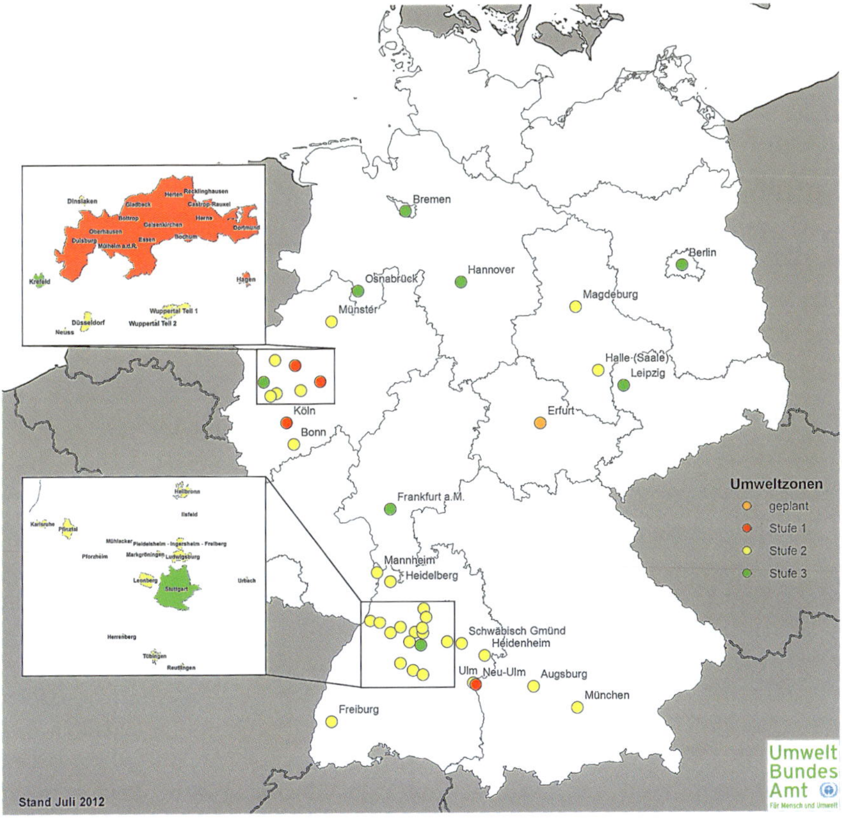

Abbildung 12: Umweltzonen in Deutschland

Quelle: UBA (2012).[420]

---

419 Diese Angaben basieren auf Informationen des UBA; siehe hierzu Anhang 2 mit einer Gesamtübersicht der Umweltzonen in Deutschland.

420 Auf Anfrage beim Fachgebiet II 4.2 ‚Beurteilung der Luftqualität' des UBA erhalten; zu einer größeren Ansicht der Bildausschnitte zu den Metropolregionen Rhein-Ruhr und Stuttgart siehe Anhang 3.

Entsprechend der ‚Plakettenverordnung' werden alle Fahrzeuge in vier Schadstoffgruppen unterteilt und erhalten je nach Schadstoffgruppe eine grüne, gelbe, rote oder gar keine Umweltplakette. Dieselfahrzeuge können mit nachträglich eingebautem Partikelfilter eine bessere Schadstoffgruppe erreichen.[421] Die Schadstoffklassen orientieren sich dabei an den Euro-Emissionsnormen. Fahrzeuge der schlechtesten Schadstoffgruppe, der Schadstoffgruppe 1, erhalten keine Umweltplakette. Fahrzeuge der Schadstoffklasse 2 erhalten eine rote Plakette, Fahrzeuge der Schadstoffklasse 3 eine gelbe und Fahrzeuge der Schadstoffklasse 4 eine grüne Plakette.[422]

Im Rahmen der Luftreinhaltepläne können die Kommunen über die Schaffung von Umweltzonen hinaus weitere Maßnahmen zur Reduzierung lokaler Schadstoffemissionen ergreifen. Dazu gehören Maßnahmen, die Anreize für eine Verkehrsverlagerung auf umweltfreundliche Verkehrsträger setzen, wie z. B. die Stärkung des ÖPNV durch eine Verteuerung und Beschränkung von öffentlichem Parkraum.[423]

4.2.2.6 Informationspolitische Instrumente und ‚grüne' öffentliche Beschaffung auf nationaler Ebene

Die flankierenden Instrumente durch Informations- und Beschaffungspolitik beruhen in Deutschland hauptsächlich auf europäischen Leitlinien und Vorgaben. Im Rahmen der Umsetzung der EU-Vorgaben zur Bereitstellung von Verbraucherinformationen über Kraftstoffverbrauch und CO_2-Emissionen wurden in Deutschland mit einer Novellierung der Pkw-Energieverbrauchskennzeichnungsverordnung zum 01.12.2011 Pkw-Label eingeführt, die neben Informationen über den Kraftstoffverbrauch und den absoluten CO_2-Ausstoß eines Pkws pro km auch eine Einordnung der Pkw in CO_2-Effizienzklassen enthalten, bei denen der CO_2-Ausstoß in Relation zum Fahrzeuggewicht gesetzt wird. Die CO_2-Effizienzklassen besitzen acht Abstufungen und eine Unterscheidung nach den Ampelfarben grün, gelb und rot.[424] Das Pkw-Labeling orientiert sich dabei an der Produktkennzeichnung nach der Ökodesign-Richtlinie und der europäischen Reifenkennzeichnungsverordnung.[425]

---

421 Siehe BAFA (2011), S. 4.

422 Bei der ‚Plakettenverordnung' handelt sich um die 35. BImSchV; zu den genauen Regelungen siehe Anhang 1 und Anhang 2 der Verordnung.

423 Siehe UBA (2009A), S. 12 f. und S. 18.

424 Siehe Anlage 1 der Pkw-EnVKV.

425 Das Pkw-Labeling basiert auf der Richtline 1999/94/EG.

Zusätzlich zu den Produktkennzeichnungen nach europäischen Vorgaben wird in Deutschland ein staatliches Umweltzeichen im Pkw-Bereich vergeben. Besonders lärmarme und kraftstoffsparende Reifen können mit dem ‚Blauen Engel' gekennzeichnet werden.[426]

Im Bereich der Beschaffungspolitik bestanden auf nationaler Ebene in der Vergangenheit Rechtsunsicherheiten in Bezug auf die Berücksichtigung der europäischen Umweltkriterien. Unklar war, ob diese im Widerspruch zu den Wirtschaftlichkeitskriterien bei der öffentlichen Beschaffung in Deutschland stehen, aber mittlerweile ermöglichen die nationalen Regelungen die Berücksichtigung von Umweltkriterien bei der öffentlichen Beschaffung.[427] Zum Abbau von Hemmnissen bei den öffentlichen Institutionen gegenüber der Einbindung von Umweltkriterien und um eine umweltorientierte Beschaffungspraxis stärker zu etablieren, bietet das Umweltbundesamt für die Entscheidungsträger ein Informationsportal im Internet an.[428]

4.2.3 Übersicht über die zentralen Maßnahmen auf nationaler Ebene

In Deutschland gibt es verschiedene zu beobachtende Strategien und Handlungskonzepte zur Förderung von Umweltinnovationen.[429] Neben den nationalen Aktivitäten ist in Deutschland auch die Beteiligung an dem europäischen Programm ‚ETAP' für die Förderung von Umweltinnovationen von Relevanz. Zu den deutschen Strategien gehört die ‚Nationale Nachhaltigkeitsstrategie'. Als zentrale allgemeine innovationspolitische Strategie in Deutschland beinhaltet die ‚Hightech-Strategie' unter anderem die Förderung von Umweltinnovationen. Es existiert zudem der ‚Masterplan Umwelttechnologien', dessen Fokus speziell auf Umweltinnovationen liegt. Der Verkehrsbereich ist darüber hinaus von dem integrierten Energie- und Klimaprogramm ‚IKEP', dem Programm zur Reduzierung von Treibhausgasemissionen und zur Erhöhung der Energieeffizienz, betroffen. Einen ausschließlichen Fokus auf den Verkehrsbereich legt die neue Strategie zur Förderung von Umweltinnovationen, die ‚Mobilitäts- und Kraftstoffstrategie'.

Zu den spezifischen Maßnahmen in Deutschland gehört die finanzielle Förderung im Rahmen bereichsübergreifender Förderprogramme, von denen der Verkehrsbereich insbesondere durch die Fördermittel für die Elektromobilität

---

426 Siehe RAL (2009), S. 3.

427 Siehe Hermann (2012), S. 4–12 und S. 52–54.

428 Siehe BMU (2005), S. 19 sowie UBA (2009b), S. 4–7. Das Internetportat ist zu finden unter der URL: www.beschaffung-info.de [Stand: 11.07.2012].

429 Siehe OECD (2009), S. 233.

betroffen ist. Daneben ist die Elektromobilität Gegenstand des groß angelegten Förderprojekts NEP. Ein weiterer Bestandteil der direkten Projektförderung ist das NIP, mit dem speziell die Entwicklung von Wasserstoff- und Brennstoffzellentechnologien unterstützt wird.

Neben der direkten Projektförderung sind auf nationaler Ebene verschiedene monetäre und auflagenpolitische Instrumente zur Reduktion von Schadstoffemissionen im Verkehrsbereich relevant. Zu den monetären Instrumenten gehören die finanziellen Anreize für den Einbau von Dieselrußpartikelfiltern. Mit den Besteuerungsregelungen für Kraftstoffe werden Diesel- und Benzinkraftstoffe verteuert und Biokraftstoffe erhalten Vergünstigungen. Durch die CO_2-bezogene Komponente der Kfz-Steuer sollen Pkw mit geringem durchschnittlichem CO_2-Ausstoß gegenüber Pkw mit vergleichsweise höherem CO_2-Ausstoß steuerlich bessergestellt werden. Bei den auflagenpolitischen Instrumenten handelt es sich um nationale Regelungen, mit denen europäische Richtlinien umgesetzt worden sind.

Auflagen bestehen in Deutschland durch die Biokraftstoffnachhaltigkeitsverordnung und die Fahrverbote innerhalb der Umweltzonen zur Verbesserung der Luftqualität. Zudem gibt es in Deutschland Grenzwerte für Lärmemissionen entsprechend der europäischen Vorgaben, die seit Mitte der 1990er Jahre unverändert sind. Auch die informationspolitischen Instrumente und die ‚grüne' öffentliche Beschaffung beruhen in Deutschland im Wesentlichen auf der Umsetzung europäischer Vorgaben. Das zentrale informationspolitische Instrument ist die Produktkennzeichnung mit dem Pkw-Label, das nicht nur Verbraucherinformationen zum Kraftstoffverbrauch und zum durchschnittlichen CO_2-Ausstoß pro km enthält, sondern Pkw-Modelle über die europäischen Vorgaben hinaus in CO_2-Effizienzklassen einteilt, die sich am Fahrzeuggewicht orientieren.

5 Ökologische Innovationspolitik im Bereich des Pkw-Verkehrs

5.1 Methodik zur Einordnung und Bewertung der Maßnahmen im Status quo

Die in Kapitel 4 dargestellten Maßnahmen werden im Folgenden anhand ihrer Zielsetzung und ihrer jeweiligen Ausgestaltung in die ökologische Innovationspolitik eingeordnet und bewertet. Für die Einordnung in die ökologische Innovationspolitik wird zunächst überprüft, ob sie Überschneidungspunkte zur Industriepolitik besitzen und ob sie innovationspolitisch bzw. umweltpolitisch ausgerichtet sind oder ob es sich um flankierende Maßnahmen handelt. In der ökologischen Innovationspolitik werden bei der Auswahl und Ausgestaltung der Instrumente Pfadabhängigkeiten und Zeitfenster für wirtschaftspolitische Maßnahmen berücksichtigt. Deshalb werden die jeweiligen Maßnahmen im Status quo im Hinblick auf die Frage analysiert, ob staatlich forcierte Umweltinnovationen neue Technologiepfade begründen, die im Konflikt zu dem etablierten Technologiepfad stehen. Probleme können hierbei durch die Lock-in-Verstärker entstehen: irreversible Investitionen in etablierte Technologien, Wechselkosten aufgrund von technologischen Komplementaritäten, Unsicherheit über die Potenziale neuer Technologien sowie Set-Up-Kosten und Koordinationsprobleme. Es ist daher zu überprüfen, ob diese Lock-in-Verstärker vorhanden sind und ob mit den staatlichen Maßnahmen gegebenenfalls Zeitfenster zu einem Wechsel des bestehenden Technologiepfades genutzt werden.

Nach dieser allgemeinen Einordnung erfolgt die Bewertung der Maßnahmen im Status quo nach den Kriterien der ökologischen Innovationspolitik ‚dynamische Anreizwirkung', ‚Pfadeffektivität', ‚Wettbewerbskonformität' und ‚Anpassungsflexibilität'. Bei den letzen drei Kriterien handelt es sich um die Kriterien nach Nill (2009). Zwar lassen sich durch die Verwendung dieser Kriterien die Merkmale von Umweltinnovationen berücksichtigen, es ist aber zu beachten, dass die Kriterien nach Nill nicht isoliert voneinander verwendet werden können, da sie inhaltliche Überschneidungen besitzen können.[430] Beispielsweise kann eine wirtschaftspolitische Maßnahme, die sich erst bei der praktischen Umsetzung bzw. aufgrund veränderter Rahmenbedingungen als nicht ausreichend pfadeffektiv oder wettbewerbskonform herausstellt, durch Lern- und Korrekturmechanismen angepasst und verbessert werden.

Nach der detaillierten Einordnung und Bewertung der Maßnahmen können die Ergebnisse für einen besseren Überblick in Tabellenform zusammengefasst

430 Siehe Nill (2009), S. 425–427.

werden und es lassen sich die Möglichkeiten und Grenzen der eingesetzten Maßnahmen im Status quo aufzeigen.

5.2 Maßnahmen des Status quo aus Sicht der ökologischen Innovationspolitik

5.2.1 Die allgemeine Strategien und Handlungskonzepte aus Sicht der ökologischen Innovationspolitik

5.2.1.1 Einordnung der allgemeinen Strategien und Handlungskonzepte

Die allgemeinen Strategien und Handlungskonzepte der EU und auf nationaler Ebene beabsichtigen die Förderung von Umweltinnovationen.[431] Sie besitzen jedoch zum Teil eine industriepolitische Ausrichtung: Beispielsweise stehen bei den europäischen Strategien ETAP und EcoAP wirtschaftliches Wachstum, Wettbewerbsfähigkeit und die Erreichung von Vorreiterpositionen beim umwelttechnologischen Fortschritt im Vordergrund.[432] Dies gilt auch für die nationalen Konzepte. Beispielsweise betont auch die Hightech-Strategie die Erreichung einer Vorreiterposition,[433] und durch den Masterplan Umwelttechnologien sollen wirtschaftliche Entwicklungspotenziale ausgeschöpft und Leitmärkte für Umweltschutztechnologien etabliert werden[434].

Als Konzeptionen für die Gestaltung der Wirtschaftspolitik beinhalten die Strategiepapiere zwar allgemeine Handlungsansätze, aber weniger konkrete Entwürfe zur Umsetzung. Dies gilt insbesondere für Instrumente der Umweltpolitik. Zum Bereich der innovationspolitischen Instrumente gehört die im Rahmen der Strategien und Handlungskonzepte initiierte und direkte Projektförderung. Die nähere Analyse der Förderprojekte erfolgt im folgenden Abschnitt 5.2.2. Teil der Strategien und Handlungskonzepte sind auch flankierende Maßnahmen wie beispielsweise die Zielsetzungen für ein umweltfreundliches Beschaffungswesen und die Zertifizierung von Umweltmanagementsystemen durch EMAS.

Die Strategien und Handlungskonzepte richten sich im Wesentlichen auf technisch-ökonomische Innovationen. Als einzige Strategie ist die Nationale Nachhaltigkeitsstrategie nicht hauptsächlich auf technisch-ökonomische Innovationen, sondern mit den Bestrebungen zur Verkehrsverlagerung und -

---

431 Die Strategien und Handlungskonzepte wurden in den Abschnitten 4.1.1, S. 79 ff. und 4.2.1, S. 98 ff. dargestellt.

432 Siehe EK (2004), S. 3 und 6 sowie EC (2011d), S. 6–15.

433 Siehe BMBF (2010b), S. 3–9.

434 Siehe BMU/BMBF (2008), S. 3–8.

vermeidung durch eine Steuerung der Verkehrsströme auch auf soziale und institutionelle Innovationen ausgerichtet.

In dem herrschenden Verkehrssystem mit den konventionellen Antrieben liegen irreversible Investitionen in die etablierten Technologien vor. Durch die gezielte Fokussierung der Strategien und Handlungskonzepte auf spezifische alternative Technologien wie insbesondere die Elektromobilität besteht die Gefahr, dass Sach- und Humankapital vorzeitig an diese Technologien gebunden werden und somit neue irreversible Investitionen stattfinden, die auch mit der Entstehung von Wechselkosten und Set-up-Kosten verbunden sind und schließlich eine technologische Entwicklung in andere als die staatlich fokussierten Entwicklungen behindern.

Über die Potenziale der zukünftigen technologischen Entwicklung im Automobilsektor besteht Unsicherheit. Es ist fraglich, ob die fokussierten Technologieoptionen geeignet sind, die herrschenden Technologien zu substituieren. Wenn im herrschenden Technologiepfad kaum mehr neue Anwendungsfelder in Form von inkrementellen Innovationen wie z. B. der Steigerung der Kraftstoffeffizienz und der Minderung von umweltschädlichen Emissionen durch End-of-Pipe-Technologien vorhanden wären, würde dies die Dominanz des herrschenden Technologiepfads schwächen und könnte somit als Zeitfenster für wirtschaftspolitische Maßnahmen zur Förderung von radikalen Innovationen im Bereich der alternativen Antriebe gesehen werden. Seit Mitte der 1990er Jahre lässt sich jedoch bei der deutschen Automobilproduktion eine Innovationsdynamik beobachten, die im Zuge der europäischen Emissionsgrenzwerte in den letzten Jahren z. B. durch Leichtbaukonzepte und Downsizing zu Minderungen im Kraftstoffverbrauch geführt hat, ohne dass dies auch mit schwächeren Motorleistungen verbunden ist.[435] Wenn sich diese Entwicklung zukünftig fortsetzt, könnte dies den herrschenden Technologiepfad stabilisieren. McKinsey & Company (2009) gehen in einer Prognose bis zum Jahr 2030 davon aus, dass das höchste Potenzial zur Emissionsvermeidung in der Steigerung der Kraftstoffeffizienz bei den konventionellen Technologien und nicht bei den alternativen Technologien liegt.[436] Die Autoren legen dabei eine Steigerung der Kraftstoffeffizienz bei Fahrzeugen mit Ottomotor um 39 % und bei Dieselfahrzeugen um 36 % zugrunde. Es ist allerdings nicht ersichtlich, worauf sich diese Annahme stützt.

Bezüglich der Einordnung der Strategien und Handlungskonzepte in die ökologische Innovationspolitik ist festzuhalten, dass diese zwar Handlungsmöglichkeiten aufzeigen und Bestrebungen zur Forcierung von Umweltinnovationen

---

435 Siehe Barthel et al. (2010), S. 23.

436 Siehe McKinsey & Company (2009), S. 12.

im Bereich der individuellen Mobilität enthalten, aber keine einheitliche integrative Basis für eine auf die verschiedenen Innovationsphasen ausgerichtete ökologische Innovationspolitik bilden.

Die dargestellten Strategien und Handlungskonzepte bestehen nebeneinander, ohne dass angemessene Bestrebungen zur Koordination untereinander erkennbar sind. Nur im Rahmen der Planung zur aktualisierten Mobilitäts- und Kraftstoffstrategie wird die Notwendigkeit zur Bildung eines integrativen Rahmens, der bereits existierende und neue Maßnahmen umfasst und die jeweiligen beteiligten Akteure und zuständigen Institutionen miteinander in Verbindung bringt, erkannt.[437]

5.2.1.2 Strategien und Handlungskonzepte zur Induzierung umwelttechnischen Fortschritts

Politische Strategien und Handlungskonzepte bieten die Möglichkeit, Instrumente der ökologischen Innovationspolitik aufeinander abzustimmen und Zuständigkeiten auf administrativer Ebene zu koordinieren. Die Strategien und Handlungskonzepte können zwar erst mit der Umsetzung der Vorschläge im Instrumentenmix direkte dynamische Anreizwirkungen entfalten, aber sie können in indirekter Weise genutzt werden, indem sie einheitliche wirtschaftspolitische Rahmenbedingungen für den umwelttechnischen Fortschritt schaffen. Dafür wäre es jedoch notwendig, die verschiedenen bestehenden Konzeptionen aufeinander abzustimmen. Dies ist bisher in der Praxis nur punktuell geschehen. Überschneidungspunkte bestehen hauptsächlich bei der Zielsetzung, z. B. die Umweltverträglichkeit des Verkehrs durch technischen Fortschritt zu verbessern und in vereinzelten Bereichen wie der Beteiligung der Nationalstaaten an ETAP.[438]

Mit der Fokussierung auf spezielle alternative Technologien sind die Strategien und Handlungskonzepte auf die Förderung von radikalen Umweltinnovationen ausgerichtet. Verschiedene Innovationsphasen werden berücksichtigt, da sich die Förderprojekte auf die Phasen der Invention und Adaption beziehen und die im Rahmen der Strategien und Handlungskonzepte initiierten flankierenden Maßnahmen an der Diffusionsphase anknüpfen.

Die Mobilitäts- und Kraftstoffstrategie zeichnet sich als einzige dadurch aus, dass sie das Prinzip der Technologieoffenheit durch einen Kriterienkatalog stützt.[439] Mit diesem Kriterienkatalog lassen sich verschiedene Innovationen

437 Siehe dena (2011b), S. 39–46.

438 Siehe OECD (2009), S. 233.

439 Siehe dena (2011b), S. 30 f.

zumindest nach gleichen Maßstäben bewerten. Diese kann jedoch keinen marktlichen Selektionsprozess ersetzen.

Die bestehenden Probleme des bisherigen Technologiepfads mit den damit verbunden Umweltbelastungen und der Endlichkeit der Ressourcen wurden mit den Strategien und Handlungskonzepten von staatlicher Seite, sowohl auf EU-Ebene als auch auf nationaler Ebene, antizipiert. Insbesondere die flankierenden informationspolitischen Maßnahmen können das Bewusstsein für die mit dem herrschenden Verkehrssystem verbundenden Umweltprobleme stärken.

Wegen der Fokussierung auf spezifische Technologien, deren Ökobilanzen und Praktikabilität bisher noch nicht abschätzbar sind, ist nicht sichergestellt, dass die besten Lösungswege zur Reduktion von Umweltproblemen verfolgt werden. Dieses Problem zeigt sich insbesondere bei den teilweise im Rahmen der Strategiepapiere geschaffenen Förderprojekten. Die Strategien und Handlungskonzepte wie das IKEP und die Mobilitäts- und Kraftstoffstrategie beanspruchen zwar eine technologieoffene Ausrichtung, legen aber trotzdem Schwerpunkte auf spezielle Technologien, die aus hoheitlicher Sicht als zukunftsträchtig angesehen werden. Insbesondere die Elektromobilität liegt im Fokus der Strategien und Handlungskonzepte.[440] Pfadeffektivität ist bei den betrachteten Strategien und Handlungskonzepten deshalb nur in einem eingeschränktem Maß vorhanden. Es besteht die Gefahr der Übervorteilung bestimmter Technologiepfade und somit auch keine Wettbewerbskonformität, es sei denn, die beabsichtigte Technologieoffenheit wird, wie bei dem Entwurf zur Weiterentwicklung der nationalen Mobilitäts- und Kraftstoffstrategie,[441] zukünftig stärker verfolgt. Nur wenn mit den wirtschaftspolitischen Grundbedingungen zur Forcierung von Umweltinnovationen zukünftig keine spezifische Bindung mehr an bestimmte neue Technologiepfade geknüpft wird, können Strategien und Handlungskonzepte wettbewerbskonform sein.

Auch Anpassungsflexibilität lässt sich nur dann erreichen, wenn Technologiepfade, die sich gegebenenfalls als nicht umsetzbar erweisen könnten, auch keine erzwungene hoheitliche Unterstützung mehr erhalten. Als konzeptionelle Grundlage für die Ausgestaltung der Wirtschaftspolitik beinhalten die Strategiepapiere jedoch kaum bindende konkrete Maßnahmen und besitzen deshalb auch nicht die Problematik, dass Lern- und Korrekturmöglichkeiten fehlen könnten.

440 Siehe Bundesregierung (2007), S. 30–43 und Bundesregierung (2009a), S. 30.

441 Siehe dena (2011b), S. 31.

5.2.2 Die Förderprojekte aus Sicht der ökologischen Innovationspolitik

5.2.2.1 Einordnung der Förderprojekte

Mit den verschieden Förderprojekten in der EU und in Deutschland sollen neue Technologieentwicklungen gefördert werden.[442] Neben dem Ziel, Umweltbelastungen zu verringern und im Verkehrsbereich die Abhängigkeit von der endlichen Ressource Erdöl zu reduzieren, ist ebenso wie bei den Strategien und Handlungskonzepten eine industriepolitische Ausrichtung zu erkennen. Mit dem NEP soll beispielsweise die Automobilindustrie in Deutschland gestärkt werden[443] und im Rahmen des NIP wird eine Technologieführerschaft angestrebt[444].

Bei den Maßnahmen innerhalb der Förderprojekte handelt es sich um innovationspolitische Instrumente. Im Rahmen der direkten Projektförderung zu Forschung und Entwicklung und für Demonstrationsprojekte gibt es bei den europäischen Maßnahmen FCH JU, EGCI und dem NIP auf nationaler Ebene Kooperationsprojekte in Form von öffentlich-privaten Partnerschaften[445] sowie Forschungsnetzwerke, bei denen zum Teil auch wissenschaftliche Einrichtungen mit eingebunden sind[446].

Neben der direkten Projektförderung besteht für Innovatoren die Möglichkeit, spezielle zinsvergünstigte Darlehen bei der EIB und der KfW zu erhalten. Auf europäischer Ebene erfolgt dies durch die EGCI und auf nationaler Ebene im Rahmen des BMU-Umweltinnovationsprogramms. Während die direkte Projektförderung bei den groß angelegten Förderprojekten FCH JU, NEP und NIP auf die Elektromobilität und auf Wasserstofftechnologien beschränkt ist, handelt es sich bei der Darlehensvergabe um eine indirekt-spezifische Förderung, die nicht ausschließlich an diese Technologien gekoppelt ist.

Die starke Fokussierung auf die Elektromobilität und auf Wasserstofftechnologien birgt bei den Förderprojekten ebenso wie bei den Strategien und Handlungskonzepten die Gefahr, dass irreversible Investitionen stattfinden und dadurch neue Wechsel- und Set-up-Kosten entstehen. Diese speziell geförderten Technologien sind neben der Fahrzeugentwicklung auch mit dem Aufbau von neuen Betankungssystemen und Tankstelleninfrastrukturen verbunden, deren Errichtung im Rahmen der Schaufenster- und Demonstrationsprojekte des NEP und des NIP verfolgt wird. Obwohl bezüglich der Zukunftspotenziale dieser

442 Die Förderprojekte wurden in den Abschnitten 4.1.2.1, S. 88 ff. und 4.2.2, S. 104 ff. dargestellt.

443 Siehe Bundesregierung (2009b), S. 5.

444 Siehe BMVBS et al. (2011), S. 1 f.

445 Siehe EC (2011a), S. 7–9, EC (2011b), S. 4 und NOW (2012), S. 8 des NOW Magazins zum Jahresbericht 2011.

446 Siehe BMVBS et al. (2011), S. 8.

Technologien Unsicherheiten bestehen, ist die Förderung nicht auf die jeweiligen Einzelprojekte beschränkt, sondern mit dem ECGI auf EU-Ebene und dem Energieforschungsprogramm sowie dem Förderbereich des EKF auf nationaler Ebene darüber hinaus auch Teil der technologieübergreifenden Projekte.[447] Durch eine zentrale Koordination könnte der Einsatz der Fördermittel unter Berücksichtigung der Diversität alternativer technologischer Entwicklungen gesteuert werden.

Nach der Zeitfenstertheorie kann politischer Druck dafür verantwortlich sein, dass entgegen der Marktentwicklung Zeitfenster für einen schnellen Technologiewandel geöffnet werden, auch wenn dies im Zielkonflikt zu dem Zeitbedarf bei der Entwicklung von effizienten technologischen Lösungen steht.[448] Dies lässt sich bei dem NEP erkennen: Die Expertenkommission NPE, die für die Konzeption der Maßnahmen zur Förderung der Elektromobilität verantwortlich ist, richtet sich nicht primär an Effizienz- oder Umweltkriterien aus, sondern orientiert sich bei ihren Empfehlungen an der Umsetzung des Vorhabens der Bundesregierung zur Etablierung von 1 Mio. Elektrofahrzeuge bis zum Jahr 2020.[449] Innerhalb dieses gegeben politischen Rahmens strebt die NPE jedoch einen marktorientierten und technologieoffenen Ansatz an, indem die Diversität elektromobiler Nutzungskonzepte berücksichtigt wird und die Gestaltung der Maßnahmen an die verschiedenen Innovationsphasen anknüpft.[450]

5.2.2.2 Förderprojekte zur Induzierung des umwelttechnischen Fortschritts

Als Instrumente der Innovationspolitik setzen die Förderprojekte direkte finanzielle Anreize zu technologischem Fortschritt und besitzen deshalb eine dynamische Anreizwirkung. Die Förderprojekte beziehen sich nicht nur auf die Inventionsphase, sondern mit den Demonstrations- und Schaufensterprojekten wie z. B. auf europäischer Ebene im Projekt FCH JU und auf nationaler Ebene im Rahmen der Projekte NEP und NIP auch auf die Phasen der Adaption und der Diffusion.[451] Mit den Förderprojekten zur Elektromobilität und zu Wasserstofftechnologien liegt der Schwerpunkt auf radikalen Innovationen.

Da gerade radikale Innovationen mit vergleichsweise hohen Unsicherheiten und Investitionskosten verbunden sind, können Innovationshemmnisse bestehen, denen im Rahmen der indirekt-spezifischen Förderung entgegen gewirkt wird.

---

447 Siehe EC (2011b), S. 4 f., BMF (2011), S. 28 f. und S. 45 f.

448 Siehe hierzu auch Abschnitt 3.3.4, S. 72 ff.

449 Siehe NPE (2011), S. 9 und NPE (2012), S. 37.

450 Siehe hierzu NPE (2012), S. 7.

451 Siehe EC (2011a), S. 7–9, Pressemitteilung des BMWi et al. vom 03. April 2012, o. S. sowie BMVBS et al. (2011), S. 2.

Die Darlehensvergabe durch die EIB und die KfW dient dazu, die Finanzierung von Umweltinnovationen zu vergünstigen und den umwelttechnologischen Fortschritt zu beschleunigen. Investitionsrisiken lassen sich auch durch eine Risikoverteilung auf mehrere Akteure mindern. Dies erfolgt bei den dargestellten Förderprojekten im Rahmen der direkten Projektförderung durch die Bildung von Innovationsnetzwerken, an denen Akteure aus Industrie, Wissenschaft und Staat beteiligt sind, und durch die Finanzierung in Form von öffentlich-privaten Partnerschaften.

Aufgrund dieser Ausgestaltung ist bei den Förderprojekten im Rahmen der indirekt-spezifischen Förderung Pfadeffektivität gegeben. Dagegen besteht bei der direkten Projektförderung wegen der Fokussierung auf spezifische Technologien eine Tendenz zur Entwicklung inflexibler Technologiepfade. Diese staatliche Technologieselektion schränkt auch die Wettbewerbskonformität der Projektförderung ein. Durch einen höheren Anteil indirekt-spezifischer Förderung ließe sich die Wettbewerbskonformität der Förderprojekte erhöhen. Während die direkte Projektförderung wegen der Kopplung an einzelne Technologien kaum anpassungsflexibel sein kann, lässt sich eine indirekt-spezifische Förderung so gestalten, dass sie prinzipiell an Umweltinnovationen im Bereich des Pkw-Verkehrs anknüpft. Dadurch, dass alle Innovatoren den gleichen Konditionen unterliegen, wird einer ex-ante-Selektion bzw. Diskriminierung einzelner Technologien vorgebeugt, so dass ein Technologiewettbewerb stattfinden kann.

5.2.3 Die monetären Instrumente aus Sicht der ökologischen Innovationspolitik

5.2.3.1 Einordnung der monetären Instrumente

Monetäre Instrumente kommen im Bereich des Pkw-Verkehrs auf nationaler Ebene zur Anwendung.[452] Mit den Subventionen und Steuern zur Reduktion von Schadstoffemissionen des Pkw-Verkehrs handelt es sich um klassische Instrumente der Umweltpolitik zur Internalisierung negativer technologischer externer Effekte.[453]

Durch die staatliche Förderung des nachträglichen Einbaus von Dieselrußpartikelfiltern in bereits zugelassene alte Pkw wird eine Technologie ex-post subventioniert, mit der sich einerseits umweltschädliche Emissionen mindern lassen. Andererseits ist die Nutzung von Rußpartikelfiltern auch in spezifischer Weise irreversibel mit dem etablierten Technologiepfad verbunden. Dies gilt

452 Die monetären Maßnahmen wurden in Abschnitt 4.2.2.4, S. 115 ff. dargestellt.

453 Siehe Fritsch (2011), S. 148–152.

auch für die Steuerbefreiung für neuzugelassene Diesel-Pkw mit Rußpartikelfilter.

Die Ökosteuer auf Kraftstoffe als Lenkungssteuer verteuert die Nutzung konventioneller Kraftstoffe und begünstigt alternative Kraftstoffe. Die Ökosteuer setzt dadurch Verhaltensanreize zu einer kraftstoffsparenden Fahrweise sowie zur Verkehrsvermeidung und Verkehrsverlagerung auf andere Verkehrsträger,[454] so dass soziale Innovationen forciert werden. Zudem setzt die Ökosteuer Kaufanreize für Fahrzeuge mit einem niedrigen Kraftstoffverbrauch bzw. für alternative Kraftstoffe und Technologien und damit auch für technisch-ökonomische Innovationen. Durch die Bevorteilung von Dieselkraftstoff bei der Besteuerung werden aber auch Kaufanreize für Fahrzeuge mit Dieselmotor, bei denen es sich nicht um eine Umweltinnovation handelt, gesetzt.

Die CO_2-bezogene Kfz-Besteuerung richtet sich ausschließlich auf Kaufanreize. Obwohl Diesel-Pkw einer höheren Kfz-Steuer als Pkw mit Benzinmotor unterliegen, schafft die Kfz-Besteuerung angesichts des steigenden Anteils von Diesel-Pkw[455] keinen Ausgleich zur Bevorteilung durch die Energiesteuer auf Kraftstoffe.[456] Trotzdem erhöhen die Steuern im Gegensatz zur Subventionierung von Dieselrußpartikelfiltern die Bindung an den bestehenden Technologiepfad nicht.

Während bei den Förderprojekten für alternative Technologien durch den Wechsel des Technologiepfades neue Set-up-Kosten oder Koordinationsprobleme entstehen können, besteht dieses Problem weder bei der Subventionierung von Dieselrußpartikelfiltern noch bei der umweltbezogenen Besteuerung im Pkw-Bereich. Durch die Subventionierung werden jedoch beim etablierten Technologiepfad bestehende Lock-in-Effekte zusätzlich verstärkt, so dass die Entstehung von Zeitfenstern für einen Technologiepfadwechsel im Pkw-Bereich gehemmt wird. Dies gilt jedoch nicht für die monetären Instrumente in Form der Ökosteuer und der CO_2-bezogenen Kfz-Besteuerung. Unabhängig davon, ob Steuern im umweltökonomischen Sinn externe Kosten vollständig internalisieren, zeigen sie im Gegensatz zur Subventionierung die Existenz von externen Kosten und damit auch gegebenenfalls bestehende Grenzen des bisherigen Technologiepfads auf, so dass sich Zeitfenster auch für radikale pfadverändernde Entwicklungen ergeben können.

---

454 Siehe UBA (2010), S. 40 f.

455 Siehe KBA (2011), S. 4.

456 Die relative Vorteilhaftigkeit von Diesel gegenüber Benzin-Pkw hängt zwar aus einzelwirtschaftlicher Sicht von der durchschnittlichen Jahreskilometerleistung ab, aber der steigende Anteil von Diesel-Pkw an den neu zugelassenen Pkw kann als Indikator für die relative Vorteilhaftigkeit von Diesel- gegenüber Benzin-Pkw angesehen werden.

5.2.3.2 Monetäre Instrumente zur Induzierung des umwelttechnischen Fortschritts

Die betrachteten monetären Maßnahmen setzen grundsätzlich Anreize für einen umwelttechnologischen Fortschritt und besitzen deshalb eine dynamische Anreizwirkung. Aus Sicht der ökologischen Innovationspolitik ist jedoch zu beachten, dass der Einbau von Dieselrußpartikelfiltern als additive Technologie eine inkrementelle Innovation darstellt und die staatliche Förderung dieser Filtersysteme nicht auf einen Technologiewandel ausgelegt ist. Die staatliche Förderung wirkt sich auf die Adaption und Diffusion von Partikelminderungssystemen aus, setzt aber keine Anreize zur Invention im Bereich der gesamten End-of-Pipe-Technologien zur Emissionsminderung. Dagegen können sich Steuern auf alle Innovationsphasen auswirken.[457] Durch die Besteuerung der Kraftstoffe und Fahrzeuge lässt sich umwelttechnischer Fortschritt sowohl mit inkrementellen als auch mit radikalen Innovationen hervorrufen. Dies erfolgt bei den betrachteten steuerlichen Maßnahmen durch die Kaufanreize für kraftstoffeffiziente Fahrzeuge sowie für Fahrzeuge mit alternativen Kraftstoffen und Technologien.

Fraglich ist jedoch bei den monetären Maßnahmen, ob sie einer Inflexibilität des bestehenden Technologiepfads entgegen wirken können und damit pfadeffektiv sind. Obwohl sich die Rußpartikelemissionen bei Diesel-Pkw durch den Einbau von Partikelfiltern um bis zu 99 % reduzieren lassen und die staatliche Förderung deshalb zur Reduktion von Umweltbelastungen beiträgt, besitzen Diesel-Pkw auch mit eingebautem Partikelfilter im Rahmen des bestehenden Technologiepfads im Vergleich zu Pkw mit Ottomotor bei einer Beachtung der gesamten Emissionen keinen Vorteil für die Umwelt.[458] Die Gestaltung der Energiesteuer auf Kraftstoffe mit den Kaufanreizen für Dieselfahrzeuge ist deshalb nicht pfadeffektiv. Auch die Begünstigung von alternativen Kraftstoffen bei der Ökosteuer lässt sich nicht ohne Einschränkung als pfadeffektiv bezeichnen:

---

457 Siehe Rennings/Rammer/Oberndorfer (2008), S. 32–36.

458 Der CO2-Ausstoß bei der Kraftstoffverbrennung pro Liter liegt bei Dieselmotoren aufgrund des höheren Kohlenstoffgehalts von Dieselkraftstoff im Vergleich zu Benzin um etwa 13 % über dem CO2-Ausstoß pro Liter bei Benzinmotoren. Dies führt trotz des geringeren durchschnittlichen Kraftstoffverbrauchs von Diesel-Pkw im Vergleich zu Benzin-Pkw aufgrund der insgesamt höheren Fahrleistungen der Diesel-PKW zu höheren Gesamtemissionen. Das UBA (Umweltbundesamt) schlägt deshalb eine Energiesteuer vor, die sich auf den Kohlenstoffgehalt bezieht; siehe UBA (2010), S. 41. Zu einer detaillierten Analyse der umweltschädlichen Emissionen von Diesel-Pkw und einem Vergleich zu Pkw mit Ottomotor mit dem gleichen Ergebnis siehe auch Helmers (2009), S. 62–90.

Obwohl damit Anreize für technisch-ökonomische Innovationen gesetzt werden, ist ungewiss, ob die Bevorteilung zu weniger umweltschädlichen Emissionen führt. Auch wenn alternative Kraftstoffe im Fahrzeugbetrieb mit weniger direkten Emissionen verbunden sein können als konventionelle Kraftstoffe, bestehen bei einer Betrachtung der gesamten Ökobilanz und damit bei den indirekten Emissionen hohe Unsicherheiten, so dass nicht sichergestellt ist, ob die Begünstigung durch positive Umweltwirkungen gerechtfertigt ist. Die Ökosteuer kann zwar grundsätzlich durch die Verteuerung von Kraftstoffen Umweltinnovationen bewirken, aber durch ihre Ausgestaltung ist sie nur begrenzt pfadeffektiv.

Die CO_2-abhängige Komponente bei der Kfz-Besteuerung fördert den Kauf verbrauchsarmer Pkw mit vergleichsweise geringen CO_2-Emissionen und ist diesbezüglich pfadeffektiv. Zur Erhöhung der Lenkungswirkung der Steuer schlägt das UBA – Umweltbundesamt (2010) vor, die Kfz-Besteuerung ausschließlich von den CO_2-Emissionen abhängig zu machen.[459] Hierbei ist jedoch zu beachten, dass das in der EU verwendete Verfahren zur Messung der CO_2-Emissionen unter unrealistischen Bedingungen stattfindet und die real emittierten Emissionen von den im Testzyklus gemessenen Werten abweichen können.[460] Deshalb führen niedrige Werte bei den Angaben über die CO_2-Emissionen nicht zwingend zu einer Reduktion der tatsächlichen CO_2-Emissionen unter realen Fahrbedingungen. Die Kfz-Steuer bezieht sich im Gegensatz zur Ökosteuer lediglich auf den Besitz eines Pkws, der unabhängig von der Fahrleistung ist. Damit bleiben die tatsächlichen fahrleistungsabhängigen CO_2-Emissionen unberücksichtigt.[461] Fraglich ist darüber hinaus, weshalb die Umweltkomponente der Kfz-Steuer ausschließlich an die CO_2-Emissionen gebunden ist und nicht an Emissionsklassen, mit denen zusätzlich weitere umweltschädliche Emissionen berücksichtigt werden könnten.

Dadurch, dass die Subventionierung der Rußpartikelfilter zwangsweise an den bestehenden Technologiepfad gebunden ist, kann keine technologieoffene Forcierung umwelttechnischen Fortschritts stattfinden, so dass Wettbewerbskonformität hier nicht gegeben ist. Sowohl bei der Besteuerung von Kraftstoffen als auch bei der Kfz-Steuer bestehen Begünstigungen, mit denen selektiv in den Entwicklungsprozess des Marktes eingegriffen wird, so dass auch bei den Steuerinstrumenten keine Wettbewerbskonformität besteht. Die Wettbewerbskonformität ist bei der Besteuerung von Kraftstoffen nicht nur durch die Bevorteilung von Dieselkraftstoff innerhalb des bestehenden Technologiepfads eingeschränkt. Auch bei der Bevorteilung alternativer Kraftstoffe ist aus Sicht der

459 Siehe UBA (2010), S. 42.

460 Siehe Dudenhöffer/John (2009), S. 14 f.

461 Siehe Gawel (2011), S. 140.

ökologischen Innovationspolitik zumindest keine vollständige Wettbewerbskonformität gegeben: Durch diese Bevorteilung lässt sich die Nutzung der alternativen Kraftstoffe erhöhen, so dass neue Technologiepfade prinzipiell unterstützt werden. Aus theoretischer Sicht müsste eine Ökosteuer jedoch an die jeweiligen Emissionen, die im Rahmen der gesamten Ökobilanz entstehen, gebunden sein. Aufgrund der diesbezüglich bestehenden Unsicherheiten ist dies jedoch praktisch schwer umsetzbar. Obwohl die Kfz-Steuer emissionsabhängig ist, ist auch hier die Wettbewerbskonformität eingeschränkt, weil durch die Steuerbefreiungen, insbesondere durch die Steuerbefreiung für Elektro-Pkw, eine technologieabhängige Differenzierung besteht, die andere alternative Technologieentwicklungen diskriminiert.

Die Regelungen bestehen über einen längeren Zeitraum und lassen sich nur schwer kurzfristig ändern. Beispielsweise ist der Gesetzentwurf zur Verlängerung der Steuerbefreiung für Elektrofahrzeuge auf zehn Jahre ausgelegt.[462] Es ist zweifelhaft, ob sich solche bestehenden Maßnahmen, z. B. bei neuen Erkenntnissen über die Ökobilanzen, flexibel an veränderte Bedingungen anpassen lassen, da dies immer mit einem politischen Umsetzungsprozess verbunden ist und die monetären Instrumente keine Lern- oder Korrekturmechanismen beinhalten. Die monetären Instrumente sind deshalb nicht anpassungsflexibel.

5.2.4 Die auflagenpolitischen Maßnahmen aus Sicht der ökologischen Innovationspolitik

5.2.4.1 Einordnung der Auflagen

Ebenso wie die monetären Instrumente gehören auch die Auflagen auf europäischer und nationaler Ebene als ordnungsrechtliche Maßnahmen zu den klassischen Instrumenten der Umweltpolitik.[463] Nach Rennings/Rammer/Oberndorfer (2009) lässt sich das Ordnungsrecht zur Förderung spezifischer Umweltinnovationen nutzen.[464]

Die auflagenpolitischen Maßnahmen zur Reduktion umweltschädlicher Emissionen des Pkw-Verkehrs besitzen eine unterschiedliche Ausrichtung.[465] Die Emissionsnormen der EU zielen sowohl auf die Minderung von umweltschädlichen Emissionen des Pkw-Verkehrs auf globaler Ebene als auch auf loka-

462 Siehe Gesetzentwurf der Bundesregierung vom 23.05.2012 zur Änderung der Kfz-Steuer, S. 18 (Abschnitt A I 2 der Begründung).

463 Siehe Fritsch (2011), S. 147 f.

464 Siehe Rennings/Rammer/Oberndorfer (2009), S. 32–36.

465 Die auflagenpolitischen Instrumente wurden in den Abschnitten, 4.1.2.2, S. 89 ff. und 4.2.2.5, S. 118 ff. dargestellt.

ler Ebene ab. Die Errichtung der Umweltzonen soll die lokale Luftqualität städtischer Gebiete in Deutschland verbessern.

Die in der EU geltenden Grenzwerte für die Schadstoffemissionen können durch technisch-ökonomische Innovationen sowohl im Rahmen der konventionellen Fahrzeugtechnologien als auch durch alternative technologische Entwicklungen erreicht werden. Dies gilt ebenso für die Umweltzonen, bei denen die Einteilung der Emissionsklassen an den Euro-Emissionsnormen orientiert ist. In der Gesamtheit beziehen sich die Auflagen somit nicht ausschließlich auf Umweltinnovationen im etablierten Technologiepfad, so dass die Innovationstätigkeit nicht durch irreversible Investitionen behindert wird, auch wenn verschiedene zusätzliche Auflagen wie die Qualitätsvorgaben für Diesel- und Ottokraftstoffe nur auf den etablierten Technologiepfad ausgerichtet sind.

Wechselkosten, Unsicherheiten über Potenziale neuer Technologien und Set-Up-Kosten sind bei der praktizierten Auflagenpolitik in Form der Vorgaben für Schadstoffemissionen aus gesamtwirtschaftlicher Sicht unwesentlich, da diese Vorgaben unabhängig davon, ob sie im Rahmen des etablierten Technologiepfads oder im Rahmen eines Wechsels des Technologiepfades erfolgen, erreicht werden können. Auch die Vorgaben zur Erhöhung des Anteils von Biokraftstoffen erzwingen keinen neuen Technologiepfad, da diese durch die Beimischung zu den konventionellen Kraftstoffen erfolgen kann. Da die Auflagen im Rahmen des bestehenden Technologiepfads erfüllt werden können, entstehen auch keine neuen Koordinationsprobleme. Eine Ausnahme hiervon bilden die Umweltzonen. Von der Plakettenvergabe und den Fahrverboten innerhalb bestimmter Gebiete sind nicht nur die Pkw-Nutzer betroffen, sondern es entstehen auch Organisations- und Kontrollkosten bei den an der Umsetzung beteiligten staatlichen Akteuren, also insbesondere bei den Kommunen.

Es ist fraglich, ob die praktizierte Auflagenpolitik eine allgemeine ökologische Innovationsdynamik forcieren kann. Die Auflagen lassen sich bei dem aktuellen Stand der Technik erfüllen,[466] so dass sie technologische Weiterentwicklungen kaum beschleunigen oder Zeitfenster für alternative technologische Wege eröffnen können.

466 Der ‚ADAC EcoTest' findet 13 Testberichte zu Pkw, welche die erst ab dem 1.9.2014 geltende Euro 6-Norm vorzeitig erfüllen und 135 Testberichte zu Fahrzeugen, die den Grenzwert von 130 g CO2/km erreichen. Der ADAC ‚EcoTest' enthält keine Informationen über Anzahl der Testberichte insgesamt, so dass eine prozentuale Angabe nicht möglich ist. Die Ergebnisse sind online auf der Homepage des ADAC abrufbar: URL: http://www.adac.de [Stand: 23.08.2012]. Zur Erreichung der CO2-Vorgaben siehe auch Dudenhöffer (2010), S. 20.

5.2.4.2 Auflagen zur Induzierung des umwelttechnischen Fortschritts

Mit Auflagen, die sich am bestehenden Stand der Technik orientieren, lässt sich ausschließlich die Diffusion von Umweltinnovationen fördern. Dies fördert jedoch keine umwelttechnologischen Weiterentwicklungen und ist nicht ausreichend, um eine dynamische Anreizwirkung in der Inventions- und Adaptionsphase zu entfalten.

Während mit den Vorgaben zur Nutzung von Biokraftstoffen die Diffusion radikaler Innovationen unterstützt wird, betreffen die Vorgaben zu den Fahrverboten in Umweltzonen und die Emissionsnormen im Status quo hauptsächlich inkrementelle Innovationen im Rahmen des bestehenden Technologiepfads. Im Gegensatz zu den Fahrverboten und Euro-Emissionsnormen werden bei den Auflagen zur Emission von CO_2 durch die Begünstigung von Fahrzeugen, die weniger als 50 g CO_2/km ausstoßen, zudem radikale Innovationen gefördert. Dennoch ist auch hierbei nur die Diffusionsphase betroffen, solange sich die Grenzwerte für den Durchschnitt der Neuwagenflotte auch bei dem aktuellen Stand der Technik oder durch inkrementelle Innovationen im bestehenden Technologiepfad erfüllen lassen.

Insgesamt wird die dynamische Anreizwirkung der CO_2-Grenzwertvorgaben durch die Gestaltung der Sanktionen bei Grenzwertüberschreitung gemindert. Zwar ist der Eingriff in die Handlungsfreiheit der Anbieter durch die Strafzahlungen geringer als durch den Erfüllungszwang der Grenzwerte bei den Euro-Emissionsnormen, aber die Höhe der Strafzahlungen ist so gering bemessen, dass Überschreitungen in Kauf genommen werden könnten. Unabhängig von der Staffelung der Strafzahlungen gilt dies vor allem für leichte Überschreitungen, bei denen sich die Sanktionszahlungen problemlos auf den Verbraucherpreis umlegen lassen. Beispielsweise läge die Zusatzzahlung für ein Mittelklassefahrzeug zum fiktiven Verbraucherpreis von 20.000 € bei einer Grenzwertüberschreitung um 5 g CO_2/km mit 235 € nur bei knapp 1,2 % des Kaufpreises. Es ist fraglich, inwieweit der CO_2-Ausstoß ein Kaufkriterium für Nachfrager darstellt. Das BMU (2009) sieht bei Verbrauchern ein entsprechendes Umweltbewusstsein und ist der Ansicht, dass niedrige Strafzahlungen nicht ausgenutzt werden würden, da Grenzwertüberschreitungen mit einem Imageschaden für die Anbieter verbunden wären.[467]

Um mit Hilfe des Ordnungsrechts Umweltinnovationen in der Inventions- und Adaptionsphase forcieren zu können, wäre es notwendig, die Auflagen in Form des ‚Technology Forcing‘ zu gestalten.[468] Für die Vorgaben der Erneuerbaren-Energien-Richtlinie der EU und die nationalen Vorgaben zur Nutzung von

467 Siehe BMU (2009), S. 3.

468 Siehe SRU (2008), S. 62.

Biokraftstoffen würde dies bedeuten, den verpflichtenden Anteil an Biokraftstoffen im Verkehrsbereich zu erhöhen. Die Unsicherheiten bezüglich der Ökobilanz von Biokraftstoffen zeigen jedoch, dass dadurch sogar höhere verkehrsbedingte umweltschädliche Emissionen entstehen könnten als im Status quo. Je mehr Agrarflächen einer Umnutzung zur Bioenergieproduktion unterliegen, desto höher wird die Problematik der direkten und indirekten Landnutzungsänderungen, so dass sich die Ökobilanz von Biokraftstoffen verschlechtert.

Im Bereich der Emissionsnormen ließe sich dagegen durch strengere Grenzwerte und entsprechende Sanktionen bei Nicht-Erfüllung eine höhere dynamische Anreizwirkung auch für die Inventionsphase und die Adaptionsphase erreichen. Wenn die Erfüllung höherer Grenzwerte nicht durch inkrementelle Innovationen im Rahmen des bestehenden Technologiepfads möglich ist, können sich neue Technologiepfade mit radikalen Innovationen entwickeln.

Allerdings ist die praktische Umsetzung einer so stringenten Auflagenpolitik wie ‚Technology Forcing', bei der die Zielvorgaben weit über den vorhanden Stand der Technik hinausgehen, mit Problemen verbunden.[469] Wegen Unsicherheiten über die technologische Realisierbarkeit der geforderten Ziele und Informationsasymmetrien zwischen Staat und Automobilproduzenten, ist es kaum möglich zu beurteilen, ob eine Nichterfüllung der staatlichen Zielvorgaben auf eine Überforderung oder auf strategisches Verhalten seitens der Automobilindustrie zurückzuführen ist. Trotzdem lassen sich durch ‚Technology Forcing' Umweltinnovationen forcieren, auch wenn technische Möglichkeiten vorerst überschätzt werden oder die Erfüllung der Zielvorgaben einen längeren Zeitbedarf besitzt als ursprünglich vorgesehen. Es ist jedoch zweifelhaft, ob die Politik des ‚Technology Forcing' trotz Unsicherheiten und Unkenntnis über die technische Realisierbarkeit sowie einer gegebenenfalls auftretenden Überforderung der Automobilproduzenten und entgegen absehbarer Konflikte mit der Automobillobby umsetzbar ist.

Eine weniger progressive Alternative zum ‚Technology Forcing' könnte der Top-Runner-Ansatz sein.[470] Ziel des Top-Runner-Ansatzes ist die Diffusion des bestmöglichen Stands der Technik. Der ‚Top-Runner' wird dabei als Standard gesetzt. Umwelttechnologisch führende Unternehmen können dies gegebenenfalls öffentlichkeitswirksam signalisieren. Damit enthält der Top-Runner-Ansatz

469 Zu Problemen der praktischen Umsetzung von ‚Technology Forcing' und einem Fallbeispiel zum kalifornischen Programm ‚Zero Emission Vehicles' siehe Weider (2007), S. 665–671 und Cordes-Holland (2007), S. 389 f.

470 Der Top-Runner-Ansatz wird in Japan seit 1999 mit dem Ziel der Verbesserung der Energieeffizienz verschiedener Produkte angewandt und auch für die EU-Politik im Verkehrsbereich zur Diskussion gestellt, siehe z. B. Naturvårdsverket (2005), S. 7, Weider (2007), S. 679 f. und SRU (2008), S. 61 f.

ein informationspolitisches Element. Allerdings lassen sich auch mit diesem Ansatz hauptsächlich inkrementelle und keine radikalen Umweltinnovationen forcieren.[471]

Da die Erfüllung der staatlich vorgegeben Grenzwerte bei den Euro-Emissionsnormen an die Pkw-Zulassung gebunden ist, lassen sich die Grenzwerte nicht umgehen und erzwingen umwelttechnischen Fortschritt, auch wenn es sich dabei im Wesentlichen um die Diffusion von Umweltinnovationen handelt. Damit sind Euro-Emissionsnormen zumindest innerhalb des bestehenden Technologiepfads pfadeffektiv, auch wenn sie keine radikalen Innovationen forcieren. Durch die Euro-Emissionsnormen erfolgt kein selektiver Eingriff in den Technologiewettbewerb bei alternativen Entwicklungen, weil hierbei der Fokus auf den Schadstoffemissionen konventioneller Fahrzeugtechnologien liegt. Die Euro-Emissionsnormen sind deshalb als wettbewerbskonform zu bezeichnen.

Die Pfadeffektivität der CO_2-Grenzwertvorgaben wird durch die Begünstigung für Fahrzeuge mit hohen Emissionswerten eingeschränkt: Da bis zum Jahr 2015 nicht die gesamte Neuwagenflotte für die Berechnung der durchschnittlichen CO_2-Emissionen herangezogen wird, bleiben diese Fahrzeuge unberücksichtigt. Dadurch stabilisiert sich einerseits die Inflexibilität des etablierten Technologiepfads. Andererseits fördert die Begünstigung für Fahrzeuge, die weniger als 50 g CO_2/km ausstoßen, auch radikale Innovationen außerhalb des bestehenden Technologiepfads. Da die Begünstigung für Fahrzeuge, die weniger als 50 g CO_2/km ausstoßen, technologieunabhängig ist, findet keine Übervorteilung bestimmter Technologieentwicklungen statt, so dass bei den CO_2-Grenzwertvorgaben Wettbewerbskonformität besteht.

Durch die Vorgaben zur Beimischung von Biokraftstoffen wird dagegen ein Technologiepfad bevorteilt, bei dem wegen der Unsicherheiten in Bezug auf die Ökobilanzen der Biokraftstoffe nicht sichergestellt ist, ob negative Umweltwirkungen des Verkehrs gemindert werden. Somit ist hier weder Pfadeffektivität noch Wettberbskonformität vorhanden.

Durch die Fahrverbote innerhalb von Umweltzonen erfolgt zwar kein staatlicher Eingriff, der den Technologiewettbewerb selektiv beeinflusst und damit die Wettbewerbskonformität einschränkt, aber es ist fraglich, ob die mit dem etablierten Technologiepfad verbundenen Umweltprobleme reduziert werden können und damit Pfadeffektivität gegeben ist. Da Umweltzonen hautsächlich auf die Nutzung von Pkw auf dem aktuellen Stand der Technik ausgerichtet sind, lassen sich mit Hilfe der Umweltzonen keine alternativen umweltverträglicheren Technologien etablieren. Darüber hinaus ist unsicher, ob sich durch die Umweltzonen in der bisherigen Ausgestaltung tatsächlich lokale Schad-

---

471 Siehe Oosterhuis (2006), S. 28 f.

stoffemissionen reduzieren lassen. Analysen zur Veränderung der lokalen Luftqualität kommen zu unterschiedlichen Ergebnissen und lassen diesbezüglich kein eindeutiges Ergebnis zu.[472]

Die Regelungen der Auflagenpolitik beziehen sich auf einen längeren Zeitraum und lassen sich nur schwer kurzfristig ändern. Deshalb sind sie nur begrenzt anpassungsflexibel. Zu berücksichtigen ist aber, dass die Auflagen stufenweise innerhalb der jeweiligen Planungshorizonte verschärft werden.

5.2.5 Die informationspolitischen Instrumente aus Sicht der ökologischen Innovationspolitik

5.2.5.1 Einordnung der informationspolitischen Instrumente

Bei den informationspolitischen Instrumenten auf europäischer und nationaler Ebener handelt es sich um flankierende Instrumente der ökologischen Innovationspolitik.[473] Die informationspolitischen Instrumente sind nicht für eine gezielte Verhaltensteuerung geeignet. Da sich mit diesen Instrumenten kein umwelttechnischer Fortschritt steuern lässt, ist ihre Relevanz im Vergleich zu den anderen dargestellten Maßnahmen im Status quo geringer. Die informationspolitischen Instrumente verursachen keine irreversiblen Investitionen und sind nicht mit Wechselkosten oder Set-Up-Kosten verbunden. Dennoch lassen sie sich nutzen, um Unsicherheiten über Umweltauswirkungen zu reduzieren. Die praktische Umsetzung informationspolitischer Instrumente bedarf der Koordination bei den beteiligten Akteuren. Mit der Einteilung in Effizienzklassen bei den Informationen über den Kraftstoffverbrauch und die CO_2-Emissionen, die den Verbrauchern in Deutschland mit dem Pkw-Label zur Verfügung gestellt werden, sowie der Reifenkennzeichnung ist die Darstellungsweise zur Vermittlung dieser Informationen auf staatlicher Ebene weitgehend einheitlich geregelt worden. Auch die Umsetzung auf der Anbieterseite erfolgt nach den spezifischen Vorgaben.

Durch die Verbraucherinformationen sollen Informationsdefizite reduziert werden, so dass Nachfrager Umweltaspekte bei Konsumentscheidungen leichter

---

472 Zu solchen gegensätzlichen Ergebnissen siehe Laberer/Niedermeier (2009), S. 7 und Lutz/Rauterberg-Wulff (2009), S. 26–30 sowie Rauterberg-Wulff/Lutz (2011), S.17. Zu berücksichtigen ist, dass diese Studien zum Teil nur Umweltzonen der Stufe 1 von den drei Stufen analysieren. Die Stufe 2 wurde in den meisten Umweltzonen erst in den Jahren 2011 und 2012 eingeführt; siehe hierzu auch Anhang 2: Gesamtübersicht der Umweltzonen in Deutschland, S.185 f.

473 Die informationspolitischen Instrumente wurden in den Abschnitten 4.1.2.3, S. 95 f. und 4.2.2.6, S. 122 f. dargestellt.

berücksichtigen können. Ob die informationspolitischen Instrumente prinzipiell die Entstehung von Umweltinnovationen beeinflussen, ist davon abhängig, ob Nachfrager sich dadurch zu einem „umweltmoralischen"[474] Verhalten bewegen lassen. Die Grundvoraussetzung dafür ist eine entsprechende Sichtbarkeit. Bei den meisten der betrachteten informationspolitischen Instrumente ist diese Sichtbarkeit gegeben, da die Informationen durch die Produktkennzeichnung bzw. in den Werbematerialen für die Verbraucher offensichtlich sind. Den Leitfaden mit den Informationen über den CO_2-Ausstoß neuer Pkw-Modelle müssen Händler und Hersteller dagegen nur auf Anfrage an Interessenten aushändigen.[475]

5.2.5.2 Informationspolitische Instrumente zur Induzierung des umwelttechnischen Fortschritts

Die informationspolitischen Maßnahmen können technologischen Fortschritt in der Diffusionsphase von Umweltinnovationen fördern und eine dynamische Anreizwirkung entfalten, wenn Nachfrager sie bei der Kaufentscheidung berücksichtigen. Dies gilt sowohl für die staatlich vorgegeben Regelungen zur Produktkennzeichnung als auch für Auszeichnungen wie den ‚Blauen Engel' für Autoreifen. Aktuell befinden sich in der Produktdatenbank zum ‚Blauen Engel' jedoch keine mit dieser Auszeichnung versehenen Autoreifen.[476] Auch die Unternehmenszertifizierung im Rahmen von EMAS gehört zu den informationspolitischen Instrumenten. Diese Auszeichnung bezieht sich aber als Umweltmanagementsystem nicht auf umwelttechnischen Fortschritt im Bereich von Fahrzeugtechnologien.

Da sich die Informationspflichten für Händler und Hersteller zur Produktkennzeichnung nicht nur auf konventionelle, sondern auch auf alternative Technologien beziehen,[477] können die informationspolitischen Maßnahmen sowohl inkrementelle Innovationen im etablierten Technologiepfad als auch radikale pfadverändernde Innovationen in der Diffusionsphase unterstützen.

---

474 Fritsch (2011), S. 101.

475 Siehe § 4, Abs. 3 Pkw-ENVKV. Der Leitfaden wird in Deutschland von der DAT (Deutsche Automobil Treuhand GmbH) herausgegeben und kann auch kostenfrei im Internet abgerufen werden: URL: http://www.dat.de/leitfaden/LeitfadenCO2.pdf [Stand: 22.08.2012].

476 Bei dieser Produktdatenbank handelt es sich um eine Online-Datenbank: URL: http://www.blauerengel.de/de/produkte_marken/produktsuche/produkt_suche.php [Stand: 24.08.2012].

477 Siehe § 1 Pkw-ENVKV.

Fraglich ist jedoch, inwieweit sich mit Hilfe der Pkw-Label umweltverträglichere Technologien etablieren können, selbst wenn sich Verbraucher in ihrem Kaufverhalten beeinflussen lassen. Die im Pkw-Label angegebenen Werte zum Kraftstoffverbrauch und zu den CO_2-Emissionen werden mit dem EU-weit genutzten NEFZ-Test (Neuer Europäischer Fahrzyklus) gemessen. Bei diesem Messverfahren ist umstritten, ob es den Kraftstoffverbrauch und die CO_2-Emissionen richtig widerspiegelt. Unrealistisch niedrige Werte, die z. B. aus einer unterstellten Maximalgeschwindigkeit von 120 km/h resultieren, suggerieren potenziellen Pkw-Käufern, dass es sich um vergleichsweise umweltverträgliche Fahrzeuge handelt, obwohl die tatsächliche Umweltwirkung von den im NEFZ-Test ermittelten Angaben abweicht.[478] Wenn die Unterschätzung negativer Umweltwirkungen für alle Pkw gleich ist, beeinflusst dies die Rangfolge bei der Einordnung nach ihrer Umweltwirkung jedoch nicht. Dennoch ist die Pfadeffektivität der Verbraucherinformationen beim Pkw-Label durch eine systematische Unterschätzung negativer Umweltwirkungen der konventionellen Technologien eingeschränkt. Die tatsächliche Umweltwirkung hängt von realen Nutzungsbedingungen ab. Die individuelle Fahrweise beeinflusst den Kraftstoffverbrauch und damit auch die CO_2-Emissionen maßgeblich. Insbesondere hohe Fahrgeschwindigkeiten sind mit einem überproportional steigenden Kraftstoffverbrauch verbunden.[479]

Anhand der Ausgestaltung der Pkw-Label zeigt sich, dass auch die Wettbewerbskonformität bei den informationspolitischen Instrumenten nur eingeschränkt vorhanden ist. Umweltverbände kritisieren, dass die Pkw-Label Fahrzeugtechnologien mit einer schlechteren Umweltwirkung bevorteilen, wenn sie höheren Gewichtsklassen angehören.[480] Der CO_2-Ausstoß wird zur Einordnung der Fahrzeuge in die Effizienzklassen ausschließlich in Relation zum Fahrzeuggewicht gesetzt, so dass Fahrzeuge mit einem höheren Gewicht eher eine bessere Effizienzbewertung erhalten als leichte Fahrzeuge. Wegen dieser Einteilung der CO_2-Effzienzklassen, die ausschließlich an das Fahrzeuggewicht anknüpft, ist nicht ersichtlich, ob ein Pkw innerhalb seiner Fahrzeugklasse, die nicht allein durch das Fahrzeuggewicht bestimmt wird, umwelttechnologisch fortschrittlich ist. Kaufentscheidungen können dadurch zu Gunsten umwelttechnologisch weniger fortschrittlicher Fahrzeuge beeinflusst werden.

---

478 Siehe Dudenhöffer/John (2009), S. 14f.

479 Bei einem Normverbrauch von 5 L/100 km innerhalb eines Geschwindigkeitsbereich bis ca. 85 km/h berechnet Helmers (2009) für eine Steigerung der Geschwindigkeit auf 130 km/h einen Verbrauchs- und Emissionsanstieg um etwa 40 %, bei einer Geschwindigkeitssteigerung auf 180 km/h liegt dieser Anstieg bei etwa 100 %; siehe Helmers (2009), S. 185.

480 Siehe BUND (2011b), S. 1 f. und VCD (2011), S. 2 f.

Eine Veränderung der informationspolitischen Instrumente ist in der politischen Praxis ebenso wie bei den monetären und auflagenpolitischen Maßnahmen nicht kurzfristig umsetzbar, so dass auch die informationspolitischen Instrumente begrenzt anpassungsflexibel sind. Allerdings zeichnen sich die Regelungen zum Pkw-Labeling dadurch aus, dass sie Korrekturmechanismen zur Berechnung der Effizienzklassen enthalten. Es ist explizit vorgesehen, die Bezugsgrößen zur Einordnung der Pkw in die Effizienzklassen nach Ablauf einer Frist von drei Jahren zu überarbeiten.[481] Dazu gehört auch das geschilderte Problem der Bemessung der Effizienzklassen anhand des Fahrzeuggewichts.

5.2.6 Die ‚grüne' Beschaffungspolitik aus Sicht der ökologischen Innovationspolitik

5.2.6.1 Einordnung der ‚grünen' Beschaffungspolitik

Ebenso wie die informationspolitischen Instrumente gehört die umweltorientierte ‚grüne' Beschaffungspolitik zu den flankierenden Instrumenten der ökologischen Innovationspolitik.[482] Im Verkehrsbereich ist mit der Einbindung von Umweltkriterien in die Beschaffungspraxis öffentlicher Auftraggeber beabsichtigt, die Nachfrage für umweltverträglichere Fahrzeuge zu erhöhen. Damit soll die Marktakzeptanz gestärkt und umwelttechnischer Fortschritt unterstützt werden.

Ob umwelttechnischer Fortschritt durch die öffentliche Beschaffung beeinflusst werden kann, ist von der Höhe des staatlichen Beschaffungsvolumens und der damit verbunden Nachfragemacht abhängig. Daneben besteht die Möglichkeit, dass der öffentliche Sektor als Vorbild fungieren kann und damit auch die private Nachfrage beeinflusst.[483]

Da die Kriterien zur öffentlichen Beschaffung umweltschädliche Emissionen über den gesamten Lebenszyklus berücksichtigen und keine technologiespezifischen Vorgaben enthalten, verursacht die ‚grüne' Beschaffungspolitik keine irreversiblen Investitionen, die mit einem spezifischen Technologiepfad verbunden sind. Aus demselben Grund sind Wechselkosten und Set-Up-Kosten bei der

---

481 Siehe § 3a Pkw-EnVKV.

482 Die ‚grüne' Beschaffungspolitik wurde in den Abschnitten 4.1.2.4, S. 96 f. und 4.2.2.6, S. 122 f. dargestellt.

483 Siehe McKinsey & Company (2008), S. 9.

'grünen' Beschaffungspolitik aus gesamtwirtschaftlicher Perspektive weniger relevant.[484]

Unsicherheiten über die Potenziale neuer Technologien lassen sich durch die 'grüne' Beschaffungspolitik reduzieren. Wenn Umweltinnovationen wie z. B. Fahrzeuge mit alternativen Antrieben durch die Beschaffungspraxis verstärkt zum Einsatz kommen und sich als praxistauglich erweisen, kann auch die Marktakzeptanz bei privaten Akteuren steigen.

Dass durch die Ausrichtung der öffentlichen Beschaffung auf Umweltziele Koordinationsprobleme entstehen können, zeigen die Probleme bei der Umsetzung der europäischen Regelungen auf nationaler Ebene, bei denen institutionelle Wechselhemmnisse aufgetreten sind. Die Rechtsunsicherheiten bezüglich der Vereinbarung der Umweltkriterien mit Wirtschaftlichkeitsüberlegungen bei der öffentlichen Beschaffung haben die praktische Umsetzung in Deutschland in der Vergangenheit behindert.[485] Das Informationsportal des UBA trägt jedoch dazu bei, bestehende Informationendefizite bei den jeweiligen Beschaffungsstellen abzubauen und die Beachtung von Umweltkriterien in der öffentlichen Beschaffung stärker zu etablieren.[486]

5.2.6.2 'Grüne' Beschaffungspolitik zur Induzierung des umwelttechnischen Fortschritts

'Nachhaltige Mobilität' gehört nach einer Studie von McKinsey & Company (2009) zu einem von vier Bereichen, bei denen der öffentliche Sektor durch ein hohes Beschaffungsvolumen über eine starke Nachfragemacht verfügt, so dass mit einer ökologisch ausgerichteten Beschaffungspolitik umwelttechnologischer Fortschritt im Verkehrssektor unterstützt werden kann. Dies resultiert jedoch im Wesentlichen aus der Tatsache, dass nahezu 100 % der Investitionen in die Verkehrsinfrastruktur und etwa 50 % der Fahrzeugkäufe im öffentlichen Busverkehr durch den Staat erfolgen. Trotzdem trägt auch die Beschaffung von Pkw mit innovativen Technologien durch den öffentlichen Sektor zu einer Reduktion von Treibhausgasen bei.[487]

Obwohl umweltschädliche Pkw-Emissionen durch die 'grüne' öffentliche Beschaffung reduziert werden können, ist die dynamische Anreizwirkung für einen umwelttechnologischen Fortschritt aufgrund der begrenzten Nachfrage-

---

484 Dennoch ist eine umweltorientierte Beschaffungspolitik für die jeweiligen Beschaffungsstellen oft mit hohen Anfangsinvestitionen verbunden. Siehe hierzu McKinsey & Company (2008), S. 24.

485 Siehe Hermann (2012), S. 4–12 und S. 52–54.

486 Siehe UBA (2009b), S. 7.

487 Siehe McKinsey & Company (2008), S. 12–20 sowie S. 77.

macht des Staates im Pkw-Bereich gering ausgeprägt. Zwar können bei der Beschaffung von umweltverträglicheren Pkw im Rahmen der ‚grünen' Beschaffungspolitik sowohl inkrementelle als auch radikale Umweltinnovationen in der Diffusionsphase berücksichtigt werden, aber ein Demand-Pull-Effekt zur Forcierung von Umweltinnovationen lässt sich kaum durch die ‚grüne' Beschaffungspolitik forcieren. Es sei denn, der Staat würde durch seine Beschaffungspraxis zukünftig eine Vorbildfunktion erreichen, welche die private Nachfrage beeinflusst. Eine dadurch entstehende höhere Nachfragemacht könnte einen solchen Demand-Pull-Effekt im Pkw-Bereich bewirken.

Zwar lässt sich eine ‚grüne' Beschaffungspolitik aus Sicht der ökologischen Innovationspolitik grundsätzlich dafür nutzen, umweltverträglichere Technologien zu etablieren, aber im Bereich des Pkw-Verkehrs sind die Auswirkungen auf den umwelttechnologischen Fortschritt relativ gering. Deshalb ist dieses wirtschaftspolitische Instrument weniger dazu geeignet, den Technologiepfad zu beeinflussen und somit nur begrenzt pfadeffektiv.

Bei der Umsetzung der ‚grünen' Beschaffung in den jeweiligen Beschaffungsstellen könnte es wegen der bestehenden Informationsmängel zu einer Technologieselektion in der Anwendungspraxis kommen. Die Konzeption der ‚grünen' Beschaffungspolitik mit den europäischen Kriterien, die an die Lebenszykluskosten anknüpfen, ist dahingegen technologieoffen und damit prinzipiell wettbewerbskonform.

Falls zukünftige technologische Entwicklungen oder Erkenntnisse über die Umweltauswirkung einzelner Technologien zu einer neuen Bewertung der Technologien führen, lässt sich dies in den Lebenszykluskosten berücksichtigen, so dass die ‚grüne' Beschaffungspolitik diesbezüglich anpassungsflexibel ist. Falls die Beschaffungskriterien jedoch zukünftig grundsätzlich überarbeitet werden sollten, wäre dies im politischen Umsetzungsprozess mit einem hohen Koordinationsbedarf verbunden und nicht kurzfristig umsetzbar.

5.3 Schlussfolgerungen zu den Möglichkeiten und Grenzen der ökologischen Innovationspolitik in der Praxis

5.3.1 Übersicht über die Ergebnisse zu den Maßnahmen im Status quo

Strategien- und Handlungskonzepte bieten prinzipiell die Möglichkeit, einen integrativen Rahmen für eine ökologische Innovationspolitik zu schaffen und die Gestaltung des Instrumentenmixes zur Forcierung des umwelttechnologischen Fortschritts zu optimieren. Hierfür sind eine eindeutige Zieldefinition und eine regelmäßige Erfolgskontrolle der eingesetzten Instrumente notwendig. Tabelle 6 zeigt die Ergebnisse der Einordnung und Bewertung zu den Strategien- und Handlungskonzepten.

Tabelle 6: Ergebnisübersicht zu den Strategien und Handlungskonzepten

Quelle: Eigene Darstellung

Allgemeine Einordnung	• Verschiedene Handlungsansätze • Umwelt- und industriepolitische Ziele • Fokus auf technisch-ökonomischen Innovationen und Technologiepfadwechsel
Dynamische Anreizwirkung	• Ohne direkte dynamische Anreizwirkung • Berücksichtigung verschiedener Innovationsphasen • Fokus hauptsächlich auf radikalen Innovationen
Pfadeffektivität/ Wettbewerbs-konformität/ Anpassungs-flexibilität	• Eingeschränkte Pfadeffektivität und fehlende Wettbewerbskonformität wegen Fokussierung auf spezifische Technologiepfade und fehlender Technologieoffenheit • Kaum bindende Maßnahmen, deshalb in Bezug auf die Anpassungsflexibiliät unproblematisch
Grenzen	• Technologieselektion durch Fokussierung auf spezifische Technologien • Fehlende Koordination untereinander
Möglichkeiten	• Bildung eines konzeptionellen integrativen Rahmens • Eindeutige Zieldefinition und regelmäßige Erfolgskontrolle

Bei den bestehenden Strategien und Handlungskonzepten im Status quo, die den Pkw-Bereich betreffen, bestehen zwei Probleme: Erstens widerspricht die starke Fokussierung auf spezifische Technologien der Zielsetzung, die Förderung umwelttechnologischen Fortschritts technologieoffen zu gestalten. Zweitens bedürfen die Strategien und Handlungskonzepte im Status quo einer Koordination untereinander. Zumindest auf nationaler Ebene werden diese beiden Probleme in dem Entwurf zur Entwicklung einer nationalen Mobilitäts- und Kraftstoffstrategie erkannt. Dennoch ist nicht sichergestellt, ob diese Aspekte auch bei der Umsetzung des Entwurfs Berücksichtigung finden. Dies gilt speziell für den Aspekt der Technologieoffenheit: Die Bundesregierung stellt bei dieser Strategie die Bildung eines Leitmarktes für Elektromobilität in den Vordergrund.[488] Dagegen verwenden die am Entwurf der Strategie beteiligten Akteure einen Kriterienkatalog, mit dem eine möglichst technologieoffene Betrachtungsweise bei Umweltinnovationen angestrebt wird.[489] Durch die Umsetzung

488 Siehe Bundesregierung (2009a), S. 30.

489 Siehe dena (2011), S. 30 f.

des Entwurfs zur Entwicklung einer nationalen Mobilitäts- und Kraftstoffstrategie ließe sich der Einsatz von wirtschaftspolitischen Instrumenten auf die verschiedenen Innovationsphasen abstimmen und die Beteiligung der betroffenen staatlichen Institutionen sowie der privaten Akteure zumindest auf nationaler Ebene koordinieren.

Tabelle 7: Ergebnisübersicht zu den Förderprojekten

Quelle: Eigene Darstellung

Allgemeine Einordnung	• Innovationspolitische Ausrichtung durch direkte und indirekt-spezifische Förderung; daneben industriepolitische Ziele • Fokus hauptsächlich auf spezifischen Technologien und Technologiepfadwechsel
Dynamische Anreizwirkung	• Dynamische Anreizwirkung durch direkte finanzielle Anreize • Berücksichtigung verschiedener Innovationsphasen • Fokus auf radikalen Innovationen
Pfadeffektivität/ Wettbewerbs-konformität/ Anpassungs-flexibilität	• Pfadeffektivität, Wettbewerbskonformität und Anpassungsflexibilität bei der direkten Projektförderung eingeschränkt, dagegen bei der indirekt-spezifischen Förderung gegeben
Grenzen	• Technologieselektion durch Fokussierung auf spezifische Technologien
Möglichkeiten	• Erhöhung des derzeit geringen Anteils der indirekt-spezifischen Förderung im Pkw-Verkehr • Beschränkung der direkten Projektförderung auf Forschung und Entwicklung

Die Ergebnisse zu den Förderprojekten in einer Übersicht zeigt Tabelle 7. Auch bei den Förderprojekten liegt insbesondere bei der direkten Projektförderung der Fokus auf spezifischen Technologien. Eine nicht selektive und technologieoffene Ausrichtung bietet die indirekt-spezifische Förderung unter der Voraussetzung, dass sie auf verkehrsbezogene Umweltinnovationen ausgerichtet ist, ohne einzelne Technologieentwicklungen zu bevorteilen. Die staatliche Technologieselektion ließe sich mit einer Schwerpunktverlagerung auf die indirekt-spezifische Förderung reduzieren. Die indirekt-spezifische Förderung trägt insbesondere in der Inventionsphase zur Minderung von Innovationshemmnissen und zur Reduktion von Investitionsrisiken bei. In den Phasen der Adaption und Diffusion ist einzelfallabhängig zu prüfen, ob die staatliche Förderung noch erforderlich ist. Dies gilt auch für die Bildung von Netzwerken und Kooperationen, mit denen sich nicht nur Innovationshemmnisse und -risiken verringern lassen, sondern auch der Wissenstransfer zwischen Unternehmen und Forschungsinstitutionen erhöht werden kann.

Tabelle 8: Ergebnisübersicht zu den monetären Instrumenten

Quelle: Eigene Darstellung

Allgemeine Einordnung	• Umweltpolitische Instrumente • Fokus hauptsächlich auf technisch-ökonomischen Innovationen ohne Technologiepfadwechsel, aber insbesondere durch die Ökosteuer auch auf sozialen Innovationen
Dynamische Anreizwirkung	• Dynamische Anreizwirkung mit Ausnahme der Subventionierung von Dieselrußpartikelfiltern in allen Innovationsphasen möglich • Fokus neben inkrementellen Innovationen mit Ausnahme der Subventionierung von Dieselrußpartikelfiltern auch auf radikalen Innovationen
Pfadeffektivität/ Wettbewerbskonformität/ Anpassungsflexibilität	• Mit Ausnahme der CO_2-abhängigen Komponente der Kfz-Steuer eingeschränkte Pfadeffektivität • Wettbewerbskonformität und Anpassungsflexibilität bei allen monetären Instrumenten eingeschränkt
Grenzen	• Durch Steuervergünstigungen/Subventionierung Übervorteilung einzelner technologischer Entwicklungen ohne hinreichende Berücksichtigung der Umweltauswirkungen
Möglichkeiten	• Ausrichtung der Steuerbemessungsgrundlage unter Berücksichtigung bestehender Unsicherheiten an den Emissionen der gesamten Ökobilanz

Mit der Ausgestaltung der monetären Instrumente im Status quo lassen sich zwar Umweltinnovationen forcieren, aber es besteht das Problem, dass durch Steuervergünstigungen einzelne Technologien ohne hinreichende Berücksichtigung der Umweltauswirkungen bevorteilt werden. Tabelle 8 zeigt die Ergebnisse zu den monetären Instrumenten. Durch die Differenzierung der Steuern im Status quo nach Technologien lassen sich die Umweltauswirkungen nicht in korrekter Weise widerspiegeln. Bemessungsgrundlage für Umweltabgaben können dagegen nur emissionsbezogene Faktoren sein, da Umweltschädigungen mit dem Emissionsvolumen korreliert sind.[490] Allerdings ist eine Beurteilung der Umweltschädigungen in der Praxis wegen der bestehenden Unsicherheiten bei den Ökobilanzen nur begrenzt möglich.

490 Zur Wahl der Bemessungsgrundlage für Umweltabgaben siehe Fritsch (2011), S. 149 f.

Die Übersicht über die Ergebnisse zu den Auflagen findet sich in Tabelle 9. Die dargestellten auflagenpolitischen Instrumente dienen hauptsächlich der Diffusion von inkrementellen Umweltinnovationen. Ein Top-Runner-Ansatz könnte darüber hinaus die Diffusion des bestmöglichen Stands der Technik ermöglichen. Nur durch strengere Auflagen, die über den aktuellen Stand der Technik hinausgehen, ließen sich Umweltinnovationen auch in der Inventions- und der Adaptionsphase erreichen. Extrem anspruchsvolle Auflagen wie bei der Politik des ‚Technology Forcing' könnten zudem auch gezielt auf radikale Innovationen ausgerichtet sein. Sie sind jedoch aufgrund der hohen Eingriffsintensität in den Markt und wegen der Existenz von Informationsmängeln nur bedingt praxistauglich.

Tabelle 9: Ergebnisübersicht zu den Auflagen

Quelle: Eigene Darstellung

Allgemeine Einordnung	• Umweltpolitische Instrumente • Fokus auf technisch-ökonomischen Innovationen innerhalb und außerhalb des etablierten Technologiepfads
Dynamische Anreizwirkung	• Dynamische Anreizwirkung bei aktuellem Stand der Technik ausschließlich in der Diffusionsphase • Fokus auf inkrementellen und radikalen Innovationen
Pfadeffektivität/ Wettbwerbs-konformität/ Anpassungs-flexibilität	• Euro-Emissionsnormen: Pfadeffektivität und Wettbewerbskonformität gegeben • CO_2-Grenzwert und Umweltzonen: eingeschränkte Pfadeffektivität, aber Wettbewerbskonformität gegeben • Beimischung von Biokraftstoffen: weder Pfadeffektivität noch Wettbewerbskonformität gegeben • Stufenweise Verschärfung der Auflagen erhöht die begrenzte Anpassungsflexibilität
Grenzen	• Forcierung von Umweltinnovationen auf die Diffusionsphase beschränkt
Möglichkeiten	• Top-Runner-Ansatz zur Diffusion des bestmöglichen Stands der Technologie • Berücksichtigung von Inventions- und Adaptionsphase durch Auflagen, die über den aktuellen Stand der Technik hinausgehen

Eine Ergebnisübersicht über die flankierenden Maßnahmen zeigt Tabelle 10. Mit den flankierenden Maßnahmen im Status quo, den informationspolitischen Instrumenten und der ‚grünen' Beschaffungspolitik lässt sich umwelttechnologischer Fortschritt zwar nicht steuern, aber sie können dazu beitragen, Informationsmängel zu mindern und die private Nachfrage zu beeinflussen. Hierfür ist es jedoch notwendig, die Bezugsgröße bei dem Pkw-Label für die Berechnung der Effizienzklassen zu überarbeiten. Bei den Pkw-Umweltlisten besteht im Status quo bisher nur eine eingeschränkte Sichtbarkeit.

Die flankierenden Maßnahmen im Status quo betreffen insbesondere die Diffusionsphase. Im Bereich der Forschung und Entwicklung geht umwelttechnologischer Fortschritt mit dem Bedarf an Humankapital einher. Deshalb sind die flankierenden Maßnahmen um den Aspekt der Ausbildung und Qualifizierung von Fachkräften zu erweitern.[491]

Tabelle 10: Ergebnisübersicht zu den flankierenden Maßnahmen

Quelle: Eigene Darstellung

Allgemeine Einordnung	• Instrumente zur Reduktion von Informationsdefiziten und zur Beeinflussung der Nachfrage • Fokus auf technisch-ökonomischen Innovationen innerhalb und außerhalb des etablierten Technologiepfads
Dynamische Anreizwirkung	• Dynamische Anreizwirkung nicht steuerbar • Fokus auf inkrementellen und radikalen Innovationen in der Diffusionsphase
Pfadeffektivität/ Wettbewerbskonformität/ Anpassungsflexibilität	• Eingeschränkte Pfadeffektivität und fehlende Wettbewerbskonformität durch die Ausgestaltung des Pkw-Labeling; Erhöhung der begrenzten Anpassungsflexibilität durch die Planung zur Neuregelung zur Berechnung der Effizienzklassen • Pfadeffektivität bei der ‚grünen' Beschaffungspolitik wegen der geringeren Auswirkungen im Pkw-Verkehr eingeschränkt; Wettbewerbskonformität und Anpassungsflexibilität abhängig von der Umsetzungspraxis
Grenzen	• Informationsverzerrung und -defizite durch die Ausgestaltung der Verbraucherinformationen
Möglichkeiten	• Erstellung der Verbraucherinformationen auf Grundlage der realen Emissionen und Sicherstellung der Sichtbarkeit • Vorbildfunktion bei der ‚grünen' Beschaffungspolitik • Ausbildung/Qualifizierung von Fachkräften als zusätzliche flankierende Maßnahme

Auf Grundlage der dargestellten Ergebnisse zu den Maßnahmen im Status quo lassen sich Schlussfolgerungen für die Weiterentwicklung und Ausgestaltung einer ökologischen Innovationspolitik im Bereich des Pkw-Verkehrs ziehen.

491 Dieser Aspekt wird bei ETAP und dem NEP berücksichtigt; siehe EC (2008d), S. 6–15 und NPE (2012), S. 12.

5.3.2 Weiterentwicklung der ökologischen Innovationspolitik

Tabelle 11 gibt einen Überblick zur Ausgestaltung des Instrumentenmixes der ökologischen Innnovationspolitik im Bereich des Pkw-Verkehrs. Es handelt sich hierbei um eine Zusammenstellung zur Instrumentenauswahl in den verschiedenen Innovationsphasen, die auf den theoretischen Überlegungen zur Ausgestaltung der ökologischen Innovationspolitik nach Rennings/Rammer/Oberndorfer (2008)[492] beruht und anhand der Ergebnisse zu den Maßnahmen des Status quo in der praktischen Anwendung überarbeitet wurde.

Der überarbeitete Vorschlag zur Ausgestaltung des Instrumentenmixes wird der Notwendigkeit zur Bildung eines integrativen Rahmens gerecht, indem Strategien und Handlungskonzepte im Gegensatz zur ursprünglichen Version nach Rennings/Rammer/Oberndorfer als wesentlicher Bestandteil der ökologischen Innovationspolitik eingebunden werden. Eine eindeutige Zieldefinition und die Koordination der eingesetzten Instrumente und beteiligten Akteure stellen grundlegende Aspekte für die ökologische Innovationspolitik in der praktischen Anwendung dar und sind nicht ausschließlich für den Bereich des Pkw-Verkehrs relevant. Auch bei den weiteren Maßnahmen lässt sich der Vorschlag zur Ausgestaltung des Instrumentenmixes gegebenenfalls auf andere Bereiche als den Pkw-Verkehr übertragen.

Um bestehenden Anreizdefiziten von Umweltinnovationen entgegenzuwirken, aber eine staatliche Technologieselektion zu vermeiden, gehören zu den innovationspolitischen Instrumenten eine allgemeine Innovationsförderung von Forschung und Entwicklung sowie eine allgemeine staatliche Unterstützung bei der Bildung von Forschungsnetzwerken. Hierbei sollte der Schwerpunkt im Gegensatz zum ursprünglichen Vorschlag von Rennings/Rammer/Oberndorfer nicht auf der direkten, sondern auf der indirekt-spezifischen Förderung liegen. Zur Vermeidung von Mitnahmeeffekten ist darüber hinaus in den Phasen der Adaption und Diffusion zu prüfen, ob eine weitere staatliche Förderung notwendig ist.

---

492 Siehe hierzu auch Abschnitt 3.3.2, S. 64 ff. sowie Rennings/Rammer/Oberndorfer (2008), S. 35. Die Einteilung der Innovationsphasen durch die Autoren wurde nicht übernommen, sondern der hier verwendeten Begrifflichkeit angepasst.

Tabelle 11: Gestaltung des Instrumentenmixes der ökologischen Innovationspolitik

Quelle: Eigene Darstellung auf Basis der Tabelle 1, S. 65 nach Rennings/Rammer/Oberndorfer (2008), S. 35.

Instrument / Phase	**Invention**	**Adaption**	**Diffusion**
Bildung eines integrativen Rahmens			
Strategien/ Handlungskonzepte	Zieldefinition und Instrumentenmix der beteiligten Akteure koordinieren sowie regelmäßige Erfolgskontrolle des Instrumenteneinsatzes		
Innovationspolitische Instrumente			
Technologieförderung zur Unterstützung: Fokus auf indirekt-spezifischer Förderung	Allgemeine Innovationsförderung für Forschung und Entwicklung	Mittel für Innovationsförderung gegenüber Status quo ggf. reduzieren	
Staatliche Unterstützung von Netzwerken mit Einbezug von Unternehmen und Wissenschaft	Allgemeine staatliche Unterstützung der Netzwerkbildung	Staatliche Unterstützung gegenüber Status quo ggf. reduzieren	
Umweltpolitische Instrumente			
Marktorientierte Instrumente	Marktorientierte Instrumente, die als Anreize zu umwelttechnologischem Fortschritt dezentral auf alle Innovationsphasen wirken, einsetzen; Bindung an Emissionen, statt an Technologien		
Ordnungsrecht	Festsetzung von zukünftigen Zielen/Standards über Emissionswerte, die über den Stand der Technik hinausgehen		Festsetzung von Zielen, Standards nach dem Stand der Technik

Flankierende Instrumente zur Förderung von Umwelttechnologien			
Umweltmanagement-systeme			Kontinuierliche Verbesserung der Umweltleistung
Ökolabel			Information der Verbraucher über Umwelteffekte
‚Grüne' Beschaf-fungspolitik			Staatliche Nachfrage als potenzielle Vor-bildfunktion
Ausbil-dung/Qualifizierung von Fachkräften	Aufbau von Human-kapital		

Bei der Ausgestaltung der umweltpolitischen Instrumente ist zu berücksichtigen, dass grundsätzlich nur emissionsbezogene Faktoren die Umweltexternalitäten korrekt widerspiegeln können. Mit den flankierenden Instrumenten ist umwelttechnologischer Fortschritt zwar nicht direkt steuerbar, aber die Information der Verbraucher über Umwelteffekte ihrer Konsumentscheidungen und die potentielle Vorbildfunktion der staatlichen Akteure durch eine ‚grüne' Beschaffungspolitik können zur Unterstützung der anderen Instrumente im Instrumentenmix genutzt werden. Darüber hinaus ist die Ausbildung/Qualifizierung von Fachkräften zur Bildung von Humankapital, dass insbesondere für die Phase der Invention relevant ist, als zusätzlicher Bestandteil der flankierenden Instrumente in den überarbeiteten Vorschlag zur Ausgestaltung des Instrumentenmixes aufgenommen worden.

6 Zusammenfassung und Ausblick

Die ökologische Innovationspolitik zur Forcierung umwelttechnologischen Fortschritts ist ein Thema, das in der politischen Diskussion als Lösungsansatz für Umweltprobleme gesehen wird. Eine einheitliche theoretisch-konzeptionelle Grundlage für die praktische Anwendung existiert jedoch nicht. Der Verkehrsbereich ist wegen der mit ihm verbundenen umweltschädlichen Emissionen und der Endlichkeit der fossilen Ressource Erdöl ein potenzielles Handlungsfeld für die ökologische Innovationspolitik.

Aufgrund der wesentlichen Rolle des MIV und dem mit dem Pkw verbundenen hohen individuellen Nutzen lassen sich die verkehrsbedingten umweltschädlichen Emissionen und die daraus resultierenden externen Kosten nur in einem begrenzten Maß durch die Strategie ‚Verkehrsverlagerung und Verkehrsvermeidung' reduzieren. Es bestehen verschiedene technologische Alternativen zu den konventionellen Fahrzeug- und Kraftstofftechnologien, von denen niedrigere umweltschädliche Emissionen und geringere externe Kosten erwartet werden. Insbesondere die Elektromobilität steht im Fokus der Politik. Auch wenn die alternativen Technologien weniger oder keine direkten Emissionen im Betrieb aufweisen, zeigt die Betrachtung der gesamten Ökobilanz, dass auch hierbei externe Kosten von Relevanz sind, deren Höhe aber mit Unsicherheiten verbunden ist. Es ist nicht absehbar, welche Technologien sich in der Praxis durchsetzen und in Zukunft zu einer Reduktion der Umweltbelastungen beitragen können.

Durch staatliche Maßnahmen lassen sich generell Umweltinnovationen forcieren, deren Entwicklung durch Innovationshemmnisse eingeschränkt ist. Unter Umweltinnovationen sind dabei radikale und inkrementelle Neuerungen zu verstehen, die dem Umweltschutz förderlich sind. Sie können nicht nur technologisch-ökonomischer, sondern auch sozialer oder institutioneller Art sein. Innovationshemmnisse können sich z. B. aufgrund von Spillovereffekten und Informationsmängeln ergeben. Die Entstehung von Umweltinnovationen hemmt zudem ein doppelter externer Effekt, der sich aus der Nichtberücksichtigung der sozialen Zusatzerträge von Innovationen und durch die Verringerung umweltschädlicher Emissionen ergibt.

Um die wirtschaftspolitischen Maßnahmen bzw. Instrumente aus Sicht der ökologischen Innovationspolitik beurteilen zu können, die im Status quo im Verkehrsbereich zur Forcierung von Umweltinnovationen angewendet werden und Deutschland betreffen, ist zu klären, ob es eine konzeptionelle Grundlage für die ökologische Innovationspolitik gibt, mit der dies möglich ist.

Die ökologische Innovationspolitik, die nach umwelttechnischem Fortschritt zur Reduktion umweltschädlicher Emissionen strebt, ist einerseits von der Industriepolitik abzugrenzen und lässt sich andererseits sowohl in die Innovationspolitik als auch in die Umweltpolitik einordnen. Dennoch berücksichtigt weder die Innovationspolitik noch die Umweltpolitik die Spezifika von Umweltinnovationen: Die Innovationspolitik ist nicht auf einen zielgerichteten technologischen Fortschritt zur Reduktion von Umweltbelastungen ausgerichtet. Bei der Umweltpolitik findet der umwelttechnologische Fortschritt nur als Teilaspekt Beachtung, der weder die Art der Innovation noch die zeitliche Dimension bei der Entstehung von Innovationen berücksichtigt. Die ökologische Innovationspolitik bildet die Schnittmenge zwischen Innovations- und Umweltpolitik, bei der die Charakteristika von Umweltinnovationen Berücksichtigung finden und die geeignet ist, umwelttechnologischen Fortschritt zu fördern und damit Umweltbelastungen zu mindern. Dabei besteht jedoch ein Zielkonflikt zwischen der Umweltorientierung des forcierten technologischen Wandels und der damit verursachten Technologieselektion durch den Staat, die den Selektionsmechanismus des Marktes aushebeln kann. Dieser Zielkonflikt ist bei der Ausgestaltung der wirtschaftspolitischen Instrumente in der Praxis zu beachten.

Im Status quo gibt es eine Vielzahl von parallel bestehenden untereinander kaum koordinierten Maßnahmen, die auf eine Reduktion von Umweltbelastungen im Bereich des Pkw-Verkehrs abzielen und zur Förderung eines umwelttechnologischen Fortschritts beitragen sollen. Die systematische Zusammenstellung dieser Maßnahmen ermöglicht eine Kategorisierung, mit der sie aus Sicht der ökologischen Innovationspolitik analysiert werden können. Bei den Maßnahmen handelt es sich um allgemeine Strategien und Handlungskonzepte, die aber nur zum Teil speziell auf den Verkehrsbereich ausgerichtet sind, um Förderprojekte sowie um monetäre Instrumente, um Auflagen und um flankierende Maßnahmen.

Die Maßnahmen im Status quo lassen sich aus Sicht der ökologischen Innovationspolitik einordnen und bewerten, indem untersucht wird, ob die staatlich forcierten Umweltinnovationen Konflikte zwischen neu begründeten Technologiepfaden und dem etablierten Technologiepfad verursachen. Zur Bewertung der Maßnahmen wird das umweltpolitische Kriterium der dynamischen Anreizwirkung um die Kriterien Pfadeffektivität, Wettbewerbskonformität und Anpassungsflexibilität erweitert. Damit lassen sich die Charakteristika von Umweltinnovationen besser berücksichtigen.

Obwohl nicht absehbar ist, ob und inwieweit die Elektromobilität konventionelle Fahrzeugtechnologien zukünftig substituieren kann, liegt der Fokus bei vielen staatlichen Maßnahmen insbesondere auf dieser Technologie. Dies gilt speziell für die Strategien und Handlungskonzepte sowie für die Förderprojekte.

Die Analyse zeigt, dass bezüglich des Zielkonflikts zwischen einem umweltorientierten technologischen Wandel und einer staatlichen Technologieselektion Defizite bestehen. Mit einer Schwerpunktverlagerung von der direkten Projektförderung auf eine indirekt-spezifische Förderung, die generell an Umweltinnovationen im Pkw-Verkehr und nicht an einzelne Technologien anknüpft, ließe sich dieses Problem reduzieren.

Mit den monetären und auflagenpolitischen Maßnahmen kommen typische Instrumente der Umweltpolitik zum Einsatz, die in ihrer bisherigen Ausgestaltung nur bedingt zur Förderung eines umweltorientierten Wandels im Bereich des Pkw-Verkehrs beitragen. Bei der praktischen Ausgestaltung der umweltpolitischen Instrumente ist bisher nur in unzureichendem Maß berücksichtigt worden, dass sie dafür geeignet sein müssen, die mit den jeweiligen Technologien verbundenen umweltschädigenden Emissionen widerzuspiegeln. Darüber hinaus ist zu beachten, dass es notwendig wäre, Ziele zu definieren, die über den aktuellen Stand der Technik hinausgehen, wenn Umweltinnovationen nicht nur in der Diffusionsphase, sondern auch in den Phasen Invention und Adaption forciert werden sollen.

Die informationspolitischen Instrumente und die ‚grüne' Beschaffungspolitik sind als flankierende Maßnahmen nicht zu einer Steuerung des umwelttechnologischen Fortschritts geeignet, lassen sich aber nutzen, um Informationsmängel abzubauen und um das öffentliche Bewusstsein für die Umweltbelastungen des Pkw-Verkehrs zu erhöhen. Probleme bestehen im Status quo dadurch, dass zweifelhaft ist, ob die mit den jeweiligen Technologien verbundenen Umwelteffekte korrekt dargestellt werden.

In der Gesamtbetrachtung fehlt bei den Maßnahmen im Status quo zur Forcierung eines umwelttechnologischen Fortschritts im Pkw-Bereich ein integrativer Rahmen zur Koordination. Die ökologische Innovationspolitik bietet die Möglichkeit zu einer Forcierung umwelttechnologischen Fortschritts, wenn die staatlichen Maßnahmen auf einem Handlungskonzept beruhen, das sowohl die Abstimmung der eingesetzten Instrumente als auch die Koordinierung der an der Umsetzung beteiligten Akteure berücksichtigt. Im Bereich des Pkw-Verkehrs besteht diesbezüglich Handlungsbedarf. Bei einer Erfüllung dieser Prämisse ist die ökologische Innovationspolitik auch für andere Politikbereiche, in denen umwelttechnologischer Wandel zur Reduktion von Umweltproblemen beitragen kann, anwendbar.

Literaturverzeichnis

Aberle, G. (2003): Transportwirtschaft, Einzelwirtschaftliche und gesamtwirtschaftliche Grundlagen, Oldenburg.

Amelung, E. (o. J.): Effektivität, in: Gabler Verlag (Hrsg.), Gabler Wirtschaftslexikon, Onlineressource: URL: http://wirtschaftslexikon.gabler.de/Archiv/7639/effektivitaet-v9.html [Stand: 13.09.2011].

Andel, N. (1998): Finanzwissenschaft, Tübingen.

Arrow, K. (1962): Economic Welfare and the Allocation of Ressources for Invention, in: Universities-National Bureau, National Bureau of Economic Research: The Rate and Direction of Incentive Activity, S. 609–625.

Bach, S. (2009): Zehn Jahre ökologische Steuerreform: Finanzpolitisch erfolgreich, klimapolitisch halberzig, Wochenbericht des DIW Berlin Nr. 14/2009, S. S. 218–228.

BAFA – Bundesamt für Wirtschaft und Ausfuhrkontrolle (2011): Bericht des Bundesamtes für Wirtschaft und Ausfuhrkontrolle zur Förderung der Nachrüstung von Partikelminderungssystemen durch einen Zuschuss in den Jahren 2009 und 2010, Eschborn, Onlineressource: URL: http://www.bafa.de/bafa/de/weitere_aufgaben/pmsf/publikationen/abschlussbericht_kurzfassung_mit_deckblatt.pdf [Stand: 05.07.2012].

Barthel, K. et al. (2010): Zukunft der deutschen Automobilindustrie, Herausforderungen und Perspektiven für den Strukturwandel im Automobilsektor, WISO Diskurs, Expertisen und Dokumentationen zur Wirtschafts- und Sozialpolitik, Friedrich-Ebert-Stiftung.

BDBe - Bundesverband der deutschen Bioethanolwirtschaft e. V. (2012): Super E10: Akzeptanz und Wahrnehmung?, Umfrageergebnis 2012, Onlineressource: URL: http://www.bdbe.de/presse/presseinformationen/?entry=295 [Stand: 22.06.2012].

Beise, M., K. Rennings (2003): Lead Markets of Environmental Innovations: A Framework for Innovation and Environmental Economics, ZEW Discussion Paper No. 03-01 Research Paper.

Bernauer, T. et al. (2007): Explaining Green Innovation. Ten Years after Porter´s Win-Win Proposition: How to Study the Effects of Regulation on Corporate Environmental Innovation?, Politik und Umwelt, Sonderheft 39.

Binswanger, M. (2001): Technological progress and sustainable devolopment: what about the rebound effect?, Ecological Economics 36, S. 119–32.

BirdLife International et al. (2010): Mit Vollgas zur Zerstörung: Europas Biokraftstoffpläne und deren Auswirkungen auf Klima und Natur,

Onlineressource: URL: http://www.greenpeace.de/fileadmin/gpd/user_upload/themen/waelder/Biofuel_Report_Zsfsg_DE.pdf [Stand: 05.06.2012].

BMBF – Bundesministerium für Bildung und Forschung (2000): Bundesbericht Forschung 2000.

BMBF – Bundesministerium für Bildung und Forschung (2007): Das 7. EU-Forschungsrahmenprogramm, Bonn, Berlin, Onlineressource: URL: http://www.forschungsrahmenprogramm.de/_media/7-EU_FRP.pdf [Stand: 30.09.2011].

BMBF – Bundesministerium für Bildung und Forschung (2010a): Bundesbericht Forschung und Innovation 2010, Bonn, Berlin.

BMBF – Bundesministerium für Bildung und Forschung (2010b): Ideen. Innovation. Wachstum, Hightech-Strategie 2020 für Deutschland, Bonn, Berlin, Onlineressource: URL: http://www.bmbf.de/pub/hts_2020.pdf [Stand: 22.03.2012].

BMF – Bundesministerium der Finanzen (2011): Finanzbericht 2012, Stand und voraussichtliche Entwicklung der Finanzwirtschaft im gesamtwirtschaftlichen Zusammnehang, abgeschlossen am 12. August 2011, Berlin.

BMU – Bundesministerium für Umwelt, Naturschutz und Reaktorsicherheit (2005): Germany's ETAP Roadmap, Speeding up innovation – protecting the environment, Onlineressource: URL: http://ec.europa.eu/environment/etap/policy/roadmaps_en.html [Stand: 08.07.2012].

BMU – Bundesministerium für Umwelt und Naturschutz (2006a): Ökologische Industriepolitik: Memorandum für einen „New Deal“ für Wirtschaft, Beschäftigung und Umwelt, Berlin, URL: http://www.bmu.de/files/pdfs/allgemein/application/pdf/memorandum_oekol_industriepolitik.pdf [Stand: 15.03.2010].

BMU – Bundesministerium für Umwelt und Naturschutz (2006b): Umweltbericht 2006 – Umwelt, Innovation, Beschäftigung, Berlin, http://www.umweltdaten.de/rup/umweltbericht_2006.pdf [Stand: 15.03.2010].

BMU – Bundesministerium für Umwelt und Naturschutz (2008): Umweltschutz schafft Perspektiven, Berlin, Onlineressource: URL: http://www.bmu.de/files/pdfs/allgemein/application/pdf/broschuere_umwelt_2009.pdf [Stand: 15.03.2010].

BMU – Bundesministerium für Umwelt und Naturschutz (2009): Die EU-Verordnung zur Verminderung der CO_2-Emissionen von Personenkraftwagen, Onlineressource: URL: http://www.bmu.de/files/pdfs/allgemein/application/pdf/eu_verordnung_co2_emissionen_pkw.pdf [Stand: 22.08.2012].

BMU/BMBF – Bundesministerium für Umwelt und Naturschutz/ Bundesministerium für Bildung und Forschung (2008): Masterplan

Umwelttechnologien, Berlin, URL: http://www.bmu.de/files/pdfs/allgemein/application/pdf/masterplan_umwelttechnologien.pdf [Stand: 11.04.2012].

BMVBS – Bundesministerium für Verkehr, Bau und Stadtentwicklung: (2009), Kompendium der EU-Verkehrspolitik – Ausgabe 2, Halbjahr 2009, Onlineressource: URL: http://www.bmvbs.de/Anlage/original_1103468/Kompendium-der-EU-Verkehrs politik.pdf [Stand: 31.01.2010].

BMVBS – Bundesministerium für Verkehr, Bau und Stadtentwicklung et al. (2011): Nationaler Entwicklungsplan Version 3.0 zum NIP (Nationales Innovationsprogramm Wasserestoff- und Brennstoffzellentechnologie), Onlineressource: URL: http://www.nowgmbh.de/fileadmin/user_upload/REMediathek/RE_Publikationen_NIP/NIPNationaler_Entwicklungsplan_Version_3.0.pdf [Stand: 31.05.2012].

BMWi – Bundesministerium für Wirtschaft- und Technologie (2008): Das 3. Verkehrsforschungprogramm der Bundesregierung, Mobilität und Verkehrstechnologien.

BMWi – Bundesministerium für Wirtschaft und Technologie et al. (Hrsg.) (2011): Regierungsprogramm Elektromobilität, Berlin, Onlineressource: URL: http://www.bmbf.de/pubRD/programm_elektromobilitaet.pdf [Stand: 20.05.2012].

Böhler, S. (2010): Nachhaltig mobil, Eine Untersuchung von Mobilitätsdienstleistungen in deutschen Großstädten, in: Dortmunder Beiträge zur Raumplanung V8, Dortmund.

Bovenberg, A. L., S. Smulders (1995): Environmental quality and pollution-augmenting technological change in a two-sector endogenous growth model, in: Journal of Public Economics 57, S. 369–391.

Bowyer, C. (2010): Anticipated Indirect Land Use Change Associated with Expanded Use of Biofuels and Bioliquids in the EU – An Analysis of the National Renewable Energy Action Plans, Onlineressource: URL: http://www.ieep.eu/assets/786/Analysis_of_ILUC_Based_on_the_National_Renewable_Energy_Action_Plans.pdf [Stand: 25.06.2012].

Brauner, G. (2008): Infrastrukturen der Elektromobilität, in: Elektrotechnik und Informationstechnik 125/11, S. 382–386.

Bretschger, L. (2005): Economics of technological change and the natural environment: How effective are innovations as remedy for resource scarcity?, in: Ecological Economics, Vol. 54, S. 148–163.

Budzinski, O. (2000): Wirtschaftspolitische Implikationen evolutorischer Ordnungsökonomik – Das Beispiel ordnungskonformer ökologischer

Wirtschaftspolitik, Institutionelle und Evolutorische Ökonomik, Bd. 11, Marburg.

BUND – Bund für Umwelt und Naturschutz Deutschland e.V. (2011a): BUND-Hintergrundpapier zu Agrarkraftstoffen und Flächenverbrauch, Onlineressource: URL: http://www.bund.net/fileadmin/bundnet/pdfs/verkehr/autoverkehr/20110608_verkehr_hintergrund_agrarsprit_flaechenverbrauch.pdf [Stand: 25.06.2012].

BUND – Bund für Umwelt und Naturschutz Deutschland e.V.: (2011b): BUND-Hintergrundpapier zur Pkw-Energiekennzeichnungsverordnung (Pkw-EnVKV), Onlineressource: URL: http://www.bund.net/fileadmin/bundnet/pdfs/verkehr/autoverkehr/20111128_verkehr_effizienzlabel_pkw_faktenpapier.pdf [Stand: 24.08.2012].

Bundesregierung (2002): Perspektiven für Deutschland, Unsere Strategie für eine nachhaltige Entwicklung, Onlineressource: URL: http://www.bundesregierung.de/Content/DE/_Anlagen/2006-2007/perspektiven-fuer-deutschland-langfassung.pdf?__blob=publicationFile [Stand: 12.04.2012].

Bundesregierung (2007): Eckpunkte für ein integriertes Energie- und Klimaprogramm, Onlineressource: URL: http://www.bmwi.de/BMWi/Redaktion/PDF/E/eckpunkt-fuer-ein-integriertes-energie-und-klimaprogramm,property=pdf,bereich=bmwi,sprache=de,rwb=true.pdf [Stand: 19.04.2012].

Bundesregierung (2009a): Wachstum, Bildung, Zusammenhalt, Der Koalitionsvertrag zwischen CDU, CSU und FDP, 17. Legislaturperiode, Onlineressource: URL: http://www.cdu.de/doc/pdfc/091026-koalitionsvertrag-cducsu-fdp.pdf [Stand: 26.04.2012].

Bundesregierung (2009b): Nationaler Entwicklungsplan Elektromobilität der Bundesregierung, Onlineressource: URL: http://www.bmu.de/files/pdfs/allgemein/application/pdf/nep_09_bmu_bf.pdf [Stand: 11.05.2012].

Buonanno, P., C. Carraro, M. Galeotti (2003): Endogenous induced technical change and the costs of Kyoto, in: Resource and Energy Economics 25 - 1, S. 11–34.

Busch, B. (2005): Renaissance der Industriepolitik, IW-Positionen 15, Beiträge zur Ordnungspolitik aus dem Institut der deutschen Wirtschaft Köln, Köln.

Button, K. (2010): Transport Economics, 3. Aufl., Cheltenham.

Byrne, M. M. (1997): Is growth a dirty word? Pollution, abatement and endogenous growth, in: Journal of Development Economics 54 - 2, S. 261–284.

Cansier, D. (1996): Umweltökonomie, 2. Aufl., Stuttgart.

Carillo-Hermosilla, J., P. Río Gonzáles, T. Könnölä (2009): Eco-innovation, When Sustainability and Competitivenes Shake Hands, Basingstoke, New York.

CE Delft/INFRAS/Frauenhofer ISI (2011): External Costs of Transport in Europe, Update Study for 2008, Delft, Onlineressource: URL: http:// www.cedelft.eu/publicatie/external_costs_of_transport_in_europe/1258 [Stand: 08.08.2012].

CEP – Clean Energy Partnership (2011): Veröffentlichung der Projektergebnisse, Onlineressource: URL: http://www.cleanenergypartnership. de/uploads/tx_cepdownloadsv2/Veroeffentlichung_Projektergebnisse11_4 _NKBF98.pdf [Stand: 05.06.2012].

CEP – Clean Energy Partnership (2012): Wasserestoff bewegt - kommen Sie mit!, CEP Phase III, Broschüre mit allen Informationen zur Clean Energy Partnership, Onlineressource: URL: http://www.cleanenergypartnership. de/uploads/tx_cepdownloadsv2/_final_CEP_Brosch_d_2012_LR.pdf [Stand: 05.06.2012].

Cordes-Holland, O. (2007): Climate Change, light-duty motor vehicles and the Stern-Review: Environmental law and policy measures to reduce passenger vehicle CO_2 emissions, ANU (Australian National University) College of Law, Research Paper No. 08-27, S. 381–391.

DAT - Deutsche Automobil Treuhand GmbH (Hrsg.) (2011): E10-Verträglichkeit von Kraftfahrzeugen, Onlineressource: URL: http://www.dat.de/ e10liste/e10vertraeglichkeit.pdf [Stand: 22.06.2012].

dena – Deutsche Energie-Agentur (2011a): Erdgas und Biomethan im künftigen Kraftstoffmix, Handlungsbedarf und Lösungen für eine beschleunigte Etablierung im Verkehr, Onlineressource: URL: http://www.dena.de/ fileadmin/user_upload/Presse/Pressemappen/erdgasmobil/Erdgas_und_Bi omethan_im_kuenftigen_Kraftstoffmix.pdf [Stand: 10.08.2012].

dena – Deutsche Energie-Agentur (Hrsg.) (2011b): Entwicklung einer Mobilitäts- und Kraftstoffstrategie für Deutschland - Voruntersuchung, Onlineressource: URL: http://www.bmvbs.de/cae/servlet/contentblob/ 72032/publicationFile/45118/mobilitaets-und-kraftstoffstrategie-der-bundesregierung.pdf [Stand: 26.04.2012].

destatis (2011): Preise, Fast zehn Jahre Euro – Preisentwicklung vor und nach der Bargeldumstellung, Statistisches Bundesamt, Wiesbaden, Onlineressource: URL: https://www.destatis.de/DE/Publikationen/Thematisch/ Prese/Verbraucherpreise/Fast10JahreEuro5611105119004.pdf?__blob= publicationFile [Stand: 08.10.2012].

Downing, P. B., L. J. White (1986): Innovation in Pollution Control, in: Journal of Environmental Economics and Management 13, S. 18–29.

Dudenhöffer, F. (2010): Von der CO_2-Regulierung zum Mobilitätssystem, in: ifo Schnelldienst 23/2010, S. 20–24.

Dudenhöffer, F., E. M. John (2009): EU-Normen für Verbrauchsangaben von Autos: Mehr als ein Ärgernis für Autokäufer, in: ifo Schnelldienst 13/2009, S. 14–17.

EC – European Commission (Hrsg.) (2002): Innovation tomorrow, Innovation policy and the regulatory framework: Making innovation an integral part of the broader structural agenda, Innovation Papers 28.

EC – European Commission (2006): European fuel cell and hydrogen projects 2002–2006, Luxemburg.

EC – European Commission (2008): Communication from the Commission to the European Council, A European Economic Recovery Plan, COM(2008) 800 final, Brüssel, Onlineressource: URL: http://eur-lex.europa.eu/LexUriServ/LexUriServ.do?uri=COM:2008:0800:FIN:EN:PDF [Stand: 16.01.2011].

EC – European Commission (2011a): Commission staff working paper, "A European strategy for clean and energy efficient vehicles" - state of play 2011, SEC(2011) 1617 final, Brüssel, Onlineressource: URL: http://ec.europa.eu/enterprise/sectors/automotive/files/pagesbackground/competitiveness/sec-2011-1617_en.pdf [Stand:11.01.2011].

EC – European Commission (2011b): European Green Cars Initiative PPP, Multi-annual roadmap and long-term strategy, Onlineressource: URL: http://ec.europa.eu/research/industrial_technologies/pdf/european-green-cars-initiative-ppp_en.pdf [Stand: 12.01.2012].

EC – European Commission (2011c): Buying green! A handbook on green public procurement, 2nd Edition, Onlineressource: URL: http://ec.europa.eu/environment/gpp/pdf/handbook.pdf [Stand: 14.03.2012].

EC – European Commission (2011d): Communication from the Commission to the European Parliament, the Council, the European Economic and Social Committee and the Committee of the Regions, Innovation for a sustainable Future - The Eco-innovation Action Plan (Eco-AP), COM (2011) 899 final Brüssel, Online-Ressource: URL: http://ec.europa.eu/environment/etap/inaction/pdfs/1_en_act_part1_v5.pdf [Stand: 23.04.2012].

Eckey, H.-F., W. Stock (2000): Verkehrsökonomie, Eine empirisch orientierte Einführung in die Verkehrswissenschaften, Wiesbaden.

Economides, N. (1996): The Economics of networks, in: International Journal of Industrial Organisation 14, S. 673–699.

Edwards, R. et al. (2006): Well-to-Wheels-Analyses of Future Automotive Fuels and Powertrains in the European Context, Onlineressource: URL: http:

//ies.jrc.ec.europa.eu/uploads/media/WTW_Report_010307.pdf [Stand: 10.08.2012].

EIB – Europäische Investitionsbank-Gruppe (2011): Jahresbericht 2010, Teil I, Tätigkeitsbericht, Onlineressource: URL: http://www.eib.org/attachments/general/reports/ar2010de.pdf [Stand: 20.01.2012].

EK – Europäische Kommission (2000a): Empfehlung der Kommission vom 13. April 2000 über die Minderung von CO2-Emissionen von Personenkraftwagen (JAMA), (2000/304/EG), ABL EG L 100/57, Onlineressource: URL: http://eur-lex.europa.eu/LexUriServ/LexUriServ.do?uri=OJ:L:2000:100:0057:0058:DE:PDF [Stand: 24.01.2012].

EK – Europäische Kommission (2000b): Empfehlung der Kommission vom 13. April 2000 über die Minderung von CO2-Emissionen von Personenkraftwagen (KAMA), (2000/303/EG), ABL EG L 100/55, Onlineressource: URL: http://eur-lex.europa.eu/LexUriServ/LexUriServ.do?uri=OJ:L:2000:100:0055:0056:DE:PDF [Stand: 24.01.2012].

EK – Europäische Kommission, (2004): Mitteilung der Kommission an den Rat und das Europäische Parlament, Stimulation von Technologien für nachhaltige Entwicklung: Ein Aktionsplan für Umweltechnologie in der Europäischen Union. Brüssel. Online-Ressource: URL: http://eur-lex.europa.eu/LexUriServ/site/de/com/2004/com2004_0038de01.pdf [Stand: 29.09.2011].

EK – Europäische Kommission (2007): Mitteilung der Kommission an den Rat und das europäische Parlamcnt, Ergebnise der Überprüfung der Strategie der Gemeinschaft zur Minderung der CO_2-Emissionen von Personenkraftwagen und leichten Nutzfahrzeugen, KOM(2007) 19 endgültig, Brüssel, Onlineresource: URL: http://eur-lex.europa.eu/LexUriServ/LexUriServ.do?uri=COM:2007:0019:FIN:de:PDF [Stand: 10.01.2012].

EK – Europäische Kommission (2008): Mitteilung der Kommission an das europäische Parlament, den Rat, den Wirtschafts- und Sozialausschuss und den Ausschuss der Regionen über den Aktionsplan für Nachhaltigkeit in Produktion und Verbrauch und für eine nachhaltige Industripolitik, KOM(2008) 39, Brüssel, Online-Ressource: http://eurlex.europa.eu/LexUriServ/LexUriServ.do?uri=COM:2008:0397:FIN:DE:PDF [Stand: 23.04.2012].

EK – Europäische Kommission (2010a): Mitteilung der Kommission an das europäische Parlament, den Rat und den europäischen Wirtschafts- und Sozialausschuss, Eine europäische Strategie für saubere und energieeffiziente Fahrzeuge, Onlineressource: URL: http://eur-lex.europa.eu/

LexUriServ/LexUriServ.do?uri=COM:2010:0186:FIN:DE:PDF [Stand: 09.01.2012].

EK – Europäische Kommission (2010b): Mitteilung der Kommission, Europa 2020, Eine Strategie für intelligentes, nachhaltiges und integratives Wachstum, Brüssel, Onlineressource: URL: http://ec.europa.eu/eu2020/pdf/COMPLET%20%20DE%20SG-2010-80021-06-00-DE-TRA-00.pdf [Stand: 23.01.2011].

EK – Europäische Kommisssion (2010c): Bericht der Kommission an das europäische Parlament, den Rat und den europäischen Wirtschafts- und Sozialausschuss, Bericht über den Stand der Umsetzung des Gesamtkonzepts der Gemeinschaft zur Minderung der CO_2-Emissionen von Personenkraftwagen und leichten Nutzfahrzeugen, KOM(2010) 656 endgültig, Brüssel, Onlineressource: URL: http://eur-lex.europa.eu/LexUriServ/LexUriServ.do?uri=COM:2010:0656:FIN:DE:PDF [Stand: 27.01.2012].

Ekins, P. (2010: Eco-innovation for environmental sustainability: concepts, progress and policies, International Economics and Economic Policy 7/2–3.

Endres, A. (2000): Umweltökonomie, 2. Aufl., Stuttgart.

Endres, A. (2007): Umweltökonomie. 3. Aufl., Stuttgart.

Erdmann, G. (1993): Elemente einer evolutorischen Innovationstheorie, Tübingen.

Europäischer Rat (2000): 23. und 24. März 2000, Lissabon, Schlussfolgerungen des Vorsitzes (Lissabon-Strategie), Onlineressource: URL: http://www.europarl.europa.eu/summits/lis1_de.htm [Stand: 23.01.2012].

Eurostat (2007): Passenger Mobility in Europe: 2007, Onlineressource: URL: http://144.171.11.107/Main/Public/Blurbs/Passenger_Mobility_in_Europe_2007_159015.aspx [Stand: 14.09.09].

FCH JU – Fuel Cells and Hydrogen Joint Undertaking (2011): Annual Acitivity Report 2010, Onlineressource: URL: http://www.fch-ju.eu/sites/default/files/FCH%20JU%20Annual%20Activity%20Report%202010_0.pdf [Stand: 06.10.2011].

Feess, E. (2007): Umweltökonomie und Umweltpolitik, 3. Aufl., München.

Fritsch, M. (2011): Marktversagen und Wirtschaftspolitik, 8. Aufl., München.

Gardner, B., C. Abraham (2007): What drives car use? A grounded theory analysis of commuters' reasons for driving, in: Transportation Research Part F: Traffic Psychology and Behaviour, Volume 10, Issue 3, S. 187–200.

Gawel, E. (2011): Kfz-Steuerreform und Klimaschutz, in: Wirtschaftsdienst, Zeitschrift für Wirtschaftspolitik, Heft 2, Februar 2011, S. 137–143.

Geroski, P. (1995): Markets for Technology: Knowledge, Innovation and Appropriability, in: P. Stoneman (Hrsg.): Handbook of the economics of innovation and technological Change, S. 90–131, Oxford, Cambridge.

Görres, A., B. Meyer (2008): Dienstwagenbesteuerung modernisieren: Für Klimaschutz und Gerechtigkeit, Kurzgutachten des Forums Ökologisch-Soziale Marktwirtschaft im Auftrag von Greenpeace, Onlineressource: URL: http://www.greenpeace.de/fileadmin/gpd/user_upload/themen/verkehr/Gutachten-Dienstwagenbesteuerung.pdf [Stand: 25.05.2012].

Hartwig, K.-H. (1999): Umweltökonomie, in: Vahlens Kompendium der Wirtschaftstheorie und Wirtschaftspolitik, 7. Aufl., Band 2, S. 127–170, München.

Hauff, M. v. (2005): Umwelttechnischer Fortschritt aus Sicht der neuen Wachstumstheorie, in: S. Seiter (Hrsg.): Neuere Entwicklungen in der Wachstumstheorie und der Wachstumspolitik, Marburg.

Hauff, M., A. Jörg (2009): Innovationen im Kontext nachhaltiger Entwicklung, in: H. D. Feser, M. Hauff (Hrsg.): Volkswirtschaftliche Diskussionsbeiträge, TU Kaiserslautern, Fachgebiete Volkswirtschaftslehre/Wirtschaftspolitik, Diskussionsbeitrag 27 – 9, Kaiserslautern.

Hayek, F. A. von (1989): The Pretence of Knowledge, in: American Economic Review 79 (6), S. 3–8.

Helmers, E. (2009): Bitte wenden Sie jetzt - Das Auto der Zukunft, Weinheim.

Hemmelskamp, J. (1996): Umweltpolitik und Innovation – Grundlegende Begriffe und Zusammenhänge, ZEW Discussion Paper No. 96–23.

Hemmelskamp, J. (1999): Umweltpolitik und technischer Fortschritt, Eine theoretische und empirische Untersuchung der Determinanten von Umweltinnovationen, Dissertation. Heidelberg.

Henze, M. (1992): Innovationspolitik und Rent Seeking – Zur Politischen Ökonomie der staatlichen Förderung unternehmerischer Innovationen, Köln.

Hepperle, G. R. M. (2003): Zukunftsorientierte Industriepolitik – Möglichkeiten und Grenzen, in: M. E. Ahlheim (Hrsg.): Hohenheimer Volkswirtschaftliche Schriften, Band 46, Frankfurt am Main.

Hermann, A. (2012): Rechtsgutachten Umweltfreundliche öffentliche Beschaffung, Umweltforschungsplan des Bundesministeriums für Umwelt, Naturschutz und Reaktorsicherheit, Forschungskennzahl 3709 95 301, Onlineressource: URL: http://www.umweltdaten.de/publikationen/fpdf-l/4314.pdf [Stand: 25.08.2012].

IEA/OECD – International Energy Agency/Organisation for economic co-operation and development (2011a): CO_2 emissions from fuel combustion, Paris, Onlineressource: URL: www.iea.org/co2highlights/co2highlights.pdf [Stand: 13.08.2012].

IEA/OECD – International Energy Agency/Organisation for economic co-operation and development (2011b): World Energy Outlook, Paris.

ifeu – Institut für energie und Umweltforschung Heidelberg GmbH (2011): Aktualisierung "Daten- und Rechenmodell: Energieverbrauch und Schadstoffemissionen des motorisierten Verkehrs in Deutschland 1960-2030" (TREMOD, Version 5.2) für die Emissionsberichterstattung 2012 (Berichtsperiode 1990-2010), Endbericht, Heidelberg, Onlineressource, URL: http://www.ifeu.de/verkehrundumwelt/pdf/IFEU%282012%29_TREMOD_Endbericht_FKZ%20363%2001%20370_120301.pdf [Stand: 07.08.2012].

Infas – Institut für angewandte Sozialwissenschaft GmbH/DLR – Deutsches Zentrum für Luft- und Raumfahrt e.V. (2010): MiD 2008, Mobilität in Deutschland 2008, Ergebnisbericht, Struktur – Aufkommen – Emissionen – Trends, Bonn, Berlin.

INFRAS (2007): Externe Kosten des Verkehrs in Deutschland, Aufdatierung 2005, Schlussbericht, Zürich.

IPCC – Intergovernmental Panel on Climate Change (2007): Climate Change 2007, Mitigation of Climate Change, Fourth Assessment Report, Working Group III, Cambridge u. a.

ITP/BVU (2007): Prognose der deutschlandweiten Verkehrsverpflechtungen 2025, Kurzfassung, München, Freiburg, Onlineressource: URL: http://www.bmvbs.de/cae/servlet/contentblob/32104/publicationFile/10807/verkehrsprognose-2025-kurzfassung.pdf [Stand: 07.08.2012].

Jaffe, A. B., R. G. Newell, R. N. Stavins (2004): Technology Policy for Energy and the Environment, in: A. B. Jaffe, J. Lerner, S. Stern (Hrsg.): Innovation Policy and the Economy, S. 35–68, Cambridge.

Jänicke, M. (2008): Megatrend Umweltinnovation – Zur ökologischen Modernisierung von Wirtschaft und Staat, München.

Kagermann, H. (2012): Fortschrittsbericht der NPE (Dritter Bericht), Präsentation vor Veröffentlichung des Berichts bei dem eMobility Summit, Berlin, 22. Mai 2012, Onlineressource: URL: http://www.emobility-summit.de/system/images/240/original/Praesentation_Henning_Kagermann.pdf [31.05.2012].

Kalhammer, F. R. et al. (2007): Status and Prospects for Zero Emission Vehicle Technology – Report of ARB Independent Expert Panel 2007, Onlineressource: URL: http://www.arb.ca.gov/msprog/zevprog/zevreview/zev_panel_report.pdf [03.09.2012].

Kalinowska, D., U. Kunert (2008): Kraftfahrzeugverkehr 2007: Alternative Antriebe bei Pkw auf dem Vormarsch, Wochenbericht des DIW Berlin Nr. 50/2008, S. 796-804.

Kallfass, H. H. (1990): Großunternehmen und Effizienz, Göttingen.

Kang, B., G. Ceder (2009): Battery materials for ultrafast charging and discharging, in: Nature 458, S. 190–193.

Katsoulacos, Y., A. Xepapadeas (1996): Environmental innovation, spillovers and optimal policy rules, in: C. Carraro, Y. Katsoulacos, A. Xepapadeas (Hrsg.): Environmental policy and market structure, Economics, energy and environment 4, S. 143–155, Dordrecht u. a.

KBA – Kraftfahrzeug-Bundesamt (2008): Pressemitteilung Nr. 4/2008, Der Fahrzeugbestand am 1. Januar 2008, Onlineressource: URL: http://www.kba.de/cln_033/nn_326084/DE/Presse/PressemitteilungenStatistiken/2006__2010/2008/Fahrzeugbestand/fz__bestand__01__01__08__PDF,templateId=raw,property=publicationFile.pdf/fz_bestand_01_01_08_PDF.pdf [Stand: 17.07.2012].

KBA – Kraftfahrt-Bundesamt (2011): Fachartikel: Emissionen und Kraftstoffe, Stand: 15.03.2011, Onlineressource: URL: http://www.kbashop.de/wcsstore/KBA/pdf/Fachartikel_Emissionen_Kraftstoffe.pdf [Stand: 14.06.2012].

KBA – Kraftfahrzeug-Bundesamt (2012): Der Fahrzeugbestand im Überblick am 1. Januar 2012 gegenüber 1. Januar 2011, in: Statistische Mitteilungen des Kraftfahrt-Bundesamtes, Onlineressource: URL: http://www.kba.de/cln_031/nn_125398/DE/Statistik/Fahrzeuge/Bestand/2011__b__ueberblick__pdf,templateId=raw,property=publicationFile.pdf/2011_b_ueberblick_pdf.pdf [Stand: 14.06.2012].

Kendall, G. (2008): Plugged In – The End of the Oil Age, WWF, Onlineressource: URL: http://electricdrive.org/index.php?ht=a/GetDocumentAction/id/27921 [Stand: 21.09.2012].

Klemmer, P., U. Lehr, K. Löbbe (1999): Umweltinnovationen, Anreize und Hemmnisse, in: Innovative Wirkungen umweltpolitischer Instrumente, Band 2, Berlin.

Klodt, H. (1997): Industriepolitik, in: Gabler-Wirtschaftslexikon, 14. Ausg., Wiesbaden.

Knie, A. et al. (1999): Die Neuerfindung urbaner Automobilität – Elektroautos und ihr Gebrauch in den U.S.A. und Europa, Berlin.

Kuhlmann, S., P. Shapira, R. Smits (2010): Introduction, A Systemic Perspective: The Innovation Policy Dance, in: R. E. Smits (Hrsg.): The Theory and Practice of Innovation Policy, An International Research Handbook, Cheltenham.

Laberer, C., M. Niedermeier (2009): Wirksamkeit von Umweltzonen, ADAC-Untersuchung, Onlineressource: URL: http://www.adac.de/_mmm/pdf/umweltzonen_wirksamkeit_bericht_0609_43574.pdf [Stand: 23.08.2012].

Lackes, R., M. Siepermann (o. J): Intelligentes Stromnetz, in: Gabler Wirtschaftslexikon, Onlineressource: URL: http://wirtschaftslexikon.gabler.de/Archiv/1007154/intelligentes-stromnetz-v1.html [Stand: 23.05.2012].

Lange, M. (2010): The GHG balance of biofuels taking into account land use change, Kiel working paper, No. 1619, Onlineressource: URL: http: //www.econstor.eu/handle/10419/30264 [Stand: 26.06.2012].

Lange, M., D. Bruhn (2010): Biokraftstoffe und Emissionen aus Landnutzungsänderungen, Kiel Policy Brief Nr. 17, Onlineressource: URL: http://www.ifw-kiel.de/wirtschaftspolitik/politikberatung/kiel-policy-brief/kiel_policy_brief_17.pdf [Stand: 27.06.2012].

Lehmann-Waffenschmidt, M. (2006): Innovationen und nachhaltige Entwicklung, in: R. E. Pfriem (Hrsg.): Innovationen für eine nachhaltige Entwicklung, Wiesbaden.

Lehnert, N. M. (2008): Externe Kosten des Luftverkehrs, Ein Überblick über den aktuellen Stand der Diskussion, Diskussionspapiere aus dem Institut für Volkswirtschaftslehre der Technischen Universität Ilmenau, Nr. 59, Ilmenau.

Leopoldina, German National Academy of Sciences (2012): Bioenergy – Chances and Limits, Statement, Halle (Saale).

Lundvall, B., S. Borrás (2005): Science, Technology and Innovation Policy, in: J. Fagerberg, D. C. Mowery, R. R. Nelson (Hrsg.): The Oxford Handbook of Innovation, S. 599–631, New York.

Lutz, M., A. Rauterberg-Wulff (2009): Ein Jahr Umweltzone Berlin: Wirkungsuntersuchungen, Berliner Senatsverwaltung für Gesundheit, Umwelt und Verbraucherschutz, Onlineressource: URL: http://www.stadtentwicklung.berlin.de/umwelt/luftqualitaet/de/luftreinhalteplan/download/umweltzone_1jahr_bericht.pdf [Stand: 23.08.2012].

Markard, J. (2004): Strommarkt im Wandel, Veränderung von Innovationsprozessen am Beispiel von Ökostrom und Brennstoffzelle, Zürich.

Mathoy, A. (2008a): Die Entwicklung bei Batterien und Antriebstechnik für Elektroautomobile, Bulletin SEV/AES 1/2008, Onlineressource: URL: http://www.electrosuisse.ch/display.cfm?id=116011 [Stand: 09.09.09].

Mathoy, A. (2008b): Definition and implementation of a global EV charging infrastructure, Brusa Electronics, Onlineressource: URL: http://www.ecs-five.ch/parkcharge/documents/EV-infrastructure%20project.pdf [Stand: 12.07.2012].

McKinsey & Company (2008): Potenziale der öffentlichen Beschaffung für ökologische Industriepolitik und Klimaschutz, Studie von McKinsey & Company, Inc., im Auftrag des Bundesministeriums für Umwelt, Naturschutz und Reaktorsicherheit. Onlineressource: URL: http: //www.bmu.de/files/na/application/pdf/mckinseystudie.pdf [Stand: 25.08.2012].

McKinsey & Company (2009): Roads toward a low-carbon future: Reducing CO_2 emissions from passenger vehicles in the global road transportation system, Onlineressource: URL: http://www.mckinsey.com/clientservice/ccsi/pdf/roads_toward_low_carbon_future.pdf [Stand: 06.01.2010].

Meadows, D. et al. (1973): Die Grenzen des Wachstums, Bericht des Club of Rome zur Lage der Menschheit, Reinbek.

Meadows, D., J. Randers, D. Meadows (2007): Grenzen des Wachstums, Das 30-Jahre-Update, Stuttgart.

Michaelis, P. (1996): Ökonomische Instrumente in der Umweltpolitik, Eine anwendungsorientierte Einführung, Heidelberg.

Michaelis, P. (2003): Zum Innovationsanreiz umweltpolitischer Instrumente. Rehabilitierung der Auflagenpolitik, in: D. Duwendang, K. Sauernheimer, E. Wille (Hrsg.): Jahrbuch für Wirtschaftswissenschaften 53, S. 288–300.

Motzkus, A., L. Klinge-Habermann (2010): Klimaschutz und Verkehrspolitik, Forschungsinformationssystem, FIS-Dossier, Onlineressource: URL: http: //www.forschungsinformationssystem.de/servlet/is/97/FIS_Dossier_Juli_2010.pdf?command=downloadContent&filename=FIS_Dossier_Juli_2010.pdf [Stand: 09.08.2012].

Müller-Christ, G. (2001): Umweltmanagement, Umweltschutz und nachhaltige Entwicklung, München.

MWV – Mineralölwirtschaftsverband e. V. (2011): MWV-Prognose 2025 für die Bundesrepublik Deutschland, Onlineressource: URL: http://www.mwv.de/upload/statistiken/info/110622_Prognose_2025_vGz4jVRjg9gJGKN.pdf [Stand: 06.08.2012].

MWV – Mineralölwirtschaftsverband e. V. (2012a): Statistiken-Preise, Jährliche Verbraucherpreise für Mineralölprodukte 1950-2011 (inkl. MwSt) [ct./l], Zusammenstellung nach Daten des statistischen Bundesamts, Onlineressource: URL: http://www.mwv.de/index.php/daten/statistikenpreise/?loc=8 [Stand: 06.08.2012].

MWV – Mineralölwirtschaftsverband e. V. (2012b): Mineralölstatistik, Die aktuellen Mineralölabsatzdaten, Februar 2012, Onlineressource: URL: http://www.mwv.de/index.php/daten/statistikeninfoportal [Stand: 22.06.2012].

Naturvårdsverket: The Swedish Environmental Protection Agency (2005): The Top Runner Programm in Japan – its effectiveness and implications for the EU, 5515, report, Onlineressource: URL: http://www.naturvards verket.se/Documents/publikationer/620-5515-1.pdf [Stand: 28.08.2012].

Nill, J. (2009): Ökologische Innovationspolitik, Eine evolutorisch-ökonomische Perspektive, Marburg.

Niosi, J. (1993): National Systems of Innovation: In Search of a Concept, Technology in Society 15, S. 207–227.

NOW – Nationale Organisation Wasserstoff- und Brennstoffzellentechnolgie (2012): Jahresbericht 2011, Onlineresource: URL: http://www.now-gmbh.de/fileadmin/user_upload/REMediathek/RE_Publikationen_NOW/ NOW_Jahresbericht_2011_DE.pdf [Stand: 30.05.2012].

NPE – Nationale Plattform Elektromobilität (2011): Zweiter Bericht der Nationalen Plattform Elektromobilität und Zweiter Bericht der Nationalen Plattform Elektromobilität - Anhang, Berlin, Onlineressource: URL: http: //www.bmwi.de/BMWi/Navigation/Service/publikationen,did=389720.ht ml [Stand: 20.05.2012].

NPE – Nationale Plattform Elektromobilität (2012): Dritter Bericht der Nationalen Plattform Elektromobilität, Onlineressource: URL: http:// www.bmwi.de/BMWi/Redaktion/PDF/Publikationen/fortschrittsbericht-der-nationalenplattform-elektromobilitaet,property=pdf,bereich=bmwi, sprache=de,rwb=true.pdf [Stand: 15.08.2012].

Oberender, P., F. Daumann (1995): Industriepolitik, München.

OECD – Organisation for economic co-operation and development (Hrsg.) (2002): Frascati Manual 2002, Proposed Standard Practice for Surveys on Research and Experimental Development, Paris.

OECD – Organisation for economic co-operation and development (Hrsg.) (2007): Instrument Mixes for Environmental Policy, Onlineressource: URL: http://www.oecd.org/document/24/0,3343,en_2649_34295_386 98039_1_1_1_37465,00.html [Stand: 29.03.2011].

OECD – Organisation for economic co-operation and development (Hrsg.) (2009): Eco-Innovation in Industry, Enabling Green Growth.

Öko-Institut e. V./ISOE – Institut für sozial-ökologische Forschung (2011): OPTUM: Optimierung der Umweltentlastungspotenziale von Elektrofahrzeugen, Integrierte Betrachtung von Fahrzeugnutzung und Energiewirtschaft, Schlussbericht im Rahmen der Förderung von Forschung und Entwicklung im Bereich der Elektromobilität des BMU, Berlin, Onlineressource: URL: http://www.oeko.de/oekodoc/1342/2011-004-de.pdf [Stand: 10.08.2012].

Oosterhuis, F. (2006): Innovation dynamics induced by environmental policy, Final report, IVM report E-07/05, Institute for Environmental Studies, Vrije Universiteit. Amsterdam, Onlineressource: URL: http://ec.europa.eu/environment/enveco/policy/pdf/2007_final_report_conclusions.pdf [Stand: 28.08.2012].

Parry, I. W. (1995): Optimal pollution taxes and endogenous technological progress, Resource and Energy Economics 17, S. 69–85.

Pehnt, M., U. Höpfner, F. Merten (2007): Elektromobilität und erneuerbare Energien. Wuppertal, URL: http://www.ifeu.org/energie/pdf/Arbeitspapier5_%20Elektromobilitaet%20und%20erneuerbare%20Energien.pdf [Stand:14.10.2009].

Pizer, W. A., D. Popp (2009): Endogenizing technological change: Matching empirical evidence to modeling needs, Energy Economics 30, S. 2754–2770.

Prognos AG (2010): Ergebnisse und Empfehlungen aus der Evaluierung des BMU-Umweltinnovationsprogramm 1999–2008 für den Workshop "Innovationen als Wachstumsmotor" der KfW Berlin, Präsentation, J. Struwe, Onlineressource: URL: http://www.prognos.com/fileadmin/pdf/aktuelles/100506_EvalUIP_Workshop_KfW_fuer_BMU.pdf [Stand: 04.05.2012].

Puls, T. (2006): Alternative Antriebe und Kraftstoffe, Was bewegt das Auto von morgen?, in: Forschungsberichte aus dem Institut der deutschen Wirtschaft Köln: IW-Analysen Nr. 15, Köln.

Puls, T. (2007): Verkehrslärm in der Diskussion, Möglichkeiten und Grenzen des Lärmschutzes in Deutschland, in: Forschungsberichte aus dem Institut der deutschen Wirtschaft Köln, IW-Analysen Nr. 31, Köln.

Puls, T. (2009): Externe Kosten am Beispiel des deutschen Straßenverkehrs, in: Forschungsberichte aus dem Institut der deutschen Wirtschaft Köln (Hrsg.): IW-Analysen Nr. 53, Köln.

RAL gGmbH (2009): Vergabegrundlage für Umweltzeichen, Lärmarme und kraftstoffsparende Reifen, RAL-UZ 89, Sankt Augustin, Onlineressource: URL: http://www.blauer-engel.de/de/produkte_marken/produktsuche/produkttyp.php?id=420 [Stand: 06.07.2012].

Rauterberg-Wulff, A., M. Lutz (2011): Wirkungsuntersuchungen zur Umweltzone Berlin, UMID – Umwelt und Mensch Informationsdienst, Ausgabe 4 2011, Schwerpunktthema Umweltzonen, S. 11–18.

Rave, T. (2005): Umweltorientierte Subventionspolitik in Deutschland, ifo Beiträge zur Wirtschaftsforschung 18.

Rennings, K. (1999): Bausteine einer Umweltinnovationstheorie und -politik, Neoklassische und evolutionstheoretische Perspektiven, in: K. Rennings

(Hrsg.), Innovation durch Umweltpolitik, ZEW Wirtschaftsanalysen 36, Baden-Baden.

Rennings, K. (2000): Redefining innovation – eco-innovation research and the contribution from ecological economics, in: Ecological Economics 32, S. 319–332.

Rennings, K., C. Rammer, U. Oberndorfer (2008): Instrumente zur Förderung von Umweltinnovationen: Bestandsaufnahme, Bewertung und Defizitanalyse, UFOPLAN Nr. 206 14 132/01.

Requate, T. (2005): Dynamic incentives by environmental policy instruments – a survey, in: Ecological Economics, Vol. 54, S. 175–195.

Ritthoff, M., K. O. Schallaböck (2012): Ökobilanzierung der Elektromobilität, Themen und Stand der Forschung, Teilbericht im Rahmen der Umweltbegleitforschung Elektromobilität, Wuppertal, Onlineressource: URL: http://www.wupperinst.org/uploads/tx_wiprojekt/Elektromobilitaet_TB_Oekobilanzen.pdf [Stand: 10.08.2012].

Sammer, G., D. Meth, Ch. J. Gruber (2008): Elektromobilität – Die Sicht der Nutzer, in: Elektrotechnik & Informationstechnik 125/11, S. 393–400.

Sartorius, C. (2007): Time Strategies in environmental innovation policy – the case of the mobil fuel cell and hydrogen infrastruture, Working Papers "Sustainability and Innovation", S4/2007, Fraunhofer Institute for Systems and Innovation Research (ISI).

Schettkat, R. (2009): Analysing Rebound Effects, Wuppertal Papers 177, Wuppertal, URL: http://www.wupperinst.org/uploads/tx_wibeitrag/WP177.pdf [Stand: 18.03.2009].

Schumpeter, J. A. (1934): Theorie der wirtschaftlichen Entwicklung: eine Untersuchung über Unternehmergewinn, Kapital, Kredit, Zins und den Konjunkturzyklus, 4. Aufl., Berlin.

Schumpeter, J. A. (1961): Konjunkturzyklen – Eine theoretische, historische und statistische Analyse des kapitalistischen Prozesses, Göttingen.

Shy, O. (2001): The Economics of Network Industries, Cambridge.

Small, K., K. van Dender (2005): Fuel Efficiency and Motor Vehicle Travel: The Declining Rebound Effect, Irvine, URL: http://www.ucei.berkeley.edu/PDF/EPE_014R.pdf [Stand: 19.03.2009].

Smith, K. (2010): Globalization and Innovation Systems: Policy Issues, in: R. E. Smit (Hrsg.): The theory and practice of Innovation Policy: international research handbook, S. 75–91, Cheltenham.

Smulders, S. (1998): Technological change, economic growth and sustainability, in: C. J. Bergh, Theory and Implementation of Economic Models for Sustainable Development, S. 39–65, Dordrecht (NL).

Spengel, C. (2009): Steuerliche Förderung von Forschung und Entwicklung (FuE) in Deutschland - Ökonomische Begründung, Handlungsbedarf und Reformoptionen, MPI Studies on Intellectual Property, Competition and Tax Law, Band 8, Berlin, Heidelberg.

Sprenger, R. U. et al. (1999): Abschätzung innovativer Wirkungen umweltpolitischer Instrumente – dargestellt am Beispiel des Straßenverkehrs, in: P. Klemmer (Hrsg.): Innovationen und Umwelt, Fallstudien zum Anpassungsverhalten in Wirtschaft und Gesellschaft, Berlin.

SRU – Sachverständigenrat für Umweltfragen (2008): Umweltgutachten 2008, Umweltschutz im Zeichen des Klimawandels, Berlin.

Stoneman, P. (1995): Handbook of the economics of innovation and technological Change, Oxford, Cambridge.

Swann, G. M. (2009): The Economics of Innovation, An Introduction, Cheltenham u. a.

UBA - Umweltbundesamt (2003): CO_2-Minderung im Verkehr, Ein Sachstandsbericht des Umweltbundesamtes – Beschreibung von Maßnahmen und Aktualisierung von Potenzialen, Berlin, Onlineressource: URL: http://www.umweltdaten.de/publikationen/fpdf-l/2606.pdf [Stand: 14.06.2012].

UBA – Umweltbundesamt (2007): Wirtschaftsfaktor Umweltschutz, Vertiefende Analyse zu Umweltschutz und Innovation, Onlineressource: URL: http://www.
umweltdaten.de/publikationen/fpdf-l/3253.pdf [Stand: 03.09.2012].

UBA – Umweltbundesamt (2009a): Feinstaubbelastung in Deutschland, Dessau-Rosslau, Onlineressource: URL: http://www.umweltdaten.de/publikatio nen/fpdfl/3565.pdf [Stand: 29.06.2012].

UBA – Umweltbundesamt (2009b): Umweltfreundliche Beschaffung, Dessau-Roßlau, Onlineressource: URL: http://www.umweltdaten.de/publika tionen/fpdf-l/3821.pdf [Stand: 08.07.2012].

UBA – Umweltbundesamt (2010): CO_2-Emissionsminderung im Verkehr in Deutschland, Mögliche Maßnahmen und ihre Minderungspotenziale, Ein Sachstandsbericht des Umweltbundesamtes, Dessau-Roßlau, Onlineressource: URL: http://www.umweltdaten.de/publikationen/fpdfl/3773.pdf [Stand: 20.08.2012].

*UNEP – United Nations Environment Programm*e (2009): Assessing biofuels, towards sustainable production and use of resources, Onlineressource: URL: http://www.unep.org/resourcepanel/Publications/AssessingBiofuels/tabid/56055/Default.aspx [Stand: 10.08.2012].

Urbaniek, M. (2008): Umweltinnovationen durch Kooperationen am Beispiel einer freiwilligen Branchenvereinbarung, Wiesbaden.

VCD - Verkehrsclub Deutschland (2011): CO_2-Label für Pkw, VCD-Faktencheck, Onlineressource: URL: http://www.vcd.org/co2-label.html [Stand: 24.08.12].

WCED – World Commission of Environment and Development (1987): Our Common Future, Oxford.

Weider, M. (2007): Technology Forcing – Verkehrspolitik und Umwelt-innovation, in: O. W. Schöller (Hrsg.): Handbuch für Verkehrspolitik, S. 663 – 684, Wiesbaden.

Weimann, J. (1994): Externalitäten, in: F. Geigant et al. (Hrsg.): Lexikon der Volkswirtschaft, 6. Aufl., S. 267 f., Landsberg am Lech.

Wells, P. E. (2010): The Automotive Industry in an Era of Eco-Austerity, Cheltenham .

Welsch, J. (2005): Innovationspolitik, Eine problemorientierte Einführung, Wiesbaden.

Wenders, T. (1975): Methods of Pollution Control and the Rate of Change in Pollution Abatement Technology, Water Resources Research, Vol. 11, S. 393–396.

Wildemann, H. (2011): Automobilreifen - Ökologische und ökonomische Wirkungen von EU-Verordnungen, München.

Zundel, S. (2004): Time Strategies for an Innovation Oriented Environmental Policy, in: K. M. Jacob (Hrsg.): Governance for Industrial Transformation – Proceedings of the 2003 Berlin Conference on the Human Dimensions of Global Environmental Change, S. 133–145, Berlin.

Verzeichnis der Rechtsquellen und weitere Quellenangaben

BImschG: Bundes-Immissionsschutzgesetz in der Fassung der Bekanntmachung vom 26. September 2002 (BGBl. I S. 3830), das zuletzt durch Artikel 2 des Gesetzes vom 24. Februar 2012 (BGBl. I S. 212) geändert worden ist.

Biokraft-NachV: Biokraftstoff-Nachhaltigkeitsverordnung vom 30. September 2009 (BGBl. I S. 3182), die zuletzt durch Artikel 2 Absatz 71 des Gesetzes vom 22. Dezember 2011 (BGBl. I S. 3044) geändert worden ist.

European Commission (o. J. a): ETAP-Funding, Onlineressource: URL: http://ec.europa.eu/environment/etap/funding/index_en.html [Stand: 04.10.2011].

European Commission (o. J. b): CIP Factsheets, Onlineressource: URL: http://ec.europa.eu/cip/files/docs/factsheets_en.pdf [Stand: 04.10.2011].

Energiekennzeichnungsrichtlinie: Richtlinie des europäischen Parlaments und des Rates vom 19. Mai 2010 über die Angabe des Verbrauchs an Energie und anderen Ressourcen durch energieverbrauchsrelevante Produkte mittels einheitlicher Etiketten und Produktinformationen (Neufassung).

EnergieStG: Energiesteuergesetz vom 15. Juli 2006 (BGBl. I S. 1534; 2008 I S. 660; 1007), das zuletzt durch Artikel 1 des Gesetzes vom 1. März 2011 (BGBl. I S. 282) geändert worden ist.

Erneuerbare-Energien-Richtlinie: Richtlinie 2009/28/EG des europäischen Parlaments und des Rates vom 23. April 2009 zur Förderung der Nutzung von Energie aus erneuerbaren Quellen und zur Änderung und anschließenden Aufhebung der Richtlinien 2001/77/EG und 2003/30/EG.

Förderrichtlinie zum nachträglichen Einbau von Partikelminderungssystemen vom 15. Dezember 2011: Richtlinie zur Förderung des nachträglichen Einbaus von Partikelminderungssystemen bei Personenkraftwagen und leichten Nutzfahrzeugen mit Selbstzündungsmotor (Diesel) vom 15. Dezember 2011, Bundesministerium für Umwelt, Naturschutz und Reaktorsicherheit, Bundesministerium für Verkehr, Bau und Stadtentwicklung, Amtlicher Teil Bundesanzeiger Nr. 194, S. 4578.

Gesetzentwurf der Bundesregierung vom 23.05.2012 zur Änderung der Kfz-Steuer: Entwurf eines Gesetzes zur Änderung des Versicherungssteuergesetzes und des Kraftfahrzeugsteuergesetzes (Verkehrsteueränderungsgesetz – VerkehrStÄndG), Onlineressource: http://www.bundesfinanzministerium.de/nn_54192/DE/BMF__Startste/Aktuelles/Aktuelle__Gesetze/Gesetzentwuerfe__Arbeitsfassungen/2012-05-23VerkehrSt_C3_84ndGAnlage,templateId=raw,property=publicationFile.pdf [Stand: 25.05.2012].

KraftStG: Kraftfahrzeugsteuergesetz in der Fassung der Bekanntmachung vom 26. September 2002 (BGBl. I S. 3818), das zuletzt durch Artikel 1 des Gesetzes vom 27. Mai 2010 (BGBl. I S. 668) geändert worden ist.

Luftqualitätsrichtlinie: Richtlinie 2008/50/EG des europäischen Parlaments und des Rates vom 21. Mai 2008 über Luftqualität und saubere Luft für Europa.

Ökodesign-Richtlinie (Neufassung): Richtlinie 2009/125/EG des europäischen Parlaments und des Rates vom 21. Oktober 2009 zur Schaffung eines Rahmens für die Festlegung von Anforderungen an die umweltgerechte Gestaltung energieverbrauchsrelevanter Produkte (Neufassung).

Ökodesign-Richtlinie (ursprüngliche Fassung): Richtlinie 2005/32/EG des europäischen Parlaments und des Rates vom 6. Juli 2005 zur Schaffung eines Rahmens für die Festlegung von Anforderungen an die umweltgerechte Gestaltung energiebetriebener Produkte und zur Änderung der Richtlinie 92/42/EWG des Rates sowie der Richtlinien 96/57/EG und 2000/55/EG des Europäischen Parlaments und des Rates.

Pkw-EnVKV: Pkw-Energieverbrauchskennzeichnungsverordnung vom 28. Mai 2004 (BGBl. I S. 1037), die zuletzt durch Artikel 3 des Gesetzes vom 10. Mai 2012 (BGBl. I S. 1070) geändert worden ist.

Pressemitteilung des BMWi et al. vom 03. April 2012 (037/2012): „Schaufenster Elektromobilität", Onlineressource: URL: http://www.bmbf.de/_media/press/pm_0403-037.pdf [Stand: 26.10.2012].

Referentenentwurf des BMF für das Steuerjahr 2013 vom 05.03.2012: Referentenentwurf des Bundesministeriums der Finanzen, Entwurf eines Jahressteuergesetzes 2013, Onlineressource: URL: http://www.der-betrieb.de/content/pdfft,0,468704 [Stand: 25.05.2012].

Richtlinie 1999/94/EG des europäischen Parlaments und des Rates vom 13. Dezember 1999 über die Bereitstellung von Verbraucherinformationen über den Kraftstoffverbrauch und CO_2-Emisssionen beim Marketing für neue Personenkraftwagen.

Richtlinie 2009/30/EG des europäischen Parlaments und des Rates vom 23. April 2009 zur Änderung der Richtlinie 98/70/EG im Hinblick auf die Spezifikationen für Otto-, Diesel- und Gasölkraftstoffe und die Einführung eines Systems zur Überwachung und Verringerung der Treibhausgasemissionen sowie zur Änderung der Richtlinie 1999/32/EG des Rates im Hinblick auf die Spezifikationen für von Binnenschiffen gebrauchte Kraftstoffe und zur Aufhebung der Richtlinie 93/12/EWG, Amtsblatt der europäischen Union L 140/88.

Richtline 2009/33/EG des europäischen Parlaments und des Rates vom 23. April 2009 über die Förderung sauberer und energieeffizienter Straßenfahrzeuge.

Richtlinienvorschlag der Europäischen Kommission vom 1. August 2003: KOM(2003) 453 endgültig, Vorschlag für eine Richtlinie des europäischen Parlaments und des Rates zur Schaffung eines Rahmens für die Festlegung von Anforderungen an die umweltgerechte Gestaltung energiebetriebener Produkte und zur Änderung der Richtlinie 92/42/EWG des Rates, Onlineressource: URL: http://eur-lex.europa.eu/LexUriServ/LexUriServ.do?uri=COM:2003:0453:FIN:DE:PDF [Stand: 25.11.2011].

Spiegel Online vom 01.02.2012: Dieselfahrzeuge: Staat zahlt Zuschuss für Rußpartikelfilter, Onlineressource: URL: http://www.spiegel.de/auto/aktuell/dieselfahrzeuge-staat-zahlt-zuschuss-fuer-russpartikelfilter-a-812535.html [Stand: 01.02.2012].

UBA (2012), Onlineinformationsservice zu Umweltzonen und Luftreinhalteplänen in Deutschland, Kartografische Darstellung bzw. Tabellarische Darstellung (Stand: 16.05.2012) der Umweltzonen, URL: http://www.umweltbundesamt.de/umweltzonen [Stand: 03.07.2012].

Verordnung (EG) Nr. 761/2001 des Europäischen Parlaments und des Rates vom 19. März 2001 über die freiwillige Beteiligung von Organisationen an einem Gemeinschaftssystem für das Umweltmanagement und die Umweltbetriebsprüfung (EMAS), Amtsblatt der Europäischen Union L 114.

Verordnung (EG) Nr. 443/2009 des Europäischen Parlaments und des Rates vom 23. April 2009 zur Festsetzung von Emissionsnormen für neue Personenkraftwagen im Rahmen des Gesamtkonzepts der Gemeinschaft zur Verringerung der CO_2-Emissionen von Personenkraftwagen und leichten Nutzfahrzeugen.

Verordnung (EG) Nr. 1221/2009 des Europäischen Parlaments und des Rates vom 25. November 2009 über die freiwillige Teilnahme von Organisationen an einem Gemeinschaftssystem für Umweltmanagement und Umweltbetriebsprüfung und zur Aufhebung der Verordnung (EG) Nr. 761/2001, sowie der Beschlüsse der Kommission 2001/681/EG und 2006/193/EG, Amtsblatt der Europäischen Union L 342/1.

Verordnung (EG) Nr. 1222/2009 des Europäischen Parlaments und des Rates vom 25. November 2009 über die Kennzeichnung von Reifen in Bezug auf die Kraftstoffeffizienz und andere wesentliche Parameter, Amtsblatt der Europäischen Union L 342/46.

Verordnung (EG) Nr. 66/2010 des Europäischen Parlaments und des Rates vom 25. November 2009 über das EU-Umweltzeichen, Amtsblatt der Europäischen Union L 27/1.

Vorschlag KOM (2011) 856, Vorschlag für eine Verordnung des Europäischen Parlaments und des Rates über den Geräuschpegel von Kraftfahrzeugen vom 9. Dezember 2011, Onlineressource: URL: http://eur-lex.europa.eu/LexUriServ/Lex UriServ.do?uri=COM:2011:0856:FIN:DE:PDF [Stand: 15.08.2012].

10. BImSchV: Zehnte Verordnung zur Durchführung des Bundes-Immissionsschutzgesetzes (Verordnung über die Beschaffenheit und die Auszeichnung der Qualitäten von Kraft- und Brennstoffen vom 8. Dezember 2010 (BGBl. I S. 1849).

35. BImSchV: Fünfunddreißigste Verordnung zur Durchführung des Bundes-Immissionsschutzgesetzes, Verordnung zur Kennzeichnung der Kraftfahrzeuge mit geringem Beitrag zur Schadstoffbelastung vom 10. Oktober 2006 (BGBl. I S. 2218), die durch Artikel 1 der Verordnung vom 5. Dezember 2007 (BGBl. I S. 2793) geändert worden ist.

Anhang

Anhang 1: EMAS-Teilnehmer in der EU im Bereich der Herstellung von Kraftfahrzeugen und Kraftfahrzeugteilen

Registrierungs-nummer	Unternehmen	Land	Wirtschaftszweige[493]
DE-155-000147	ACP Automotive Components Penzberg GmbH	DE	29.10, 29.20, 29.31, 29.32
ES-MD-000088	ARRAN, INDUSTRIAS METALÚRGICAS	ES	29.31, 29.32
ES-GA-000081	ASIENTOS DE GALICIA	ES	29.10
DE-136-000001	Audi AG (Neckarsulm)	DE	29.10
DE-155-000040	Audi AG (Ingolstadt)	DE	29.10, 29.20, 29.31, 29.32
HU-000001	AUDI Hungaria Motor Kft.	HU	29.20
IT-001144	Auotomobili Lamborghini S.p.A.	IT	29.10
DE-144-000046	Automobilmanufaktur Dresden GmbH	DE	29.10, 29.20, 29.31, 29.32
ES-CAT-000042	AUTOMOTIVE MODULAR SISTEMS, S.L.	ES	29.32
DE-107-000105	Bayerische Motoren Werke Aktiengesellschaft BMW Werk Berlin	DE	29.31, 29.32
DE-159-000048	Bayerische Motorenwerke AG Werk 7.10	DE	29.10, 29.32
DE-155-000024	BDW technologies GmbH	DE	29.31
DE-155-000206	BMW AG Bayerische Motorenwerke AG Werk 1.1	DE	29.10
DE-163-000046	BMW AG Bayerische Motorenwerke AG Werk 4.1	DE	29.10
DE-163-000043	BMW Bayerische Motorenwerke AG Werk Dingolfing	DE	29.10
DE-166-000050	BMW Bayerische Motorenwerke AG Werk Regensburg und Innovationspark Wackersdorf	DE	29.10
DE-155-000254	BMW Group Anlagenbetrieb im Forschungs- und Innovationszentrum (FIZ) Werk 1.50	DE	29.10
DE-153-000039	BorgWarner Transmission Systems GmbH (Heidelberg)	DE	29.31, 29.32
DE-153-000029	Borg-Warner Transmission Systems GmbH (Ketsch)	DE	29.31, 29.32
IT-000370	C.R.G.T. S.r.l.	IT	29.20
ES-MD-000092	CLIMAUTO, S.A.	ES	29.31, 29.32
ES-CAT-000081	COMPONENTES MECÁNICOS, S.A. (COMESA)	ES	29.32

493 Wirtschaftszweig 29 umfasst die Herstellung von Kraftfahrzeugen und Kraftfahrzeugteilen und enthält die Rubriken:
29.10 Herstellung von Kraftfahrzeugen
29.20 Herstellung von Karosserien, Anhängern und Aufbauten
29.31 Herstellung elektrischer und elektronischer Ausrüstung für Kraftfahrzeuge
29.32 Herstellung von sonstigen Teilen und Zubehör für Kraftfahrzeuge

ES-CAT-000147	CONSTRUCCIÓN Y TUBOS METÁLICOS RELEM, S.U.R.L.	ES	29.32
DE-112-000001	Daimler AG Mercedes-Benz Werk Bremen	DE	29.10
DE-131-000005	Daimler AG Mercedes-Benz Werk Hamburg	DE	29.10, 29.32
DE-119-000005	Daimler AG Werk Düsseldorf	DE	29.10
DE-107-000021	Daimler Chrysler Aktiengesellschaft	DE	29.10
DE-138-000006	DaimlerChrysler AG (Gaggenau)	DE	29.10, 29.20, 29.31, 29.32
DE-138-000008	DaimlerChrysler AG (Rastatt)	DE	29.10, 29.20, 29.31, 29.32
DE-149-000003	DaimlerChrysler AG (Wörth)	DE	29.10, 29.20, 29.31, 29.32
DE-153-000023	DaimlerChrysler AG (Mannheim)	DE	29.10
DE-175-000005	DaimlerChrysler AG (Sindelfingen)	DE	29.10, 29.20, 29.31, 29.32
DE-175-000006	DaimlerChrysler AG (Stuttgart)	DE	29.10, 29.20, 29.31, 29.32
DE-107-000103	DaimlerChrysler AG DaimlerChrysler Vertriebsorganisation Deutschland	DE	29.10, 29.31, 29.32
DE-139-000008	DaimlerChrysler AG Mercedes Benz Trucks	DE	29.31, 29.32
DE-183-000005	DaimlerChrysler Ludwigsfelde GmbH	DE	29.10, 29.20, 29.31, 29.32
PT-000022	Delphi Automotive Systems Portugal S.A.	PT	29.31
ES-SB-000040	DIVISIÓN SERVICIOS INDUSTRIALES DE SIEMENS, S.A.	ES	29.31
PT-000011	DMM – Desenvolvimento, Maquinagem e Montagem, Lda.	PT	29.32
DE-175-000010	Dr. Ing.h.c.F. Porsche AG	DE	29.10, 29.20, 29.31, 29.32
PT-000086	Edscha – Sistemas para Automóveis, lda.	PT	29.32
DE-104-000101	EvoBus GmbH	DE	29.10
DE-153-000022	EvoBus GmbH Mercedes Benz Omnibusse	DE	29.10
DE-145-000079	FAHA Fahrzeughandel und –service GmbH	DE	29.10, 29.20, 29.31, 29.32
IT-001120	FAIST SANGRO S.r.l.	IT	29.32
DE-138-000074	Faurecia Abgastechnik GmbH	DE	29.31, 29.32
DE-163-000026	Filterwerk Mann & Hummel GmbH	DE	29.31, 29.32
DE-186-000008	Filterwerk MANN+HUMMEL GmbH Werk Sonneberg	DE	29.31, 29.32
DE-170-000001	Ford-Werke AG	DE	29.10, 29.20,29.31, 29.32
PT-000064	Gestamp Aveiro, S.A. – Indústria Acessórios Automóveis, S.A.	PT	29.31
PT-000060	Gestamp Portugal, Lda. – Gestão e Indústria de Estampagens Metálicas	PT	29.32
DE-136-000037	GETRAG- Getriebe- und Zahnradfabrik Hermann Hagenmeyer GmbH & Co KG	DE	29.10, 29.20, 29.31, 29.32
IT-000180	Getrag S.p.A.	IT	29.31,29.32
DE-112-000014	Hella Fahrzeugkomponenten GmbH	DE	29.32
BE-VL-000007	HONDA Belgium Factory n.v.	BE	29.31, 29.32
UK-000109	Honda Manufacturing of the UK	UK	29.10
DE-104-000109	Hörauf & Kohler GmbH	DE	29.31, 29.32
DE-139-000092	Hübner GmbH	DE	29.10, 29.20, 29.31, 29.32
DE-158-000016	INA Schaeffler KG Standort Herzogenaurach	DE	29.10, 29.20, 29.31, 29.32
DE-158-000039	INA-Schaeffler KG (Gunzenhausen)	DE	29.10, 29.20,29.31, 29.32
DE-158-000040	INA-Schaeffler KG (Höchstadt-Aisch)	DE	29.10, 29.20, 29.31, 29.32

DE-183-000014	INA-Schaeffler KG (Luckenwalde)	DE	29.10, 29.20, 29.31, 29.32
ES-AR-000003	INDUSTRIAS SERVA, S.A.	ES	29.32
DE-170-000065	IWESA Präzisionstechnik GmbH	DE	29.31, 29.32
DE-135-000019	J. A. Bäuerle GmbH & Co. KG	DE	29.31, 29.32
DE-130-000008	Jeco-Jellinghaus GmbH	DE	29.10, 29.20, 29.31, 29.32
DE-133-000070	KAMAX-Verbindungstechnik Rudolf Kellermann GmbH & Co. KG	DE	29.31, 29.32
DE-172-000014	KIRCHHOFF Automotive Deutschland GmbH	DE	29.31, 29.32
DE-153-000041	KS Gleitlager GmbH	DE	29.31, 29.32
DE-178-000017	Küster ACS GmbH	DE	29.31, 29.32
DE-153-000019	Lincoln GmbH	DE	29.31, 29.32
DE-117-000023	Linde + Wiemann GmbH KG	DE	29.31, 29.32
UK-000141	LuK (UK) Ltd	UK	29.32
HU-000012	LUK Savaria Kuplunggyártó Kft.	HU	29.32
ES-CAT-000050	MAGNA DONNELLY ESPAÑA, S.A.	ES	29.32
AT-000159	MAGNA STEYR Fahrzeugtechnik AG & Co KG	AT	29.10, 29.20, 29.31, 29.32
ES-CAT-000074	MAHLE	ES	29.32
DE-136-000024	MAHLE Filtersysteme GmbH Werk Öhringen	DE	29.31, 29.32
DE-175-000061	Mahle GmbH	DE	29.31, 29.32
DE-175-000111	Mahle GmbH Standort Fellbach	DE	29.31, 29.32
DE-136-000026	MAHLE Ventiltrieb GmbH	DE	29.31, 29.32
DE-183-000051	MAHLE Vertrieb Brandenburg GmbH, Wustermark	DE	29.31, 29.32
AT-000168	MAN Nutzfahrzeuge Österreich AG	AT	29.10
DE-155-000012	MAN Nutzfahrzeuge AG (München)	DE	29.10, 29.20, 29.31, 29.32
DE-158-000047	MAN Nutzfahrzeuge AG (Nürnberg)	DE	29.10
DE-115-000025	MAN Nutzfahrzeuge AG (Ginsheim-Gustavsburg)	DE	29.31, 29.32
AT-000051	MAN Nutzfahrzeuge Österreich AG, Standort Steyr	AT	29.10
DE-111-000025	MAN Truck & Bus AG	DE	29.10, 29.20, 29.32
ES-CAT-000105	METALBAGES, S.A.	DE	29.31, 29.32
DE-169-000070	Michelfelder Automotive GmbH	DE	29.32
DE-155-000265	MONTES GmbH & Co. KG	DE	29.31, 29.32
IT-000587	OSLV Italia S.r.l.	IT	29.31, 29.32
ES-EU-000033	PIERBURG, S.A.	ES	29.32
S-000149	PLB Vindic AB	SE	29.10, 29.20, 29.31, 29.32
FR-000035	POMPES GRUNDFOS SA	FR	29.10
ES-CAT-000083	POWER CONTROLS IBÉRICA, S.L.	ES	29.32
RO-000004	SC Schaeffler România SRL	RO	29.32
DE-155-000141	Schabmüller Automobiltechnik GmbH	DE	29.31, 29.32
FR-000034	SCHAEFFLER France	FR	29.10

DE-171-000100	Schaeffler Motorenelemente GmbH & Co. KG	FR	29.31, 29.32
PT-000021	Schmidt Light Metal, Fundição Injectada Lda.	PT	29.32
DE-171-000088	TEMIC-Automobil-System-Montagen GmbH	PT	29.31, 29.32
PT-000026	Tridec – Sistemas Direccionais para Semi-Reboque, Lda.	PT	29.32
DE-223-000004	Vehling Motorgeraete GmbH und Co KG	DE	29.20
DE-133-000053	Volkswagen AG (Hannover)	DE	29.10, 29.20, 29.31
DE-151-000007	Volkswagen AG (Wolfsburg)	DE	29.10, 29.20, 29.31, 29.32
DE-139-000040	Volkswagen AG (Baunatal)	DE	29.31, 29.32
DE-111-000014	Volkswagen Aktiengesellschaft (Salzgitter)	DE	29.10, 29.20, 29.31, 29.32
BE-BXL-000002	Volkswagen Bruxelles	BE	29.10
DE-123-000001	Volkswagen Sachsen GmbH Fahrzeugwerk Zwickau	DE	29.10, 29.20, 29.31, 29.32
DE-123-000032	Volkswagen Sachsen GmbH Motorenwerk Chemnitz	DE	29.10, 29.20, 29.31, 29.32

Quelle: Eigene Zusammenstellung anhand der Daten des EMAS-Registers der EU; Onlineressource: URL: http://ec.europa.eu/environment/emas/register/ [Stand: 13.12.2011].

Anhang 2: Gesamtübersicht der Umweltzonen in Deutschland[494]

Bundesland	Ort	Status	Stufe 1	Stufe 2	Stufe 3
Baden-Württemberg:	Freiburg	Stufe 2	01.01.2010	01.01.2012	01.01.2013
	Heidelberg	Stufe 2	01.01.2010	01.01.2012	01.01.2013
	Heidenheim	Stufe 2	01.01.2012	01.01.2012	01.01.2013
	Heilbronn	Stufe 2	01.01.2009	01.01.2012	01.01.2013
	Herrenberg	Stufe 2	01.01.2009	01.01.2012	01.01.2013
	Ilsfeld	Stufe 2	01.03.2008	01.01.2012	01.01.2013
	Karlsruhe	Stufe 2	01.01.2009	01.01.2012	01.01.2013
	Leonberg	Stufe 2	01.03.2008	01.01.2012	01.01.2013
	Ludwigsburg	Stufe 2	01.03.2008	01.01.2012	01.01.2013
	Mannheim	Stufe 2	01.03.2008	01.01.2012	01.01.2013
	Markgröningen	Stufe 2	01.07.2011	01.07.2011	01.01.2013
	Mühlacker	Stufe 2	01.01.2009	01.01.2012	01.01.2013
	Pfinztal	Stufe 2	01.01.2010	01.01.2012	01.01.2013
	Pforzheim	Stufe 2	01.01.2009	01.01.2012	01.01.2013
	Pleidelsheim-Ingersheim-Freiberg	Stufe 2	01.01.2012	01.01.2012	01.01.2013
	Reutlingen	Stufe 2	01.03.2008	01.01.2012	01.01.2013
	Schwäbisch Gmünd	Stufe 2	01.03.2008	01.01.2012	01.01.2013
	Stuttgart	Stufe 3	01.03.2008	01.07.2010	01.01.2012
	Tübingen	Stufe 2	01.03.2008	01.01.2012	01.01.2013
	Ulm	Stufe 2	01.01.2009	01.01.2012	01.01.2013
	Urbach	Stufe 2	01.01.2012	01.01.2012	01.01.2013
Bayern:	Augsburg	Stufe 2	01.07.2009	01.01.2011	01.01.2013
	München	Stufe 2	01.10.2008	01.10.2010	01.10.2012
	Neu-Ulm	Stufe 1	01.11.2009	Keine Angabe	Keine Angabe
Berlin:	Berlin	Stufe 3	01.01.2008	01.01.2010	01.01.2010
Bremen:	Bremen	Stufe 3	01.01.2009	01.01.2010	01.07.2011
Hessen:	Frankfurt a. M.	Stufe 3	01.10.2008	01.01.2010	01.01.2012
Niedersachsen:	Hannover	Stufe 3	01.01.2008	01.01.2009	01.01.2010
	Osnabrück	Stufe 3	04.01.2010	03.01.2011	03.01.2012
Nordrheinwestfalen:	Bonn	Stufe 1	01.01.2010	Keine Angabe	Keine Angabe
	Dinslaken	Stufe 2	01.07.2011	01.07.2011	Keine Angabe
	Düsseldorf	Stufe 2	15.02.2009	01.03.2011	Keine Angabe
	Hagen	Stufe 1	01.01.2012	01.01.2013	01.07.2014
	Krefeld	Stufe 2	01.01.2011	01.01.2011	01.07.2012
	Köln	Stufe 1	01.01.2008	Keine Angabe	Keine Angabe
	Münster	Stufe 2	01.01.2010	01.01.2010	Keine Angabe
	Neuss	Stufe 2	15.02.2010	01.03.2011	Keine Angabe

494 Stand: 16.05.2012

	Ruhrgebiet (Bochum, Bottrop, Castrop-Rauxel, Dortmund, Duisburg, Essen, Gelsenkirchen, Gladbeck, Herne, Herten, Mülheim, Oberhausen, Recklinghausen)	Stufe 1	01.01.2012	01.01.2013	01.07.2014
	Wuppertal	Stufe 2	15.02.2009	01.03.2011	Keine Angabe
Sachsen:	Leipzig	Stufe 3	01.03.2011	01.03.2011	01.03.2011
Sachsen-Anhalt:	Halle (Saale)	Stufe 2	01.09.2011	01.09.2011	01.01.2013
	Magdeburg	Stufe 2	01.09.2011	01.09.2011	01.01.2013
Thüringen:	Erfurt	geplant	01.10.2012	01.10.2012	01.10.2012

Quelle: UBA (2012), Onlineinformationsservice zu Umweltzonen und Luftreinhalteplänen in Deutschland: URL: http://www.umweltbundesamt.de/umweltzonen [Stand: 03.07.2012].

Anhang 3: Bildausschnitte: Umweltzonen in Metropolregionen

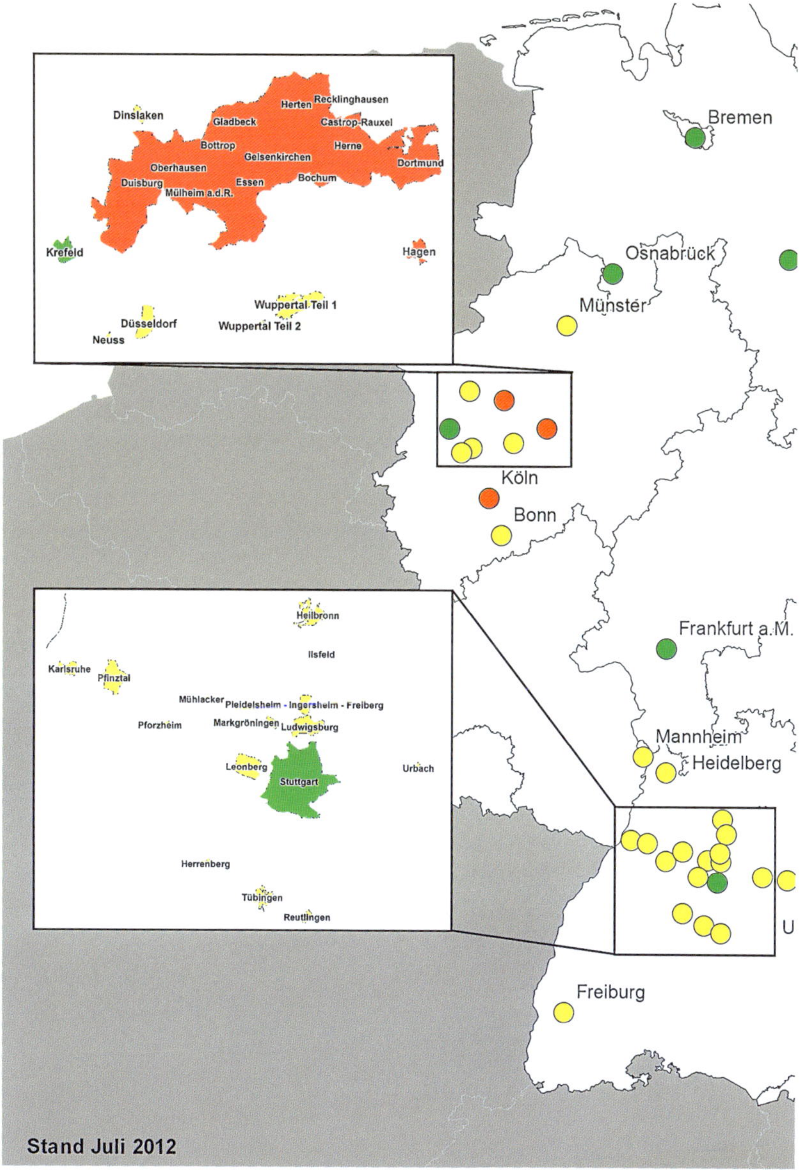

Quelle: UBA (2012), Bildausschnitt; zur Gesamtdarstellung siehe Abbildung 12, S. 12.

Schriften zur Politischen Ökonomik
Evolutorische und ökologische Aspekte

Political Economics, Competition and Regulation

Herausgegeben von / Edited by Udo Müller, Oliver Budzinski, Yücel Calbay, Jörg Jasper und Torsten Sundmacher

Band 1 Jörg Jasper / Torsten Sundmacher (Hrsg.): Ökologische Kompatibilität und technologischer Wandel. 2000.

Band 2 Torsten Sundmacher: Das Umweltinformationsinstrument Ökobilanz (LCA). Anwendungsbezug und instrumentelle Ausgestaltungsmöglichkeiten. 2002.

Band 3 Oliver Budzinski / Jörg Jasper (Hrsg.): Wettbewerb, Wirtschaftsordnung und Umwelt. Festschrift für Udo Müller. 2004.

Band 4 Robert König: Die Elementarschadenversicherung in der Bundesrepublik Deutschland als Element der finanziellen Risikovorsorge gegen Naturereignisse. Diskussion staatlicher Regulierungsoptionen am Fallbeispiel der Hochwasser 2002 unter Berücksichtigung versicherungswirtschaftlicher Präferenzen. 2006.

Band 5 Sven Twelemann: Stromwirtschaft im Spannungsfeld zwischen Wettbewerb und Klimapolitik. Eine Untersuchung am Beispiel des deutschen Strommarktes. 2006.

Band 6 Shin-Yuan Tsai: Globalization Effects on China's Influence on Taiwan Economy. 2007.

Vol. 7 Marina Gruševaja / Christoph Wonke / Ulrike Hösel / Malcolm H. Dunn (Hrsg.): Quo vadis Wirtschaftspolitik? Ausgewählte Aspekte der aktuellen Diskussion. Festschrift für Norbert Eickhof. 2008.

Band 8 Ann Kathrin Buchs: Schutz der Biodiversität durch Benefit-sharing? Das Beispiel pharmazeutischer Bioprospektierung. 2009.

Band 9 Susanna Hübner: Wettbewerbsanalyse des Fernsehsektors. Anforderungen an eine neue Rundfunkordnung aus ordnungspolitischer Sicht. 2009.

Band 10 Arndt Christiansen: Der "More Economic Approach" in der EU-Fusionskontrolle. Entwicklung, konzeptionelle Grundlagen und kritische Analyse. 2010.

Vol. 11 Claudia Schmidt: Refusal to License Intellectual Property Rights as Abuse of Dominance. 2010.

Band 12 Ninja Mariette Lehnert: Möglichkeiten und Grenzen der ökologischen Innovationspolitik im Pkw-Verkehr. 2013.

www.peterlang.de